Lexikon der Lebensmittelmykologie

Springer-Verlag Berlin Heidelberg GmbH

Martin Weidenbörner

Lexikon der Lebensmittelmykologie

Mit 157 Abbildungen und 20 Tabellen

Springer

DR. MARTIN WEIDENBÖRNER
Justus-Liebig-Universität Gießen
Institut für Angewandte Mikrobiologie
Senckenbergstraße 3
35390 Gießen

ISBN 978-3-642-62980-8

Die Deutsche Bibliothek – CIP-Einheitsaufnahme
Weidenbörner, Martin:
Lexikon der Lebensmittelmykologie / Martin Weidenbörner – Berlin ; Heidelberg ; New York ; Barcelona ;
Hongkong ; London ; Mailand ; Paris ; Singapur ; Tokio : Springer, 2000
  ISBN 978-3-642-62980-8   ISBN 978-3-642-57058-2 (eBook)
  DOI 10.1007/978-3-642-57058-2

Die Wiedergabe von Gebrauchsnamen, Handelsnamen, Warenbezeichnungen usw. in diesem Werk
berechtigt auch ohne besondere Kennzeichnung nicht zu der Annahme, daß solche Namen im Sinne der
Warenzeichen- und Markenschutz-Gesetzgebung als frei zu betrachten wären und daher von jedermann
benutzt werden dürften.
Sollte in diesem Werk direkt oder indirekt auf Gesetze, Vorschriften oder Richtlinien (z.B. DIN, VDI, VDE)
Bezug genommen oder aus ihnen zitiert worden sein, so kann der Verlag keine Gewähr für die Richtigkeit, Vollständigkeit oder Aktualität übernehmen. Es empfiehlt sich, gegebenenfalls für die eigenen Arbei-
ten die vollständigen Vorschriften oder Richtlinien in der jeweils gültigen Fassung hinzuzuziehen.
Die im Text angegebenen Grenz- und Richtwerte beziehen sich ausschließlich auf EU-Mitgliedsstaaten.
Produkthaftung: Für Angaben über Dosierungsanweisungen und Applikationsformen kann vom Verlag
keine Gewähr übernommen werden. Derartige Angaben müssen vom jeweiligen Anwender im Einzelfall
anhand der Literaturstellen auf ihre Richtigkeit überprüft werden.

Einbandgestaltung: Fridhelm Steinen, Estudio Calamar, Spanien
Satz: MEDIO, Berlin
Gedruckt auf säurefreiem Papier   SPIN: 10697100   52/3020UW – 5 4 3 2 1 0

Vorwort

Bei der Produktion von Nahrungsmitteln, wie Wein, Bier oder Käse, kommt Schimmelpilzen und Hefen eine herausragende Bedeutung zu. Weitaus bedeutender ist aber der durch diese Mikroorganismen verursachte Verderb von Lebensmitteln. Besonderes Augenmerk verdienen in diesem Zusammenhang die Mykotoxine; etwa 25 % aller weltweit erzeugten Nahrungsmittel sind nach Schätzungen mit diesen toxischen Stoffwechselprodukten belastet.

Als Untergebiet der Lebensmittelmikrobiologie befaßt sich die Lebensmittelmykologie mit dem Vorkommen, der Bedeutung und Verwendung von Schimmelpilzen und Hefen in Lebensmitteln. Die Beschreibung der oftmals komplizierten Vorgänge, z.B. bei der Herstellung von Lebensmitteln, der pilzlichen Vermehrung oder der Wirkung von Mykotoxinen, kommt ohne die Verwendung von Fachausdrücken nicht aus. Die wichtigsten Fachbegriffe wurden für das **Lexikon der Lebensmittelmykologie** zusammengetragen und in prägnanter Weise erklärt. Das Nachschlagewerk biete dem interessierten Leser die Möglichkeit, sich schnell und umfassend über die in der Lebensmittelmykologie verwendeten Begriffe, deren Bedeutung und Zusammenhänge zu informieren. Die zahlreichen Querverweise erlauben es, sich einen weiteren Überblick über die jeweilige Problematik zu verschaffen.

Mein Dank gilt allen, die zur Fertigstellung dieses Buches beigetragen haben. Insbesondere möchte ich mich bei Frau Geißler-Plaum bedanken, die sehr viel Arbeit und Mühe mit der Anfertigung der zahlreichen, mit großer Sorgfalt erstellten Abbildungen hatte. Frau Thiele-Eichenberg gilt mein Dank, da sie mir durch ihr großes Engagement am Institut für Angewandte Mikrobiologie der Universität Gießen die Möglichkeit zur Abfassung dieses Buches geschaffen hat. Herrn Dr. Jha vom Institut für Physiologische Chemie der Universität Bonn danke ich für die Unterstützung in chemischen Fachfragen. Dem CENA-Verlag danke ich für die großzügige Überlassung verschiedener Abbildungen aus dem „Handbuch zur Bestimmung lebensmittelrelevanter Schimmelpilze", 1995. Darüber hinaus bedanke ich mich bei meinem Vater und meiner Frau, die für die sorgfältige Korrektur des Manuskriptes sehr viel Zeit geopfert haben.

Gießen, Juni 1999   Martin Weidenbörner

A

Abschnürung Freisetzen einer → Konidie von einer → Phialide oder Hyphe (→ Hyphen) durch ein → Septum (Abb. Abschnürung), siehe auch Abb. *Eurotium*, → Eurotium

Absidia gehört zur Familie → Mucoraceae

BIOLOGIE
→ Sporangienträger entwickeln sich einzeln oder in Büscheln aus → Stolonen, Sporangien (→ Sporangium) meist birnenförmig mit Apophysen (→ Apophyse), → Rhizoide vorhanden

BEFALLENE LEBENSMITTEL
Häufiger betroffene → Lebensmittel sind gelagertes Getreide, Teigwaren, Obst, Gemüse, Fleisch; lebensmittelrelevante Species ist *Absidia corymbifera* (Abb. *Absidia*), siehe auch Abb. Columella, → Columella. → Endomykosen

Abstich Abtrennung des abgesetzten Hefetrubes (→ Hefetrub) vom mehr oder minder klaren → Jungwein nach Beendigung der → Hauptgärung (ca. 6–8 Wochen); häufig wird der erste Abstich in Verbindung mit einer → Klärung (z.B. Kieselgurfiltration, Separator) und → Schwefeln durchgeführt. Der zweite Abstich erfolgt nach der Weinschönung (→ Schönung) bzw. Behandlung ca. 6–8 Wochen nach dem ersten Abstich in Verbindung mit einer Filtration.
→ Weinausbau

Acceptable Daily Intake, ADI („Täglich duldbare Dosis") die Menge eines Zusatzstoffes in mg pro kg Körpergewicht, die von einem Menschen lebenslang täglich aufgenommen werden kann, ohne daß nach heutigem Kenntnisstand dadurch eine gesundheitliche Beeinträchtigung auftritt

Acervulus in das Wirtsgewebe eingesenktes → Fruchtlager, in dem auf vegetativem Wege → Konidien gebildet werden; zu Beginn von der Epidermis des Wirtes überdeckt, reißt diese bei der Konidienbildung auf (Abb. Acervulus) (→ Conidiomata, → Sporodochium)

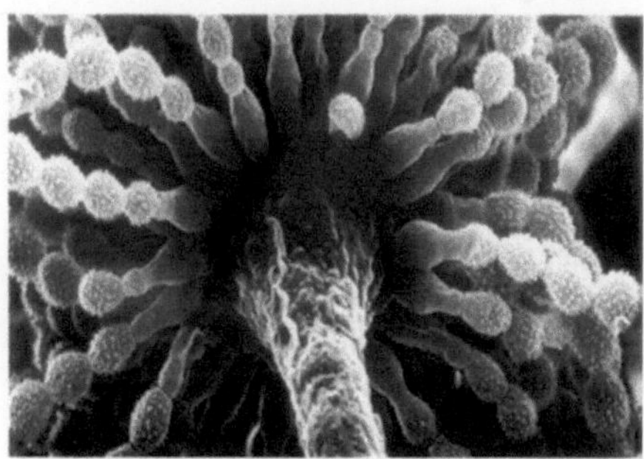

Abschnürung. Konidienabschnürung bei *Eurotium herbariorum*

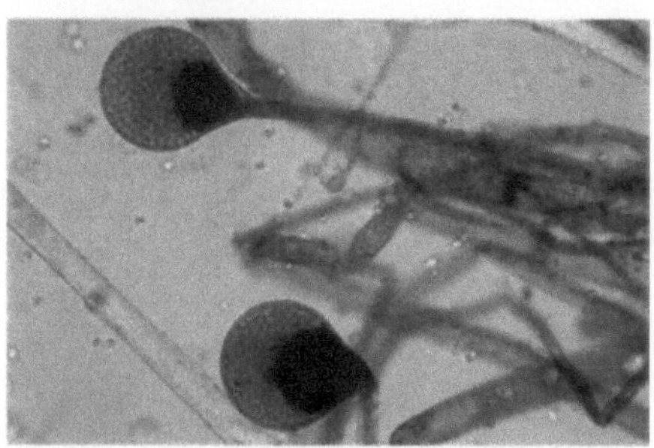

Absidia. Sporangienträger mit *Absidia*-typischen Columellen

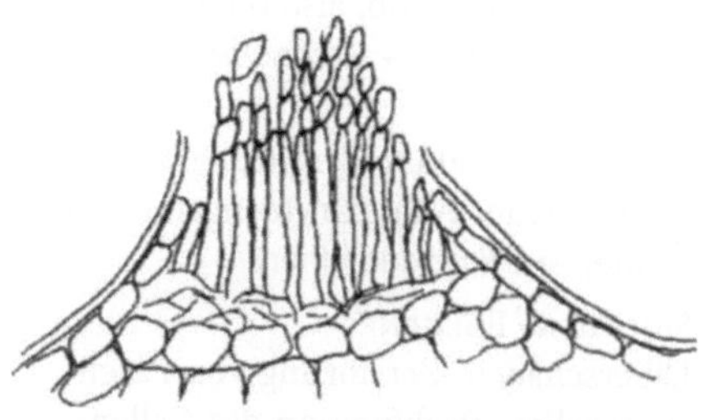

Acervulus (verändert nach Schwantes 1996)

Acetaldehyd Vorstufe von → Ethanol bei der alkoholischen Gärung (→ alkoholische Gärung), Reduktion durch $NADH_2$ zu Ethanol

Acetoin Vorstufe von → 2,3-Butandiol und Reduktionsprodukt von → Diacetyl

Acremonium (Syn.: *Cephalosporium*) gehört zu den mitosporenbildenden Pilzen (→ mitosporenbildende Pilze)

Actinomucor gehört zur Familie → Mucoraceae

BIOLOGIE
→ Rhizoide, → Stolonen vorhanden, aber weniger ausgeprägt als bei → Rhizopus spp., → Sporangien kugelförmig, → hyalin, nie dunkel gefärbt

BEFALLENE LEBENSMITTEL
Obst, Gemüse

VERWENDUNG IN LEBENSMITTELN
in Asien Beimpfung von → Tofu (Sojaquark) mit *Actinomucor elegans* sowie anderen Vertretern der → Mucorales und → Fermentation zu → Sufu (Sojakäse)

ADI → Acceptable Daily Intake

aerob sauerstoffbenötigend; die meisten → Schimmelpilze sind für ihre Entwicklung auf die Anwesenheit von Sauerstoff angewiesen, indem sie energiereiche organische Substrate (Kohlenhydrate) oxidieren. Sauerstoff dient dabei als Endakzeptor für den Wasserstoff; viele → Hefen können dagegen sowohl aerob als auch → anaerob, also ohne Sauerstoff, und zwar durch → Gärung wachsen.

Aflatoxikose akute Vergiftung durch Aufnahme hoher Aflatoxin-Mengen (→ Aflatoxine, → Aflatoxinbildner)
SCHÄDEN / FOLGEN
Leberschäden, Zerstörung von Parenchymzellen, Proliferation der Gallengänge, Blutungen, Störung der Nervenfunktion, Krämpfe, Lähmungen, Gleichgewichtsstörungen; chronische Toxizität nach Langzeitaufnahme von toxinhaltigen Futtermitteln hat Leberkrebs, Mißbildungen, Magenkrebs, sporadisch Metastasen in Lunge und Nieren zur Folge. Die Aflatoxikose erregete 1960 weltweite Aufmerksamkeit, als mehrere 100.000 Nutztiere (Truthähne, Forellen etc.) in England und den USA an Aflatoxin-kontaminierten Futtermitteln verendeten. Aflatoxine stehen im Verdacht, als Co-Kanzerogene ein primäres Leberkarzinom bei Patienten auszulösen, die an chronischer Virushepatitis B leiden. Die → LD_{50} von Aflatoxin B_1 (AFB_1) beträgt für Entenküken 0,36 mg / kg, beim Mensch 1–10 mg / kg (geschätzte LD_{50} von AFB_1). Erste Anzeichen einer Leberzirrhose traten bei Kindern auf, die täglich 9–18 µg AFB_1 mit kontaminierten Erdnüssen aufgenommen hatten. → Reye's Syndrom, → Kwashiorkor

Aflatoxinbildner → Mikroorganismus (→ Mikropilze), der → Aflatoxine synthetisiert und ausscheidet; es gibt ausschließlich drei Species, die Aflatoxine bilden, → Aspergillus flavus Link (Abb. Aflatoxinbildner), → Aspergillus parasiticus Speare und → Aspergillus nomius Kurtzman et al. Etwa 50 % der *A. flavus*-Stämme sind Aflatoxinbildner. In wärme-

Aflatoxinbildner. *Aspergillus flavus* Link

ren Klimaten liegt der Prozentsatz der Aflatoxinbildner möglicherweise höher als in kühleren Regionen (z.B. waren in der ehem. CSSR von 694 getesteten Stämmen nur 0,8 % Aflatoxin-positiv). Die höchste Aflatoxinsyntheserate tritt in der Phase des maximalen Wachstums (→ log-Phase) auf. In → Konidien von *A. flavus* konnten 84 ppm Aflatoxin B_1 (AFB_1) und 566 ppm AFG_1 nachgewiesen werden, in → Sklerotien 135 ppm AFB_1 sowie 968 ppm AFG_1. Die Aflatoxinbildung wurde in Konidien von *A. flavus* durch Bestrahlung mit bis zu 3 kGy (→ Gray) stimuliert, 2,5 kGy erhöhten die Syntheserate für AFB_1 und AFG_1 um den Faktor 50. 1 kGy regte Nichtproduzenten zur Aflatoxinbildung an.

Aflatoxine   → Mykotoxine (Difurancumarin-Derivate) mit einer akut toxischen (→ Aflatoxikose) und einer krebserregenden Wirkung (z.B. sind 0,5 µg AFB_1 pro kg bei der Regenbogenforelle tumorauslösend). Die Toxizität der Aflatoxine wurde schon im Jahre 1910 von Kühl beschrieben. Man unterscheidet zwischen den in Lebensmitteln (→ Lebensmittel) sehr bedeutsamen Aflatoxinen B_1, B_2, G_1, G_2 und den weniger wichtigen Aflatoxinen M_1, M_2 AFB_{2a}, AFG_{2a}, GM_1 und GM_2. Diese Aflatoxine stellen natürlich vorkommende Toxine dar. Bislang sind 18 verschiedene Aflatoxine bekannt (Abb. Aflatoxine 1). B-Aflatoxine fluoreszieren blau, G-Aflatoxine grün.
Toxizität: Aflatoxine mit dem Index 1 weisen die höchste Toxizität auf. AFB_1 ist die stärkste, oral aufnehmbare, natürliche kanzerogene Verbindung. Die Toxizität der 6 wichtigsten Aflatoxine nimmt von $B_1 \geq M_1 > G_1 > B_2 > M_2 = G_2$ ab (siehe Tabelle Aflatoxine 1a). Dabei wird AFB_1 durch Oxygenasen in der Leber in das hochkanzerogene 15,16-Epoxid überführt. Die Toxizität resultiert aus der Bindung an DNA und Hemmung der RNA-Poly-

Aflatoxine 1. Natürlich vorkommende Aflatoxine

Aflatoxine 1. LD_{50} verschiedener Aflatoxine für eintägige Entenküken bei oraler Applikation (verändert nach Frank 1974)

Aflatoxin	LD_{50} mg / kg
Parasiticol	0,25
Aflatoxin B_1	0,36
Aflatoxin G_1	0,8
Aflatoxin M_1	0,8
Aflatoxin B_2	1,7
Aflatoxin G_2	2,5
Aflatoxin M_2	3,1
Aspertoxin	0,7 µg je Ei

merase. Die Aufnahme von einem Molekül reicht theoretisch zur Entstehung von Krebs aus.

BEFALLENE LEBENSMITTEL
Häufiger betroffene Lebensmittel sind Nüsse, speziell Erdnüsse und Ernußprodukte, Pistazien, Mandeln, Feigen, Muskatnüsse, teilweise auch Mais aus feuchtwarmen Anbaugebieten (Tabelle Aflatoxine 2). Sojabohnen sind aufgrund des hohen Gehaltes an Phytinsäure (Chelatbildner), wenn überhaupt, nur gering kontaminiert. Die Phytinsäure bindet Zn^{2+}-Ionen, deren Verfügbarkeit Voraussetzung für die Aflatoxinbildung ist.

Aflatoxin 2. Auftretungshäufigkeit von Aflatoxinen in verschiedenen Lebens- und Futtermitteln pflanzlichen Ursprungs (nach Wilson und Abramson 1992) [1]

Aflatoxine	Lebensmittel [2]											
	A	B	C	D	E	F	G	H	I	J	K	L
B_1	6	17	1	24	3	9	16	10	779	2	36	27
B_1+B_2	6	7	2	37	14	23	11	3	428	4	114	47
$B_1+B_2+G_1$	1	13	1	2	1	3	7	0	120	17	1	1
$B_1+B_2+G_1+G_2$	3	9	0	0	0	0	6	1	40	6	0	4
B_1+G_1	0	4	0	1	0	0	1	0	6	0	0	0
$B_1+G_1+G_2$	0	0	0	0	0	0	1	0	0	0	0	0
$B_1+B_2+G_2$	0	0	0	0	0	0	0	0	1	0	0	0
B_1+G_2	0	0	0	0	0	0	0	0	0	0	0	1
Σ aller positiven Proben	16	50	4	64	18	35	42	14	1.374	29	151	80

[1] Anzahl der Aflatoxin-positiven Proben
[2] A = Mandeln, B = Paranüsse, C = Nüsse (Mischungen), D = eßbare Samen, E = Pekannüsse, F = Pistazien, G = Gewürze, H = Walnüsse, I = Mais, J = Kopra, K = Baumwollsamen, L = Futtermittel-Mischungen

Extremwerte in einzelnen Samen: Baumwolle > 5 g Aflatoxin / kg, Erdnuß 1,1 g Aflatoxin / kg, Mais 400 mg Aflatoxin / kg, Pistazien 1,4 g AFB_1 / kg; speziell in Ländern der tropischen und subtropischen Klimazonen sind Nahrungsmittel häufig mit Aflatoxinen kontaminiert.

In jedem Fall sind Aflatoxin-freie pflanzliche Nahrungsmittel Zucker, Marmeladen, Konfitüren (→ Diätkonfitüre), Sauerkraut, Rosinen und Kartoffeln. AFB_1, AFB_2 und AFG_1 kommen häufig in demselben → Lebensmittel vor, AFG_1 immer zusammen mit AFB_1, zumeist in höherer Konzentration, AFB_2 dagegen in geringerer Konzentration.

M-Aflatoxine finden sich in Milch und Milchprodukten. Sie stellen die metabolisierte (hydroxylierte) Form von AFB_1 und AFB_2 dar. Milchkühe, an die AFB_1-kontaminiertes Kraftfutter (z.B. Ölsaatrückstände) verfüttert wurde, scheiden 0,3–3 % des aufgenommenen AFB_1 als AFM_1 mit der Milch aus, AFB_2 als AFM_2 (Abb. Aflatoxine 2). AFM_2 wird nur in seltenen Fällen von → Aspergillus flavus Link gebildet.

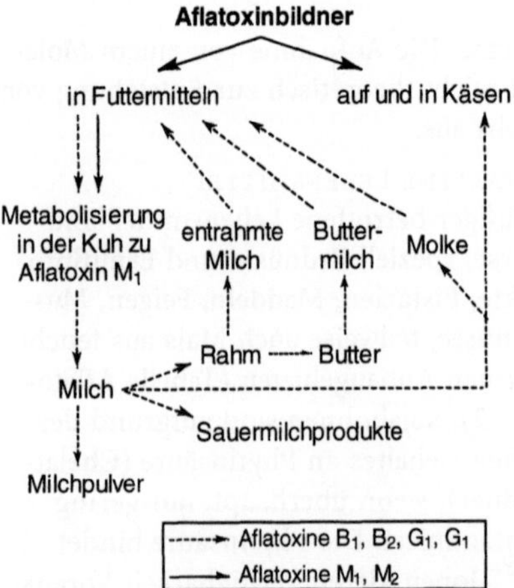

Aflatoxine 2. Aflatoxinkontamination von Milch und Milcherzeugnissen (verändert nach Kiermeier 1973)

In der → Aflatoxin-Verordnung (AVO) sind die Höchstmengen für die Bundesrepublik Deutschland vorgeschrieben. Die Nachweisgrenze für Aflatoxin liegt in Abhängigkeit vom → Substrat und dem Nachweisverfahren im ng-Bereich pro kg Lebensmittel. Pflanzliche Lebensmittel scheinen im Vergleich zu tierischen Nahrungsmitteln das für die Aflatoxinsynthese günstigere Substrat zu sein. Die Aflatoxinsynthese erfolgt optimal bei Temperaturen von 25–30 °C.

Grenz- bzw. Richtwerte einzelner EU-Mitgliedsstaaten: 0,01–50 µg Gesamt-Aflatoxin (AFB$_1$, B$_2$, G$_1$, G$_2$) pro kg Lebensmittel (diverse bzw. alle Lebensmittel), 0,05–25 µg AFB$_1$ pro kg Lebensmittel (vorwiegend Nüsse und Getreide sowie deren Erzeugnisse, Feigen), 0,01–0,4 µg AFM$_1$ pro kg Lebensmittel (Milch, Milcherzeugnisse, diätetische Lebensmittel)

Aflatoxininaktivierung Eine Erhitzung ist problematisch, da die → Aflatoxine sehr hitzestabil sind (Schmelzpunkt 237–299 °C). Eine fast vollständige Adsorption durch → Bentonit ist möglich. Die Bestrahlung der befallenen Lebens- oder Futtermittel mit ≤ 50 kGy (→ Gray) führt zu einer 99 %igen Zerstörung von AFB$_1$ und AFG$_1$. Allerdings empfiehlt die WHO eine Höchstdosis von 10 kGy bei Lebensmitteln. Die Extraktion mit Wasser, NaCl-Lösung oder organischen Lösungsmitteln zeigt mehr oder minder gute Erfolge. Erfolgreich ist der Einsatz von Basen (z.B. NaOH, Ca(OH)$_2$, NH$_3$) zur Dekontamination von z.B. Erdnuß- oder Baumwollmehlen sowie H$_2$O$_2$ in Verbindung mit Riboflavin zur Reduktion der AFM$_1$-Konzentration in Milch. Das maschinelle Aussortieren oder die Selektion von kontaminierten Nüssen per Hand ist möglich. Ein mikrobieller Abbau der Aflatoxine erfolgt durch *Flavobacterium aurantiacum* und andere Mikroorganismen, z.B. diverse → Muco-

raceae. Zur Dekontamination von Lebensmitteln (→ Lebensmittel) sind die meisten Verfahren, wenn überhaupt, nur bedingt geeignet.

Aflatoxin-Verordnung, AVO Die AVO von 1976, geändert 1990, schreibt für die Bundesrepublik Deutschland folgende Höchstmengen für → Aflatoxine in Lebensmitteln vor:
- 2 µg AFB$_1$ pro kg → Lebensmittel
- 4 µg Gesamt-Aflatoxin pro kg Lebensmittel
- 50 ng AFM$_1$ pro kg Milch
- 50 ng Gesamt-Aflatoxin pro kg diätetisches Lebensmittel
- 10 ng AFM$_1$ pro kg diätetisches Lebensmittel

Aflatrem Mykotoxin (α,α-Dimethylallyl-paspalinin), das 1964 erstmals isoliert wurde (→ Mykotoxine); Aflatrembildner sind → Aspergillus flavus Link, dessen → Myzel und → Sklerotien Aflatrem enthalten, sowie *A. clavato-flavus* (Abb. Aflatrem). Es existieren keine Grenz- bzw. Richtwerte. → tremorgene Mykotoxine

Agar (Syn.: Agar-Agar, malaysisch) Agar ist ein Polysaccharid (→ Polysaccharide), das sich aus → Agarose und → Agaropectin zusammensetzt und aus Rotalgen gewonnen wird (Abb. Agar). Die kommerzielle Gewinnung erfolgt vorwiegend aus *Gelidium*-Arten. Agar schmilzt bei

Aflatrem

Agar

100 °C und bleibt bis 45 °C flüssig. Agar ist als Zusatz für → Nährböden für die Mikroorganismenanzucht (→ Mikrooganismus) weit verbreitet, da der Agarzusatz diese verfestigt.

Agaropectin Agaropectin weist eine stärker heterogene Zusammensetzung als → Agarose auf; es enthält D-Galactose, 3,6-Anhydrogalactose, die zugehörigen Uronsäuren sowie Sulfat.

Agarose Agarose ist ein Polysaccharid (→ Polysaccharide), das sich aus β-D-Galactose und 3,6-Anhydro-α-L-Galactoseresten zusammensetzt. Gewinnung durch Fraktionierung von → Agar aus Meeresalgen, nach dem Erhitzen entsteht ein festes Gel.

Agonomycetes (Syn.: Myzelia sterilia) veraltete Bezeichnung für eine Pilzklasse (→ Pilze), die sich durch steriles → Myzel auszeichnet und in manchen Fällen z.B. → Bulbillen, → Chlamydosporen oder → Sklerotien bildet; neben den → Hyphomycetes (Konidienbildung an speziellen → Hyphen) und den → Coelomycetes (Konidienbildung in → Conidiomata) waren die Agonomycetes, die keine echten → Konidien besitzen, die dritte Klasse der → Deuteromycotina. Die Agonomycetes werden neben den Hyphomycetes und den Coelomycetes in der aktuellen

Systematik nach Hawksworth et al. (1995) zu den mitosporenbildenden Pilzen (→ mitosporenbildende Pilze) gerechnet.

Ährenpilze besiedeln abreifende Getreidekörner; neben den Rosten (Uredinales) und Branden (Ustilaginales) werden zu den Ährenpilzen auch → Claviceps *purpurea*, *C. paspali*, → Alternaria spp., → Fusarium spp. etc. gerechnet. → Feldpilze

akropetal → Abschnürung von → Konidien in Ketten, wobei sich die jüngste Konidie am Kettenende befindet (→ basipetal)

Alarmwassergehalt maximaler Wassergehalt eines Lebensmittels, der noch nicht zum mikrobiellen Verderb führt (Tabelle Alarmwassergehalt) → a_w-Wert

Ale englisches → obergäriges Bier

Aleukie Leukozytenmangel, Leukozytenarmut im Blut

Aleuriosporen (Syn.: Aleuriokonidien) Bezeichnung für die → Thallokonidien der Dermatophyten (→ Dermatophyt)

Alimentäre Toxische Aleukie, ATA → Aleukie, → Mykotoxikosfe, an der insbesondere zwischen 1942 bis einschließlich 1947 ca. 10 % der Bevölkerung der

Alarmwassergehalt einiger Lebensmittel

Lebensmittel	% Wassergehalt
Leguminosen	15
Reis	13-15
Stärke	18
Trockenei	10-11
Trockengemüse	14-20
Trockenfrüchte	18-25
Trockenmilchpulver	~ 8
Weizenmehl	13-15

Provinz Orenburg (ehem. UdSSR) erkrankten; die Mortalitätsrate lag zwischen 2–60 %. Weitere Ausbrüche erfolgten u.a. in den Jahren 1952, 1953 und 1955. Ursache war der Verzehr von auf dem Feld überwintertem Getreide (z.B. Hirse, Weizen, Gerste), das mit Fusarien (z.B. *Fusarium poae, F. sporotrichioides*) und als Folge deren Wachstums mit toxischen Trichothecenen (→ Trichothecene, → T-2 Toxin, → Diacetoxyscirpenol, → HT-2 Toxin, → Nivalenol etc.) in hohen Konzentrationen kontaminiert war. Erste Hinweise auf die mögliche Krankheitsursache gab es in Rußland schon 1891, die erstmalige Beschreibung erfolgte 1913. Das Krankheitsbild zeigt u.a. eine Verminderung der Leukozytenzahl (Leukopenie), Schädigung des Knochenmarks und Hautnekrosen.

alkoholische Gärung Pflanzen und → Pilze (insbesondere → Hefen) bilden unter anaeroben Bedingungen (→ anaerob) als Produkt der Zuckervergärung (Hexosen, Pentosen) → Kohlendioxid und → Ethanol ($C_6H_{12}O_6$ → 2 CO_2 + 2 C_2H_5OH). Die praktische Ethanolausbeute schwankt zwischen 45–48 % (Abb. alkolholische Gärung, Hefen). Gärende → Schimmelpilze sind eher selten, einzelne Species finden sich in den Gattungen → Fusarium und → Mucor sowie → Rhizopus *stolonifer*.

Altbier → obergäriges Bier, → Vollbier

Altenuen → Alternaria-Toxine

Alternaria (Syn.: *Macrosporium*) gehört zu den mitosporenbildenden Pilzen (→ mitosporenbildende Pilze), früher → Dematiaceae, anamorphes Stadium (→ anamorph) der → Pleosporaceae, teleomorphes Stadium (→ teleomorph): → Lewia

BIOLOGIE
Feldpilz (→ Feldpilze, → Schwärzepilze) bei abreifenden Getreide- und Leguminosensamen, ubiquitär verbreitet, tief dunkel gefärbte → Lufthyphen, → Konidienträger kurz, kaum differenziert, längs- und querseptierte, mehrzellige, keulenförmige → Konidien in kurzen Ketten, → Chlamydosporen; lebensmittelrelevante Species sind → Alternaria alternata (Fr.) Keissler, *A. tenuissima*; → Mykotoxine: → Alternaria-Toxine

SCHÄDEN / FOLGEN
Alternaria spp. und *A. alternata* (Abb. *Alternaria*. Konidien von *Alternaria alternata*) sind in seltenen Fällen humanpathogen und an der Entstehung von Mykoallergosen (→ Asthma bronchiale, → Bäckerasthma) beteiligt. (→ Mykoallergose)

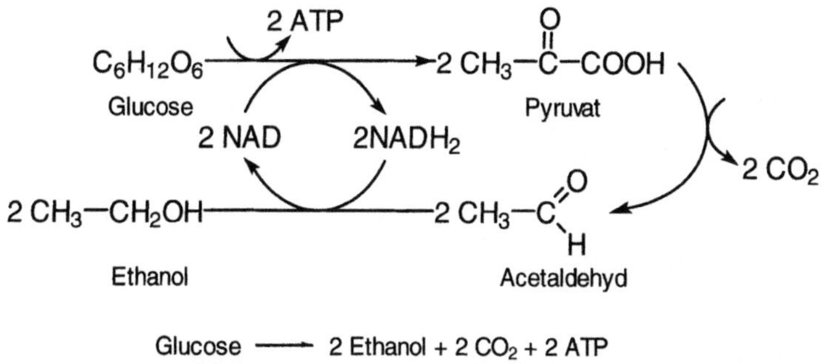

Alkolholische Gärung. Alkolholische Gärung der Hefen (verändert nach Krämer 1997)

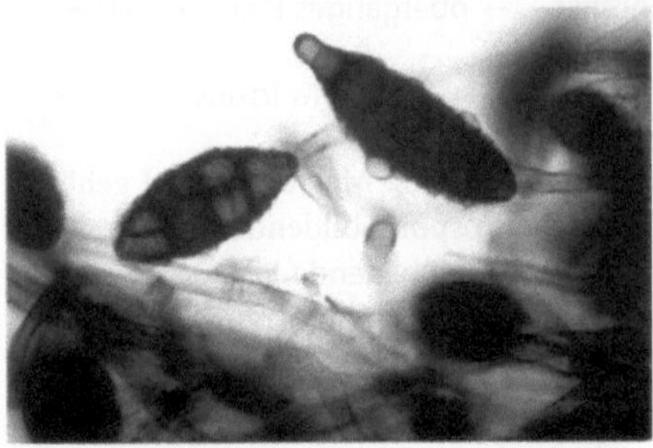

Alternaria. Dictyosporen (Konidien) von *Alternaria alternata*

BEFALLENE LEBENSMITTEL
Häufig betroffene → Lebensmittel sind Mehl, → Brot, Nüsse, Gewürze, Obst, Fruchtsäfte, Gemüse, Fleischerzeugnisse, Butter, Eier etc.

Alternaria alternata (Fr.) Keissler *Alternaria-Species*

BIOLOGIE
Temperaturoptimum (22-) 25 bis 28 (–30) °C, Temperaturminimum 2,5 bis 6,5 °C (zum Teil bis –5 °C), Temperaturmaximum 31 bis 32 °C, minimaler → a_w-Wert 0,85–0,88, Koloniefärbung oliv-schwarz bis grau, → Mykotoxine: → Alternaria-Toxine

BEFALLENE LEBENSMITTEL
Häufig betroffene → Lebensmittel sind Getreide, Leguminosen, Nüsse, Obst und Gemüse.

Alternaria-Toxine

Alternaria spp. synthetisiert mehr als 30 → Mykotoxine, von denen aber nur vier oder fünf natürlicherweise vorkommen. Die wichtigsten, bislang auch aus Nahrungsmitteln isolierten *Alternaria*-Toxine sind Alternariol (AOH (3,4,5´-Trihydroxy-6´methyldibenzol[α]pyron), mit einer → LD_{50} von ≫100 mg pro kg Maus), Alternariolmonomethylether (AME (3,4´Dihydroxy-5-methoxy-6´-methyldibenzol[α]pyron), LD_{50} >> 100 mg pro kg Maus), Altenuen (2´,3´,4´,5´-Tetrahydro-3,4β´,5´α-trihydroxy-5-methoxy-2´β-methyldibenzo[α]-

Alternariol

Altenuen

Alternariolmonomethylether

Altertoxin I

Tenuazonsäure

Alternaria-Toxine

pyron), Altertoxin I (4,9-Dihydroxypery-len-3,10-chinon, LD_{50} 150 mg pro kg Maus) und Tenuazonsäure (3-Acetyl-5-sek-butyltetraminsäure, LD_{50} 81 mg pro kg Maus) (Abb. *Alternaria*-Toxine). Tenuazonsäure, die zudem von → Phoma *sorghina*, → Pyricularia *oryzae* sowie → Aspergillus spp. (A. *nomius*) gebildet wird, dürfte die höchste Toxizität besitzen. *Alternaria*-Toxine verursachen fötotoxische und teratogene Schäden (→ teratogen). Die Altertoxine I–III wirken auf Zellkulturen kanzerogen. *Alternaria*-Toxine sind möglicherweise Auslöser der „→ Onyalai“.

BEFALLENE LEBENSMITTEL
Häufiger betroffene → Lebensmittel sind Hafer, Hirse, Pekannüsse, Äpfel, Tomatenpaste, Oliven, Olivenöl, Tabak.

Alternariol   → Alternaria-Toxine

Alternariolmonomethylether
→ Alternaria-Toxine

Altertoxin I–III   → Alternaria-Toxine

Ameisensäure   Ameisensäure (HCOOH) und deren Natrium- und Calciumsalz wurden als → Konservierungsstoffe zur Wachstumsinhibierung von → Hefen in Lebensmitteln (→ Lebensmittel) wie Obstmuttersäften, Obstpulpen, Fischprodukten und Meerestieren eingesetzt. Gegen → Schimmelpilze ist Ameisensäure weniger wirksam. Die aktuelle EU-Gesetzgebung sieht den Einsatz von Ameisensäure wegen der relativ hohen Toxizität nicht mehr vor. Der → ADI-Wert liegt bei 3 mg pro kg Körpergewicht.

Amylasen   Enzyme, die Stärkemoleküle spalten

BIOLOGIE
kommen häufig bei Schimmelpilzen (→ Schimmelpilze) (z.B. → Aspergillus oryzae (Ahlburg) Cohn, → Aspergillus niger van Tieghem, *A. wentii* , → Rhizopus *delemar*), seltener bei → Hefen (z.B. → Saccharomycopsis *fibuligera*, → Saccharomyces *cerevisiae* (var. *diastaticus*)) vor; speziell die α-Amylase (syn. Endoamylase) hydrolysiert die α-1,4-Glucanbindungen im Inneren des Stärkemoleküls. Es entstehen → Dextrine, → Maltose und Glucose. Die α-Amylase wird deshalb zur Verflüssigung und Verzuckerung von → Stärke in Brauereien und Bäckereien eingesetzt.

Die Glucoamylase (syn. α-1,4-Glucanglucohydrolase) findet sich nur bei Schimmelpilzen, z.B. bei *A. oryzae, A. niger* und *Rhizopus* spp. Es werden sehr schnell die α-1,4-Glucanbindungen (→ Glucane) in Stärkemolekülen unter Abspaltung von jeweils einem Glucosemolekül vom nichtreduzierenden Ende her hydrolysiert, etwas langsamer erfolgt auch die Spaltung der α-1,3- und α-1,6-Glucanbindungen. Glucoamylase ist für die Verzuckerung von Dextrinen (→ Dextrine) beim → Brauen erforderlich (→ Dextrinrast).

Amylase

Glucoamylase

Isoamylase

Amylasen. Stärkeabbau durch Amylasen (verändert nach Weber 1993)

Isoamylase (syn. Amylopectin-1,6-glucosidase, Amylopectin-6-glucanhydrolase) wandelt → Amylopectin in ein lineares Polymer um. Angriffspunkte sind nur die 1,6-Verzweigungspunkte.
Im Gegensatz zu den Pflanzen besitzen Mikroorganismen (→ Mikroorganismus) keine β-Amylase.

Amyloglucosidase (Syn.: Glucoamylase) → Amylase

Amylopectin neben → Amylose die zweite Stärkekomponente, die aus kettenförmigen Glucosemolekülen in α-1,4-Bindung besteht; Amylopectin ist jedoch wie Glykogen an etwa jedem 25. Glucosemolekül in 1,6-Stellung verzweigt. Außerdem enthält Amylopectin Phosphatreste sowie Magnesium- und Calcium-Ionen (Abb. Amylopectin).

Amylose neben → Amylopectin die zweite Stärkekomponente, die aus kettenförmigen Glucosemolekülen (unverzweigter Glucosepolymer) in α-1,4-Bindung besteht (Abb. Amylose)

anaerob unter Sauerstoffausschluß; bei Abwesenheit von Sauerstoff stellen viele → Hefen ihren Stoffwechsel auf → Gärung um. Als Wasserstoffendakzeptoren dienen dabei organische Verbindungen. Die meisten → Schimmelpilze können unter anaeroben Bedingungen keinen Stoffwechsel betreiben.
→ aerob, → alkoholische Gärung

anamorph (gr. ana (nach Art von), morph (Gestalt)) Bezeichnung für die asexuelle (imperfekte) Vermehrungsform eines Pilzes (→ asexuelle Vermehrung), die sich durch eine Konidienbildung (oder Sporangiosporenbildung) auszeich-

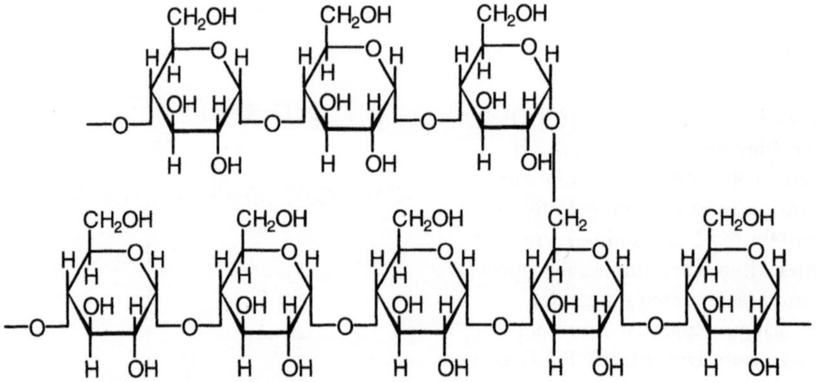

Amylopectin (verändert nach Weber 1993)

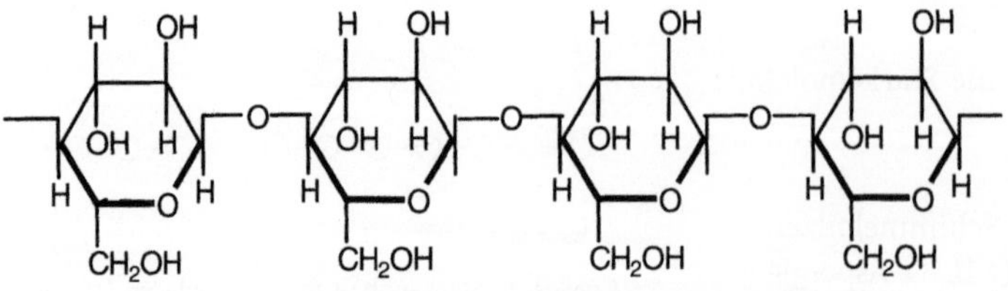

Amylose

net und bei den mitosporenbildenden
Pilzen zu finden ist (→ Konidien, → mitosporenbildende Pilze, → Sporangiosporen)

Anemochorie Verbreitung von → Konidien, Sporen (→ Spore) etc. über die Luft

Aneurin (Syn.: → Thiamin)

Angärzucker bestimmte Monosaccharide
wie Glucose und Fructose sowie Saccharose, die nach dem → Anstellen als erste
von den → Hefen vergoren werden
Ihre Konzentration in der Bierwürze liegt
bei 9 %, 2 % bzw. 3 %.
→ Hauptgärzucker, → Nachgärzucker,
→ Würze

Ang-kak (Syn.: „Roter Reis") rotes
Färbe- und/oder Würzmittel in China
und auf den Philippinen; Herstellung
durch die → Fermentation von poliertem
Reis mit dem Schimmelpilz (→ Schimmelpilze)→ Monascus *purpureus*

Annellationen kurze mittige Wucherun-
gen, die bei der → Abschnürung von
→ Konidien an den konidientragenden
Zellen zurückbleiben, z.B. bei → Scopulariopsis; in Abhängigkeit von der gebildeten Konidienzahl entsteht eine mehr oder
minder lange annellierte Zone. Siehe
auch Abb. Annellide, → Annellide

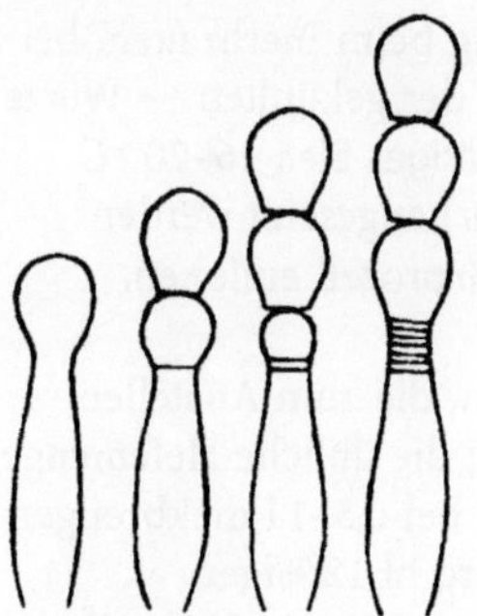

Annellide (verändert nach Cole und Samson 1979)

Annellide (Syn.: Annelophore) (lat.
annellus (kleiner Ring)) konidienbildende
Zellen (→ Konidien), die eine geringelte
(annellidische) Zone besitzen (Abb.
Annellide) (→ Annellationen)

annellidisch → Annellide

Anreicherung Die Anreicherung des
Alkoholgehaltes (→ Ethanol) von → Wein
durch einen beschränkten Zuckerzusatz
(Saccharose) ist in Deutschland nur bei
→ Tafelwein und → Landwein sowie
→ Qualitätswein erlaubt, nicht aber bei
Qualitätswein mit Prädikat (Tabelle
Anreicherung).

Anschwänzen Auslaugen der Malztreber
mit heißem Wasser
(→ Bier, → Malz, → Treber)

Anreicherung. Höchstalkoholgehalte von Wein nach Anreicherung (nach Rapp 1996)

	Weinbauzone A übrige BRD	Weinbauzone B Baden
Tafelwein		
Weißwein	91 g / l (11,5 Vol %)	95 g / l (12,0 Vol. %)
Rotwein	95 g / l (12,0 Vol. %)	100 g / l (12,5 Vol. %)
Qualitätswein (b. A.)		
Weißwein	95 g / l (12,0 Vol. %)	100 g / l (12,5 Vol. %)
Rotwein	100 g / l (12,5 Vol. %)	103 g / l (13,0 Vol. %)

Anstellen Vorgang beim Bierbrauen, bei dem die → Hefen der gekühlten → Würze (8–9 °C → untergäriges Bier, 16–20 °C → obergäriges Bier) zugesetzt werden und damit den Gärprozeß einleiten.

Anstellhefe Hefen, die zum Anstellen eingesetzt werden; die übliche Hefemenge (Anstellhefe) liegt bei 0,5–1 l dickbreiiger Hefe (→ Hefen) pro hl 12 %iger → Würze; dies entspricht 10^7 Hefezellen pro ml Würze.
→ Anstellen

Antheridium (gr. antheros (blühend)) das männliche Sexualorgan der → Ascomycota, das die Zellkerne an das → Ascogon abgibt
→ Gametangium, → Heterogameten, (→ Oogonium)

Anthocyane pflanzliche Pigmente von blauer, violetter oder rötlicher Farbe; Anthocyane bestehen immer aus einem zuckerfreien Anteil (Anthocyan-Aglykon = Anthocyanidin) und einer Zuckerkomponente (Glucose, Galactose oder Rhamnose), auf welche die leichte Wasserlöslichkeit solcher Chromosaccharide zurückzuführen ist.

Anthraknose Lagerkrankheit (→ Lagerkrankheiten), die durch → Colletotrichum spp. und → Ascochyta spp. an diversen Gemüsen und Südfrüchten hervorgerufen wird, Symptome sind Nekrosen, Brennflecke

Anthropochorie Verbreitung von → Konidien, Sporen (→ Spore) etc. durch den Menschen

Antibiotika niedermolekulare Stoffwechselprodukte (MG < 2000) von Mikroorganismen (→ Mikroorganismus), die andere Mikroorganismen, nicht aber den Produzenten am Wachstum hindern oder abtö-

ten; von 6.500 bekannten Antibiotika werden neben 50 semisynthetischen Derivaten ca. 100 in der Therapie verwendet. Das jährliche Produktionsvolumen liegt weltweit zur Zeit bei ca. 25.000 t. Wichtige pilzliche Produzenten gehören zur Gattung → Penicillium, → Aspergillus und → Acremonium. Pilzliche Antibiotika sind z.B. → Cephalosporine und → Penicillin. → Penicillium chrysogenum Thom

antifungal (Syn.: antimykotisch) das Pilzwachstum hemmend
→ Antimykotikum, → fungistatisch

Antimycin (Syn.: → Citrinin)

Antimykotikum Wirkstoff, der das Wachstum von Pilzen (→ Pilze) hemmt

antimykotisch (Syn.: → antifungal)

Apex Wachstumsspitze einer Hyphe (→ Hyphen)

Apfelschorf → Lagerschorf

Aphanomyces gehört zur Familie → Saprolegniaceae

Apiculatus-Hefen (lat. apex, apicis (Spitze))
BIOLOGIE
Die wichtigsten Apiculatus-Hefen an Weintrauben sind → Kloeckera *apiculata* (→ Nebenfruchtform) bzw. ihre → Hauptfruchtform → Hanseniaspora *uvarum*. Die zitronenförmige Gestalt der Zellen ist durch die mehr oder weniger spitzzulaufenden Enden an beiden Polen bedingt (Abb. Apiculatus-Hefen).
BEFALLENE LEBENSMITTEL
Apiculatus-Hefen finden sich zudem an reifen Kirschen und Johannisbeeren sowie allgemein an Kern-, Stein-, Beerenobst. Zu den Apiculatus-Hefen werden

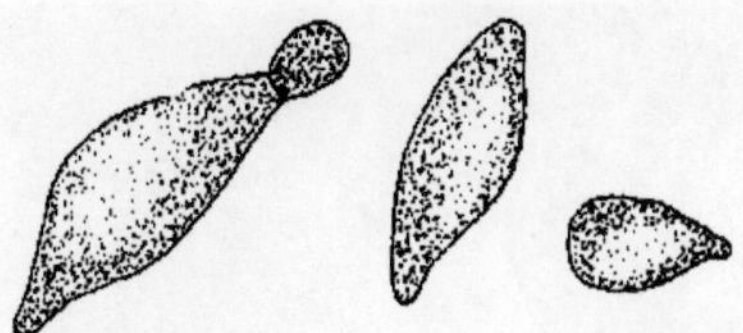

Apiculatus-Hefen

auch → Brettanomyces spp. (→ anamorph) und → Dekkera spp. (→ teleomorph) gerechnet, bei denen ein Pol oder
beide Pole häufig spitzbogenartig enden.
Als → Fremdhefen können sie zu Gärstörungen (→ Gärung) bei der Weinherstellung (→ Wein) führen, da sie im Vergleich zu → Saccharomyces cerevisiae
Meyen ex Hansen ein schwächeres Gärvermögen aufweisen. Apiculatus-Hefen
können bis zu 99 % der → Hefen im
frisch gepreßten → Most ausmachen.
Typische Apiculatus-Hefen haben keine
Saccharase und vergären deshalb Saccharose nicht zu → Ethanol und → Kohlendioxid. Apiculatus-Hefen reagieren auf die
Mostschwefelung (SO$_2$) sehr empfindlich.
→ Schwefeln

Apiospora gehört zur Familie → Lasiosphaeriaceae

Aplanosporen (gr. planao (umherschwei-
fen), „a" als Vorsilbe bedeutet „ohne,
nicht") unbewegliche sexuelle Fortpflan-
zungszelle (→ Sporangiosporen), die
männlich oder weiblich bzw. bei morphologisch nicht unterscheidbaren Gameten als + oder – determiniert sein kann

Apophyse trichterförmige Verbreiterung
(Trägerverdickung) des Sporangienträgers (→ Sporangienträger) unmittelbar
unterhalb des Sporangiums (→ Sporangium), z.B. bei→ Rhizopus spp., → Absidia spp. bzw. die Anschwellung an der
Basis einer Spore bei den → Myxomycota
(Abb. Apophyse), siehe auch Abb. *Absidia*
→ Absidia

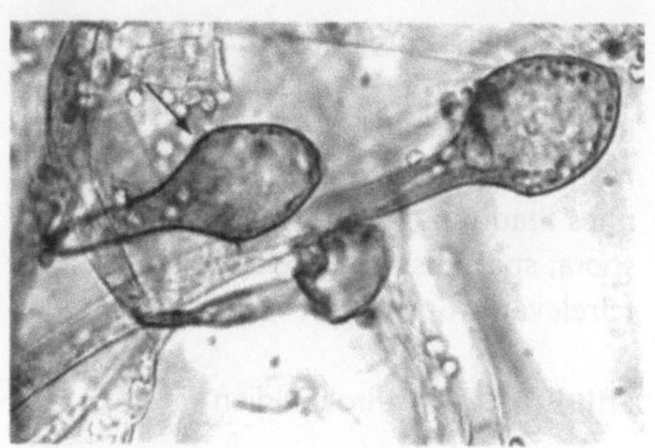

Apophyse. Sporangienträger mit *Absidia*-typi-
schen Columellen

Apothecium. Habitusbild und Querschnitt (verändert nach Schlegel 1992)

Apothecium (gr. apo (von, weg, ab), thekion (kleiner Behälter)) offener → Fruchtkörper der → Ascomycota von teller- oder
schüsselförmiger Gestalt mit freiliegen-
dem, fertilem → Hymenium
(Abb. Apothecium)

Appressorium (lat. apprimere (andrük-
ken)) von einer Pilzhyphe (→ Hyphen,
→ Pilze) an ihrer Spitze gebildete Haft-
scheibe; hieraus entstehende kurze Sei-
tenzweige, sog. Haustorien (→ Haustorium), wachsen in die → Zellwand des
Wirtes.

Aräometer (Syn.: → Mostwaage)

Arrak alkoholisches Getränk (→ alkoholische Gärung) aus Ostindien; → Fermentation (→ Gärung) von Reis mit diversen
Pilzen (→ Pilze), wie → Rhizopus *oryzae*,
→ Saccharomyces cervisiae Meyen ex Hansen, → Hansenula *anomala* mit anschlie-
ßender Destillation des Gärproduktes,
Ethanolgehalt (→ Ethanol) ca. 50 %

Arthrinium gehört zu den mitosporenbildenden Pilzen (→ mitosporenbildende Pilze), anamorphes Stadium (→ anamorph) der Lasiosphaeriaceae, teleomorphes Stadium (→ teleomorph): → Apiospora; sporadisch auftretende lebensmittelrelevante Species ist *A. apiospermum.*

arthrisch → Arthrokonidien

Arthroderma gehört zur Familie → Arthrodermataceae

Arthrodermataceae gehört zu den → Onygenales

Arthrokonidien (gr. arthron (Glied), konis (Staub)) (Syn.: Arthrosporen, → Thallokonidien, siehe auch Abb. *Geotrichum* (→ Geotrichum))

Ascochyta anamorphes Stadium (→ anamorph) verschiedener Familien, z.B. → Mycosphaerellaceae, teleomorphe Stadien (→ teleomorph): verschiedene, z.B. → Mycosphaerella

Ascogene Hyphen → Ascogon

Ascogon (Syn.: Ascogonium) weibliches Sexualorgan der → Ascomycota

BIOLOGIE

Das Ascogon als vielkernige, gekrümmte Zelle ist über eine oder mehrer sog. Stielzellen (→ Stielzelle) mit dem vegetativen → Myzel verbunden. Es trägt häufig die → Trichogyne, durch die die männlichen Kerne aus dem → Antheridium in das Ascogon geleitet werden (Abb. Ascogon 1) (→ Plasmogamie).
Plus- und Minus-Kerne legen sich bei der Befruchtung paarweise aneinander, verschmelzen aber nicht. In der Folge bildet das Ascogon schlauchartige, ascogene (dikaryotische) → Hyphen. Deren Zellen enthalten je einen + und einen – Kern (Dikaryon). Bei der Zellneubildung ver-

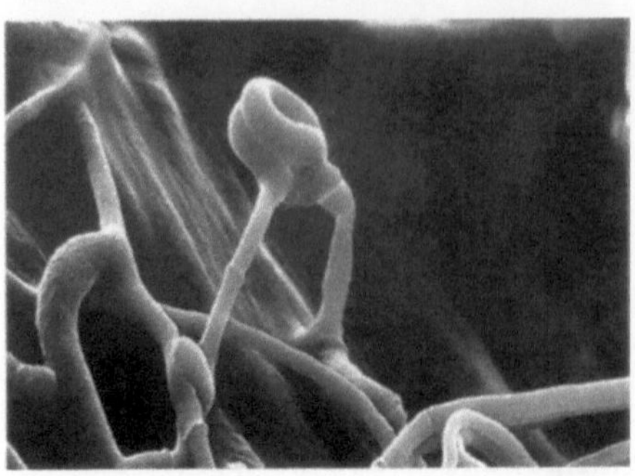

Ascogon 1. Befruchtungsvorgang bei *Eurotium chevalieri.*

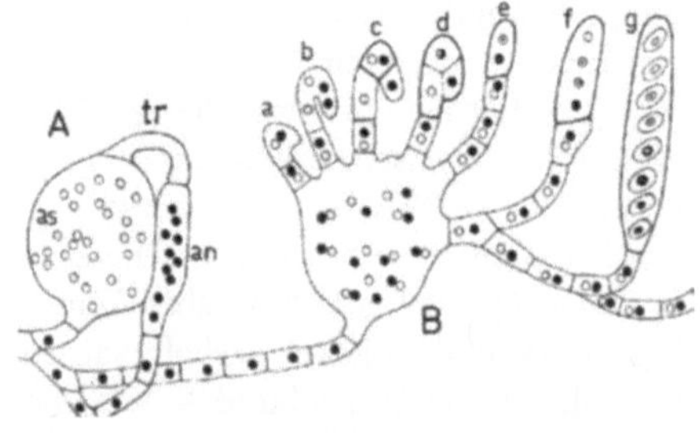

Ascogon 2. Sexuelle Vermehrungsphase der Ascomycota. *A* Ascogon vor der Plasmogamie; *B* Ascogon mit ascogenen, dikaryotischen Hyphen; *a* Hakenbildung, *b* Haken nach der Teilung der Paarkerne, *c* Querwand der Hakenzelle gebildet, *d* Karyogamie in der Ascuszelle und Fusion des Hakens mit der Stielzelle, *e,f,g* Teilungen des primären Ascuskerns und *g* Bildung der acht Ascosporen; *as* Ascogon, *an* Antheridium, *tr* Trichogyne (verändert nach Schlegel 1992)

mehren sich beide Kerne einer Zelle paarweise synchron (mitotisch) und werden auf die sich weitergliedernden Zellen verteilt. Die Spitzen der ascogenen Hyphen krümmen sich hakenartig. Die obere Hakenzelle wird zum → Ascus (Abb. Ascogon 2, Sexuelle Vermehrungsphase der Ascomycota).

Ascoidea gehört zur Familie → Endomycetaceae

Ascokarpium (Syn.: → Ascomata)

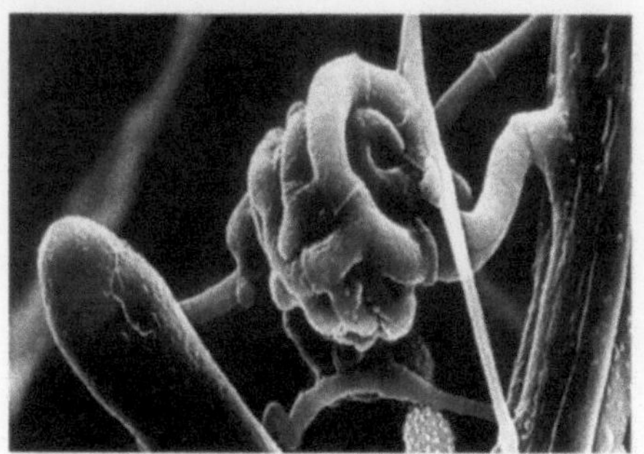

Ascomata. Frühstadium der Cleistothecienbildung bei *Eurotium herbariorum*

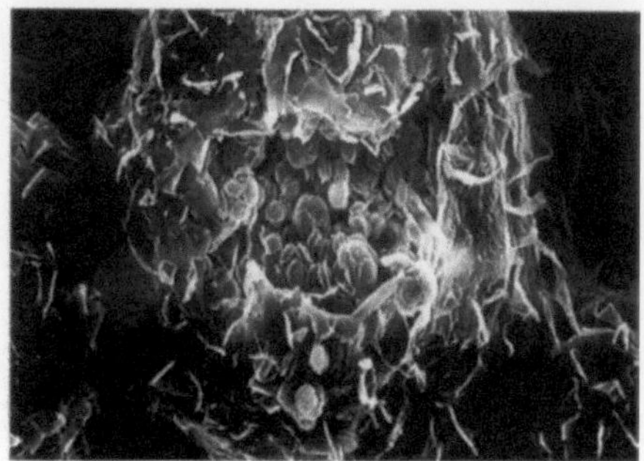

Ascomycota. Aufgebrochener Fruchtkörper (Cleistothecium) von *Eurotium chevalieri* (Weidenbörner 1999)

Ascomata → Fruchtkörper der → Ascomycota; sie stellen eine Hülle, ein Kissen oder eine Schüssel dar, in / auf denen sich bei den Ascomycota die Sexualorgane und später die Asci (→ Ascus) entwickeln. Das Hyphengeflecht (→ Hyphen) gibt dem Fruchtkörper die charakteristische Gestalt. Es werden vollständig geschlossene Cleistothecien (→ Cleistothecium, → Plectomycetes), flaschenförmige Perithecien (→ Perithecium, → Pyrenomycetes) und offene, schalenförmige Apothecien (→ Apothecium, → Discomycetes) unterschieden. Bei → Byssochlamys spp. sind die Asci meist in lockere Hyphenmassen eingebettet. Auch diese Strukturen werden als Ascomata bezeichnet. Pilze mit „nackten" Asci werden zu den Protoascomycetes gerechnet (Abb. Ascomata.

Ascomycota (gr. askos (Sack)) Schlauchpilze, denen fast die Hälfte aller bekannten Pilze angehören; die Ascomycota gehören zum Reich der → Eumycota.

BIOLOGIE
ungeschlechtliche Vermehrung durch → Sproßzellen (→ Konidien) oder durch Vegetationskörper aus septierten → Hyphen (→ Thallokonidien); geschlechtliche Vermehrung erfolgt nach → Karyogamie zweier Zellkerne aus verschiedenen Gametangien (→ Gametan-

gium, → Antheridium und → Ascogonium) über einen Sporenschlauch (→ Ascus) mit vier oder acht → Ascosporen. Die Asci sind in besonderen Fruchtkörpern (→ Ascomata, → Fruchtkörper) eingebettet.
Lebensmittelrelevant sind Vertreter der Saccharomycetales, z.B. → Hansenula, → Saccharomyces, → Zygosaccharomyces und der → Eurotiales, z.B. → Eurotium (Abb. Ascomycota), → Talaromyces.

Ascorbinsäure (Syn.: Vitamin C) hat reduzierende Wirkung und schützt somit vor Oxidation; der Zusatz von Ascorbinsäure zu Apfelsaft führt zur Inaktivierung von → Patulin.

Ascosporen auf sexuellem Wege (→ sexuell) gebildete haploide → Meiosporen (→ haploid), die in den Asci (→ Ascus) entstehen; nach Ablauf der Kernteilung häuft sich um jeden Kern ein Teil der vorhandenen Plasmamasse, und das Ganze reift allmählich zur Ascospore (Abb. Ascosporen).

Ascus typische sackförmige Zelle (Sporenschlauch) der → Ascomycota, die als Folge eines Befruchtungsvorgangs entsteht

Ascosporen. Ascosporen (Bildmitte) und Konidien (links außen) von *Eurotium rubrum*

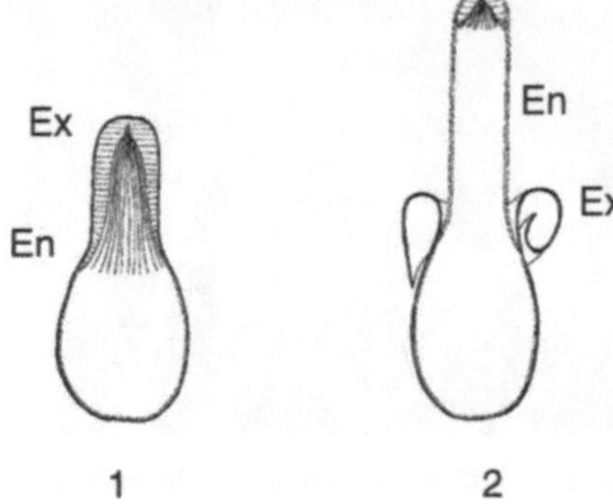

Ascus. Bitunicater Ascus 1. Reifer Ascus mit gebändertem Endoascus (*En*) umgeben vom Exoascus (*Ex*), 2 Ascus kurz vor der Sporenfreisetzung, Exoascus gebrochen und kragenartig um gestreckten Endoascus gelegt; Endoascus jetzt ohne Querstreifung (verändert nach Reynolds 1971)

BIOLOGIE

Im Ascus entstehen nach → Karyogamie, → Meiose und meist auch einer → Mitose häufig 8 → Ascosporen in „freier Zellbildung" (→ freie Zellbildung). Die → Ascosporen und das → Myzel sind → haploid. Ein unitunicater Ascus besteht aus einer einzigen Wand, die sich aus einer einheitlichen Schicht oder mehreren gegeneinander nicht verschiebbaren Schichten zusammensetzt. Asci, die rundum aus einer gleichartig zarten, meist früh verschleimenden Wand (z.B. → Eurotiales, → Talaromyces *flavus*) bestehen, können die Ascosporen nicht aktiv ausschleudern. Die Wand eines bitunicaten Ascus besteht aus zwei deutlich voneinander getrennten Schichten, dem Exoascus und dem Endoascus. Bei Freisetzung der Ascosporen bricht diese Wand auf oder weitet sich auf (Abb. Ascus).
→ Ascogon, → Ascomycota

asexuell   (Syn.: ungeschlechtlich, vegetativ)

asexuelle Vermehrung   An der Entstehung des neuen Individuums ist nur ein elterlicher Organismus beteiligt, es erfolgt keine Vereinigung von Kernen, Geschlechtszellen oder Geschlechtsorganen. In einem kurzen Zeitraum können zahlreiche Nachkommen produziert werden. Die asexuelle Vermehrung (→ asexuell) von Schimmelpilzen (→ Schimmelpilze) erfolgt durch → Konidien (→ Blastokonidien, → Thallokonidien) oder → Sporangiosporen, auch als → anamorph oder → Nebenfruchtform bezeichnet. Bei → Hefen erfolgt die asexuelle Vermehrung über die → Sprossung (Knospung), Querteilung (→ Schizosaccharomyces) oder die Ausbildung von Tochterzellen an kurzen Stielen (→ Fellomyces). → Sexuelle Vermehrung, → Eurotium, siehe auch Abb. Abschnürung, Abb. *Aspergillus*, Abb. *Eurotium*

Aspergillin   (Syn.: → Gliotoxin)

Aspergillinsäure   Mykotoxin [3-sek-Butyl-6-isobutyl-2-hydroxy-2(1H)-pyrazinon], das von verschiedenen → Aspergillus- und → Candida-Species gebildet wird (→ Mykotoxine); in Verbindung mit → Aspergillus flavus Link wurde 1940 erstmals die antibakterielle Aktivität beschrieben und 1943 die Struktur aufgeklärt. Derivate der Aspergillinsäure, die von *Aspergillus* spp. snythetisiert werden, sind z.B. Hydroxyaspergillinsäure und Neoaspergillinsäure (Abb. Aspergillin-

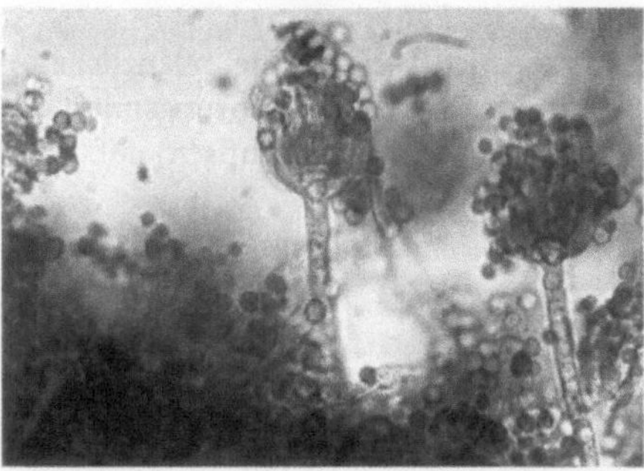

Aspergillinsäure

Aspergilloides. Monoverticillater Penicillus von *Penicillium glabrum*, Untergattung Aspergilloides

säure). Es existieren keine Grenz- oder Richtwerte.

Aspergilloides Untergattung innerhalb der Gattung → Penicillium; der → Penicillus ist → monoverticillat mit einem kleinen → Vesikel (Abb. Aspergilloides). → Biverticillium, → Furcatum, → Penicillium

Aspergillom klumpenförmige Myzelansammlung (≤ 5 cm) im bronchopulmonalen System; ein Aspergillom ist möglicherweise Ursache von Todesfällen nach Bluthusten. Häufiger Verursacher ist → Aspergillus fumigatus Fres. (→ Myzel).

Aspergillose Erkrankung von Mensch und Tier (sehr häufig bei Vögeln), die durch → Aspergillus spp., häufig → Aspergillus fumigatus Fres. verursacht wird; Unterscheidung in lokalisierte (Nasennebenhöhlenerkrankung) und generalisierte Form (Lungenerkrankung = → Aspergillom), sporadisch septischer Verlauf mit Metastasenbildung im Zen-

tralnervensystem und anderen Organen. Die allergische Reaktion auf *Aspergillus*-Antigene führt zur Bronchopneumonie (→ Asthma bronchiale).

Aspergillus gehört zu den mitosporenbildenden Pilzen (→ mitosporenbildende Pilze), anamorphes Stadium (→ anamorph) der → Trichocomaceae, teleomorphe Stadien (→ teleomorph): → Eurotium, → Neosartorya, → Emericella

BIOLOGIE
→ Konidienträger entstehen aus einer → Fußzelle und enden in einem → Vesikel, der mit Metulae (→ Metula) und/oder Phialiden (→ Phialide) besetzt ist; die → Konidien sind mehr oder weniger rund, von unterschiedlicher Färbung (Pigmentierung) und Oberflächenstruktur, abgeschnürt in langen Ketten, → basipetal (Abb. *Aspergillus*).
Aspergillus-Species synthetisieren diverse → Mykotoxine, wie bei den einzelnen *Aspergillus*-Arten beschrieben. Die Gattung *Aspergillus* verursacht u.a. folgende Mykoallergosen (→ Mykoallergose): wie → Asthma bronchiale, → Bäckerasthma, → Farmerlunge, Getreidefieber und → Malzarbeiter-Krankheit.

BEFALLENE LEBENSMITTEL
Häufig betroffene → Lebensmittel sind Nüsse, Getreide, Mahl- und Backprodukte, Gewürze, Fleischprodukte, teilweise auch Milchprodukte (speziell Käse).

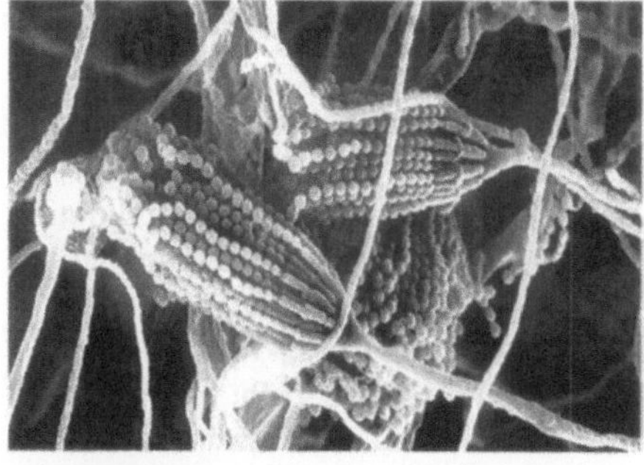

Aspergillus. Aspergillus terreus

Aspergillus candidus Link
Aspergillus-Species

BIOLOGIE
Wachstum in einem pH-Bereich von pH
2,1–7,7, Temperaturoptimum bei
20–24 °C, Temperaturminimum bei
3–4 °C, Temperaturmaximum bei
40–45 °C, minimaler → a_w-Wert 0,75–
0,78, optimaler a_w -Wert 0,90, Koloniefärbung weiß; bekannte → Mykotoxine sind
Canidulin, → Citrinin, → Kojisäure, → 3-
Nitropropionsäure, Terphenyllin und Xanthoascin.

BEFALLENE LEBENSMITTEL
A. candidus ist häufig der im Mehl dominierende Schimmelpilz (→ Schimmelpilze).

Aspergillus clavatus Desm.   *Aspergillus*-
Species

BIOLOGIE
Temperaturoptimum bei 20–25 °C, Temperaturminimum bei 5–6 °C, Temperaturmaximum bei 42 °C, minimaler → a_w-
Wert 0,85, optimaler a_w -Wert 0,98–1,0,
Koloniefärbung blau-grün; gebildete
→ Mykotoxine sind Ascladiol und
Cytochalasin E (→ Cytochalasine A-E),
→ Patulin, Tryptoquivaline; *A. clavatus*
ist Mitverursacher der → Malzarbeiter-
Krankheit.

BEFALLENE LEBENSMITTEL
Häufig betroffene → Lebensmittel sind
Obst und Obstsäfte, Malz.

Aspergillus flavus Link   *Aspergillus*-Species

BIOLOGIE
Wachstum in einem pH-Bereich von pH
2,5 bis über pH 10,5, Temperaturoptimum bei 35–37 °C, Temperaturminimum
bei 6–8 °C, Temperaturmaximum bei
47–48 °C; minimaler → a_w-Wert
0,78–0,80, optimaler a_w-Wert 0,95–0,96;
Koloniefärbung gelb-grün; bis zu 76 %
der Stämme sind → Aflatoxinbildner, im
Durchschnitt sind ca. 50 % aller Isolate

Aflatoxin-positiv; → Mykotoxine: → Aflatoxine B_1, B_2, G_1, G_2, → Aspergillinsäure,
→ Cyclopiazonsäure, → Kojisäure,
→ 3-Nitropropionsäure
A. flavus ist Verursacher der → Turkey-X-
Disease und gilt als Auslöser der → Aflatoxikose.

BEFALLENE LEBENSMITTEL
A. flavus tritt vermehrt bei pflanzlichen,
seltener bei tierischen Nahrungsmitteln
(z.B. Dauerwurst, Trockenfisch) auf.

Aspergillus fumigatus Fres.   *Aspergillus*-
Species

BIOLOGIE
Wachstum in einem pH-Bereich von pH
3,0–8,0, Temperaturoptimum bei
37–42 °C, Temperaturminimum bei
10–12 °C, Temperaturmaximum bei
52–55 °C, minimaler → a_w-Wert
0,85–0,94, optimaler a_w-Wert 0,98–0,99,
Koloniefärbung dunkelgrün; → Mykotoxine: → Fumitremorgen A und B, Fumitoxine, → Gliotoxin, Tryptoquivaline,
→ Verrucologen

BEFALLENE LEBENSMITTEL
Häufiger betroffenes → Lebensmittel ist
gelagertes (erhitztes) Getreide.

Aspergilus niger van Tieghem   *Aspergillus*-
Species

BIOLOGIE
Wachstum in einem pH-Bereich von pH
1,5–9,8, Temperaturoptimum bei
35–37 °C, Temperaturminimum bei
6–8 °C, Temperaturmaximum bei
45–47 °C, minimaler → a_w-Wert
0,84–0,95, optimaler a_w-Wert 0,96–0,98,
Koloniefärbung schwarz; → Mykotoxine:
Aspergilline, → Malformine, Naphtho-τ-
pyrone

BEFALLENE LEBENSMITTEL
Häufiger betroffene → Lebensmittel sind
Getreide, Leguminosensamen, Feigen,
und Datteln.

Aspergillus nomius Kurztman et al.
Aspergillus-Species

BIOLOGIE
Kolonien gelb-grün; → Mykotoxine:
→ Aflatoxine (AFB_1, B_2, G_1, G_2), → Asper-
gillinsäure, → Kojisäure, → Tenuazonsäure

BEFALLENE LEBENSMITTEL
Im Gegensatz zu → Aspergillus flavus Link
und → Aspergillus parasiticus Speare ist
A. nomius nur selten auf Nahrungsmitteln zu finden.

Aspergilus ochraceus Gruppe *Aspergillus*-
Gruppe

BIOLOGIE
Wachstum in einem pH-Bereich von pH
3,0 bis über pH 8,0, Temperaturoptimum
bei 28–35 °C, Temperaturmaximum bei
45 °C, minimaler → a_w-Wert 0,76–0,83,
optimaler a_w-Wert 0,95–0,98, Koloniefärbung mehr oder minder ockerfarben;
→ Mykotoxine: → Ochratoxin A, → Penicillinsäure, → Viomellein, Vioxanthin,
→ Xanthomegnin

BEFALLENE LEBENSMITTEL
Häufiger betroffene → Lebensmittel sind
Getreide, Getreideerzeugnisse, Legumino-
sensamen und → Kaffee.

Aspergillus oryzae (Ahlburg) Cohn
Aspergillus-Species

BIOLOGIE
Wachstum in einem pH-Bereich von unter
pH 2,0 bis über pH 8,0, Temperaturoptimum bei 32–36 °C, Temperaturminimum
bei 7–9 °C, Temperaturmaximum bei 45–
47 °C, Koloniefärbung leicht gelb-grün,
später mehr oder minder braun; → Mykotoxine: → Cyclopiazonsäure, → Kojisäure,
Maltorzyrin, → 3-Nitropropionsäure, synthetisiert keine → Aflatoxine

VERWENDUNG IN LEBENSMITTELN
Starterkultur (→ Starterkulturen) zur Herstellung asiatischer Fermentationsprodukte (→ Fermentation), wie → Koji,
→ Miso, → Sake, → Shoyu, → Kojipilze

Aspergillus parasiticus Speare   *Aspergillus*-
Species

BIOLOGIE
Temperaturoptimum bei 30 °C (maximale
Aflatoxinbildung bei 25 °C), Temperatur-
minimum bei 10–13 °C, minimaler → a_w-
Wert 0,78-0,82, Koloniefärbung grün;
→ Mykotoxine: → Aflatoxine B_1, B_2, G_1,
G_2, → Aspergillinsäure, → Kojisäure; *A.
parasiticus* gilt als Auslöser der → Aflato-
xikose.

BEFALLENE LEBENSMITTEL
befällt die gleichen Lebensmittelgruppen
wie → Aspergillus flavus Link

Aspergillus restrictus G. Sm.   *Aspergillus*-
Species

BIOLOGIE
Temperaturoptimum bei 25 °C, minimaler → a_w-Wert 0,71–0,75, optimaler a_w-
Wert 0,91; Koloniefärbung dunkeloliv-
grün; es werden keine → Mykotoxine
gebildet.

BEFALLENE LEBENSMITTEL
→ Primärbesiedler von gelagerten Getreidesamen (Feuchtegehalt 13–15 %), Sojabohnen (Feuchtegehalt 12–14 %), ölrei-
chen Samen wie Raps und Erdnuß
(Feuchtegehalt 7–10 %), sehr häufig vergesellschaftet mit den Lagerschädlingen
Sitophilus granarius (Kornkäfer) und *S.
oryzae* (Reiskäfer)

Aspergillus terreus Thom   *Aspergillus*-Spe-
cies

BIOLOGIE
Temperaturoptimum bei 35–40 °C, Temperaturminimum bei 11–13 °C, Temperaturmaximum bei 45–48 °C, minimaler
→ a_w-Wert 0,78, Koloniefärbung gelblich-
braun; → Mykotoxine: → Citreoviridin,
→ Citrinin, → Patulin, Terrein

BEFALLENE LEBENSMITTEL
Häufiger befallen sind Getreide- und
Leguminosensamen sowie Gewürze.

Aspergillus ustus (Bain.) Thom and Church *Aspergillus*-Species

BIOLOGIE
Temperaturoptimum bei 25–28 °C, Temperaturminimum bei 6–7 °C, Temperaturmaximum bei 41–42 °C, Koloniefärbung cremefarben, später dunkel- bis olivgrau; → Mykotoxine: Austamid, Austdiol, Austine, Austocystine

BEFALLENE LEBENSMITTEL
Häufiger befallen sind Getreide und Erdnüsse.

Aspergillus versicolor (Vuill.) Tiraboshi
Aspergillus-Species

BIOLOGIE
Temperaturoptimum bei 25–27 °C, Temperaturminimum bei 4–5 °C, Temperaturmaximum bei 38–40 °C, minimaler → a_w-Wert 0,78, Koloniefärbung weiß, später gelblich, organge, fleischfarben oder grün; → Mykotoxine: Nidulotoxin, → Sterigmatocystin; *A. versicolor* ist der wichtigste Sterigmatocystinbildner.

BEFALLENE LEBENSMITTEL
Häufig betroffene → Lebensmittel sind Getreide, Nüsse, Gewürze, Fleisch, Käse.

asporogene Hefen Diese → Hefen bilden keine → Ascosporen. Sie werden auch als „unechte Hefen" (→ anamorph) bezeichnet, Beispiel → Candida spp.

Asthma bronchiale Anfall hochgradiger Atemnot, bei der es zu einer Verengung der Bronchien kommt; Asthmaanfälle können unter anderem durch allergene → Schimmelpilze ausgelöst werden. Asthma bronchiale kann durch Zygomycetes (→ Zygomycota) und → mitosporenbildende Pilze verursacht werden. Pilzbedingte Asthmaanfälle treten insbesondere im Frühjahr und Sommer auf, wenn maximale Sporengehalte in der Freiluft von 2 x 10^4 KbE / m erreicht werden.

astomat kein → Ostiolum besitzend

ATA → Alimentäre Toxische Aleukie

Ätiologie Ursache oder Vorgeschichte einer Erkrankung

Atmungshefen nicht oder nur sehr schwach → gärfähige Hefen; hierzu zählen unter anderem → Cryptococcus *albidus*, → Debaryomyces *hansenii*, → Rhodotorula *glutinis*, → Pichia *membranaefaciens* sowie die meisten → Kahmhefen (vorwiegend → Candida spp.). Als Getränkeschädlinge spielen sie kaum eine Rolle. → gärfähige Hefen, → gärkräftige Hefen, → gärschwache Hefen

Aufgärung Eine Aufgärung auf höhere Alkoholgehalte kann bei alkoholarmen Weinen erforderlich sein. Dazu muß die „alte Hefe" der ersten → Gärung abgezogen werden. Der → Wein ist dann mit einer → Reinzuchthefe, → Thiamin, einem Hefezellwandpräparat sowie einer entsprechenden Zuckermenge neu zu versetzen, um die gewünschte Ethanolanreicherung zu erzielen.
→ Ethanol, → Hefen

Aufgehen Bezeichnung für die Teiglockerung, die durch das von den → Backhefen gebildete → Kohlendioxid bewirkt wird

Aureobasidium (Syn.: *Aureobasis, Dematium, Pullularia*) auch als „Schwarze Hefe" (→ schwarze „Hefen") bezeichnet, gehört zu den mitosporenbildenden Pilzen (→ mitosporenbildende Pilze), früher → Moniliaceae: lebensmittelrelevante Species ist *Aureobasidium pullulans*.

BIOLOGIE
schleimige Oberfläche, hefeartige Kolonien, kaum → Luftmyzel, rosa oder schwarz, ältere → Hyphen fast vollständig in → Chlamydosporen umgewandelt;

→ Mykotoxine: unbekannt, *A. pullulans* bildet → Pullulan.

BEFALLENE LEBENSMITTEL
Zu den häufig betroffenen Lebensmitteln (→ Lebensmittel) gehören Getreidesamen, Mehl, Tomaten, frischgeerntete Pekannüsse, Früchte (z.B. Pfirsiche, Weintrauben), Fruchtsäfte, gefrorener Früchtekuchen.

Aureobasis   (Syn.: → Aureobasidium)

Ausklaren   resultiert aus dem Pektinabbau (→ Pektine) naturtrüber Säfte durch die pektinolytische Aktivität von Schimmelpilzen (→ Schimmelpilze); es kommt zu einer Viskositätsabnahme, die zuvor homogen verteilten Trubstoffe fallen aus. Eine Inaktivierung der pilzlichen → Pektinasen läßt sich durch eine Erhitzung erreichen.

Auslese   Im Vergleich zu einer → Spätlese dürfen für die Herstellung einer Auslese nur vollreife, einwandfreie, ausgelesene Trauben mit einem Mostgewicht von deutlich über 90 °Oechsle aus einer späten → Lese verwendet werden.
→ Oechslegrad, → Wein

Autoklav   Dampfdrucksterilisator, der mit feuchter Hitze eine Sterilisation von Nährböden (→ Nährboden), Glasgeräten etc. erreicht; dabei wird Wasser unter Druck über den Siedepunkt erhitzt. Die Sterilisationsdauer variiert in Abhängigkeit von der zu autoklavierenden Flüssigkeitsmenge.

Autolyse   Selbstverdauung
Die „Selbstverdauung" von Hefezellen (→ Hefen) setzt in der stationären Phase ein (→ stationäre Phase). Zellinhaltsstoffe werden dabei durch zelleigene, hydrolytische Enzyme (z.B. Glucosidasen, Lipasen, Proteasen und Peptidasen) abgebaut. Damit verbunden ist die Bildung höherer

aliphatischer und aromatischer Alkohole. Die Autolyse tritt häufiger in überlagerten Bieren (→ Bier) bei der Vergärung des Restextraktes (→ Nachgärung) auf und führt zu einer Qualitätsminderung (unfeine Hefebittere).

Autosporen   sind unbewegliche, asexuelle Endosporen (→ Endospore), die bereits im → Sporangium mit einer → Zellwand umgeben sind und ihrer Mutterzelle zur Reifezeit nahezu gleichen.

autotroph   (gr. autos (selbst), trophe (Nahrung)) Die Energiegewinnung erfolgt bei den autotrophen Organismen z.B. über das Licht oder anorganische Reaktionen und nicht über die Verwertung organischer Substanzen.
→ heterotroph

AVO   → Aflatoxin-Verordnung

AWR-Lebensmittel, → a_w-Wert reduzierte → Lebensmittel Bezeichnung für Nahrungsmittel, die einen niedrigen a_w-Wert aufweisen, z.B. Trockenobst, Trockengemüse, Trockenfisch, Marzipan, Schokolade, Zucker etc.

a_w-Wert   Maßeinheit für das verfügbare Wasser eines Substrates (→ Substrat, z.B. eines Nahrungsmittels), ausgedrückt als das Verhältnis vom Wasserdampfdruck dieses Substrates (p) zum Dampfdruck von reinem Wassers (p_0) bei gleicher Temperatur, $a_w = p/p_0$ (siehe Tabelle a_w-Wert 1.); in Abhängigkeit von ihrer Xerotoleranz (→ xerophil), i.e. bei niedriger Wasserkonzentration, niedrigem Feuchtigkeitsgehalt leben zu können, sind die einzelnen Mikroorganismen/Gruppen in der Lage, Nahrungsmittel mit einem unterschiedlichen a_w-Wert zu besiedeln (Tabelle a_w-Wert 2.).

a$_w$-Wert 1. Haltbarkeit von Nahrungsmitteln in Abhängigkeit vom a$_w$-Wert

Nahrungsmittel	a$_w$-Wert	Haltbarkeit
Eier, flüssige Lebensmittel, Frischfleisch, Frischfisch	> 0,98	einige Tage
Brot, bestimmte gereifte Hartkäse	0,98–0,93	
Brühwurst (z.B. Bockwurst), (z.B. Blutwurst)	0,98–0,92	
Ketchup	0,94	bis zu mehrere
Obstsaftkonzentrate, Margarine, Reis	0,94–0,73	Wochen
Salami	0,93–0,85	
Schnittkäse	0,93–0,80	
Marmeladen, Ahornsirup	0,91–0,80	
Kondensmilch (gesüßt), Früchtekuchen	0,85–0,65	
hartgesalzener Fisch	0,82–< 0,60	mehrere Monate
Rohschinken, Mehl	0,81	
Stärke, getrocknete Hülsenfrüchte, Trockenei	0,70	
Schokolade, Honig, Trockenobst	0,65–0,60	ein bis zwei Jahre

a$_w$-Wert 2. Mikroorganismenspektrum von Lebensmitteln in Abhängigkeit vom a$_w$-Wert (verändert nach Beuchat 1981)

a$_w$-Bereich	Mikroorganismen	Lebensmittel (Bsp.)
1.00–0,95	*Pseudomonas, Proteus, Escherichia, Shigella, Klebsiella, Bacillus, Clostridium perfringens*, diverse Hefen	leicht verderbliche Lbsm. Fleisch, Fisch, Milch, Obst, Gemüse, Brot, Kochwürste
0,95–0,91	*Salmonella, Serratia, Vibrio parahaemolyticus, Clostridium botulinum, Lactobacillus, Pediococcus*, diverse Schimmelpilze, Hefen (*Rhodotorula, Pichia*)	Käse (Cheddar, Schweizer, Provolone), Kochfleisch (Schinken), einige Fruchsaftkonzentrate,
0,91–0,87	viele Hefen (*Candida, Hansenula*), *Micrococcus*	Fermentierte Würste (Salami), Trockenkäse, Margarine
0,87–0,80	viele Schimmelpilze (*Penicillium*, toxinbildend) *Staphylococcus aureus, Zygosaccharomyces* spp., *Debaryomyces*	Fruchsaftkonzentrate, gesüßte Kondensmilch, Schokoladen-, Ahorn-, Fruchtsirup, Mehl, Reis, Körnerleguminosen (15–17 % Feuchte), Früchtekuchen, Trockenschinken
0,80–0,75	viele halophile Bakterien, *Aspergillus*, toxinbildend	Konfitüre, Marzipan, Marshmallows
0,75–0,65	*Eurotium, Aspergillus candidus, Wallemia sebi, Zygosaccharomyces bisporus*	Haferflocken (10 %), Nougat, Marshmallows, Melasse, Zuckerrohr, Trockenobst, Nüsse
0,65–0,60	*Zygosaccharomyces rouxii* (Stämme), *Eurotium echinulatus, Xeromyces bisporus*	Trockenobst (15–20 %), Karamelbonbons, Honig
0,50	keine mikrobielle Vermehrung, irreversible DNA-Schädigung	Pasta (12 %), Gewürze (ca. 10 %)
0,40	–	Trockenei (ca. 5 %)
0,30	–	Plätzchen, Cracker, Brotkruste 3-5 % Feuchte
0,20	–	Milchpulver (2–3 %), Trockengemüse (ca. 5 %), Corn-Flakes (ca. 5 %), Früchtekuchen

a_w-Wert 3. Mykotoxinbildungsvermögen xerophiler Schimmelpilze

Schimmelpilz	a_w-Minimum für		Mykotoxin (c)
	Wachstum	Mykotoxin-bildung	
Alternaria alternata	0,85–0,88	0,90	Alternariol, Altenuen, Alternariolmonomethylether
Aspergillus clavatus	0,85	0,99	Patulin
Aspergillus flavus	0,78–0,84	0,83–0,87	Aflatoxin B_1 (Aspergillinsäure, Aspertoxin)
Aspergillus ochraceus	0,76–0,83	0,83–0,87 0,80–0,88	Ochratoxin Penicillinsäure
Aspergillus parasiticus	0,78–0,82	0,87	Aflatoxin B_1
Neosartorya fischeri	0,915	0,955 0,925 0,925	Fumitremorgen A Fumitremorgen C Verruculogen
Penicillium aurantiogriseum	0,79–0,85	0,97–0,99 0,87–0,90	Penicillinsäure Ochratoxin A (Tremortin A u. B, Pencillinsäure, Cyclopiazonsäure)
Penicillium expansum	0,82–0,85	0,99	Patulin (Citrinin)
Penicillium griseofulvum	0,81–0,85	0,85–0,95	Patulin
Penicillium patulum	0,81–0,85	0,95	Patulin
Penicillium verrucosum	0,81–0,83	0,83–0,90	Ochratoxin A
Stachybotrys atra	0,94	0,94	Stachybotrin

Darüber hinaus hat der a_w-Wert wesentlichen Einfluß auf das Mykotoxinbildungsvermögen von Schimmelpilzen (Tabelle a_w-Wert 3.). → Lebensmittel, → Mikroorganismus, → Mykotoxine, → Schimmelpilze

B

Backhefen meist diploide (→ diploid)
oder polyploide (→ polyploid) Rein-
zuchtstämme der obergärigen Species
→ Saccharomyces cerevisiae Meyen ex
Hansen

Verwendung in Lebensmitteln
Backhefen werden in der Backwarenindu-
strie als Teiglockerungsmittel und bei der
Herstellung von gesäuerten Teigen verwendet. Wichtige Charakteristika sind
hohe → Triebkraft und Vermehrungsfä-
higkeit bei höheren Temperaturen, gute
Aromabildung sowie stabile Enzymaktivität und lange Haltbarkeit. 1 g Backhefe
enthält bis zu 10^{10} Hefezellen (→ Hefen).
Hefegaben (bezogen auf die Mehlmenge):
zu Weißbrot 2–3 %, Brötchen 3–4 %,
Kuchen 3–5 %, Zwieback 7–9 %, Stollen
8–10 %
Unterscheidung von → Preßhefe (Frischbackhefe), → Trockenbackhefen,
→ Instant-Trockenbackhefen sowie → Normaltriebhefen und → Starktriebhefen,
→ Stellhefe, → Versandhefe, → Beutelhefe, → Reinzuchthefen; siehe auch Abb.
Preßhefe, Abb. Instant-Trockenbackhefen

Bäckerasthma vorwiegend verursacht
durch → Konidien von → Alternaria spp.,
→ Aspergillus spp. und → Neurospora
sitophila

Bäckerschimmel → Neurospora

Ballistokonidien (lat. ballista (Wurfma-
schine)) (Syn.: Ballistosporen) fast kugelförmig, oval oder nierenförmig ausgebil-
dete Zellen, die aus einer kleinen Aus-
buchtung einer Hefezelle entstehen und
exogen reifen
Reife Ballistokonidien werden mittels
eines Tröpfchenmechanismus gewaltsam
aus der Zelle weggeschleudert. Ballistokonidien finden sich z.B. bei → Sporobolomyces.

basauxisch (lat. basis (Grundlage,
Sockel), gr. auxanein (vermehren)) Ver-
längerung eines Konidienträgers (→ Konidienträger) durch einen basalen Wachs-
tumspunkt

Basidiomycota (Syn.: Ständerpilze) (lat.
basidium (kleiner Sockel)) Die Basidiomycota gehören zum Reich der → Eumycota. Nur ganz wenige Vertreter der Basidiomycota, z.B. die Hefe → Rhodosporidium *infirmominiatum* als Kontaminant
von Fleischerzeugnissen und Krustentie-
ren, sind in der Lebensmittelmykologie
sporadisch von Bedeutung.

Basidiosporen sind vermehrungsfähige
Zellen, die ein oder zwei haploide Nuclei
(→ haploid) enthalten; werden nach
→ Meiose auf einem → Basidium gebildet
(→ Basidiomycota)

Basidium die Zelle (Organ) der → Basidiomycota, von der nach → Karyogamie
und → Meiose → Basidiosporen (im allgemeinen vier) exogen gebildet werden

basipetal (lat. basidium (kleiner Sockel))
beschreibt eine Konidienkette, in der sich
die jüngste Konidie (→ Konidien) an der
Basis, die älteste am Kettenende befindet,
z.B. bei → Aspergillus spp., → Penicillium
spp. (Abb. basipetal)
→ akropetal

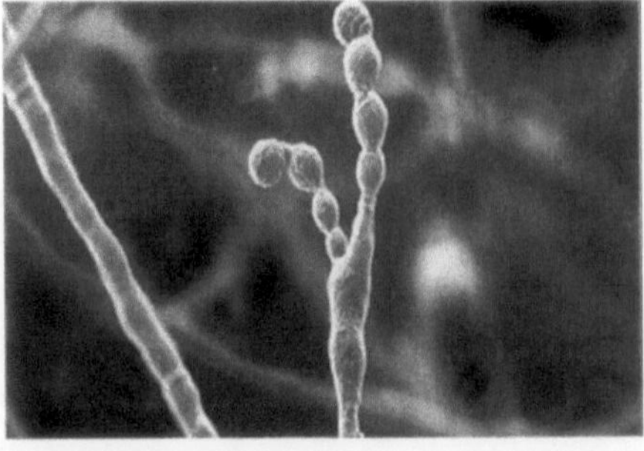

Basipetal. Basipetale Konidienkette aus einer
Phialidenmündung

Basipetospora gehört zu den mitosporenbildenden Pilzen (→ mitosporenbildende Pilze), anamorphes Stadium (→ anamorph) der → Monascaceae, teleomorphes Stadium (→ teleomorph): → Monascus

Bavaria Blu bayerischer → Edelpilzkäse Besonderheit: Im Käseinneren wächst → Penicillium roquefortii Thom, auf der Oberfläche → Penicillium camembertii Thom, siehe auch Abb. Käse → Danablu-Käse

Beerenauslese Im Vergleich zu einer → Auslese dürfen für die Herstellung einer Beerenauslese nur edelfaule oder zumindest überreife Trauben verwendet werden. → Edelfäule, → Wein

Benomyl (Syn.: Benlate) erstes systemisches → Fungizid (Abb. Benomyl 1), gehört zur Gruppe der → Benzimidazole
BIOLOGIE
wirkt speziell gegen pflanzenpathogene Ascomyceten (→ Ascomycota), auch in der Pflanze selbst (Abb. Benomyl 2), dadurch Unterbrechung der Spindelbildung bei der Kernteilung; ist in der Bundesrepublik Deutschland nicht mehr zugelassen

Bentonit besteht im wesentlichen aus Montmorillonit, einem Tonmineral Es besitzt eine lamellenartige, kristalline Mikrostruktur, die das starke Quellungsvermögen bewirkt. Bentonit kann zur Dekontamination (Adsorption) mykotoxinhaltiger Substrate (→ Mykotoxine, → Substrat) eingesetzt werden.

Benomyl 1

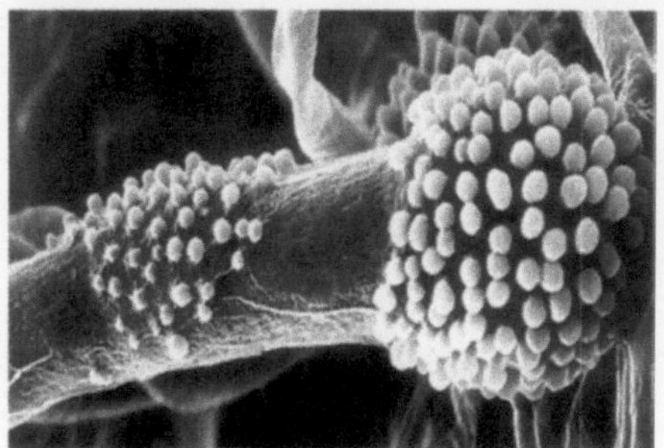

Benomyl 2. Benomyl-bedingte Trägeranomalie bei *Aspergillus terreus*

Benzimidazol → Thiabendazol

Benzoesäure Konservierungs- (→ Konservierungsstoffe) und gleichzeitig Naturstoff, der in Milchprodukten, Früchten (z.B. Erdbeeren, Preiselbeeren) und Gewürzen vorkommt
Benzoesäure (E 210) und ihre Derivate (Na-, K-, Ca-Benzoate; E 211, 212 bzw. 213) hemmen in erster Linie das Wachstum von → Hefen und Schimmelpilzen (→ Schimmelpilze) (Abb. Benzoesäure). Eine zu geringe Dosierung von Benzoesäure (Benzoat) stimuliert die → Verruco-logen-Synthese von → Neosartorya *fischeri* und die AFB$_1$-Synthese (→ Aflatoxine) von → Aspergillus flavus Link). Eine Resistenz von → Penicillium roquefortii Thom) gegen Benzoesäure ist ebenso bekannt wie Benzoesäure-resistente → Hefen als Kontaminanten in Erfrischungsgetränken.

VERWENDUNG IN LEBENSMITTELN
Als Konservierungsstoff wird Benzoesäure z.B. bei Fischprodukten, Sauerkonserven oder Obstprodukten eingesetzt (Tabelle Benzoesäure). Die erlaubten Höchstmengen reichen von 0,1–1 % → ADI = 5 mg pro kg Körpergewicht.

Benzoesäure. Benzoesäure und ihre Derivate

Benzoesäure. Antifungale Wirksamkeit der Benzoesäure

Mikroorganismus	pH-Wert	minimale Hemmkonzentration (ppm)
Hefen		
Pichia membranaefaciens		7.000
Candida krusei		3.000–7.000
Rhodotorula sp.		1.000–2.000
Schimmelpilze		
Aspergillus sp.	3,0-5,0	200–3.000
Cladosporium herbarum	5,1	1.000
Geotrichum candidum		3.000
Mucor racemosus	5,0	300–1.200
Penicillium sp.	2,6-5,0	300–2.800
Penicillium glaucum	5,0	4.000–5.000
Rhizopus stolonifer	5,0	300–1.200

Berliner Weißbier   → obergäriges Bier

Bestrahlung   eine Möglichkeit,
→ Lebensmittel vor dem mikrobiellen
Verderb zu schützen
Die D-Werte (→ D-Wert) für → Schimmelpilze liegen bei ca. 0,1–5 kGy
(→ Gray), für → Hefen bei 2–20 kGy.
Eine Bestrahlung mit bis zu 10 kGy (χ-
Strahlen) wird von der WHO als unbedenklich angesehen und ist auch in verschiedenen EU-Mitgliedsstaaten (z.B.
Frankreich, Niederlande) erlaubt. In der
Bundesrepublik Deutschland ist nur die
UV-Bestrahlung zur Oberflächenbehandlung von Obst, Gemüse und → Hartkäse
sowie zur Entkeimung von Trinkwasser
zugelassen.

Beutelhefe   eine zum Verkauf konfektionierte → Preßhefe, die in Polyethylenbeuteln verpackt an Großabnehmer geliefert
wird; Kühllagerung bei ca. 6 °C (siehe
auch Abb. Preßhefe)

Bier   Produkt der alkoholischen Gärung
(→ Alkoholische Gärung) durch
→ Saccharomyces cerevisiae Meyen ex
Hansen

Es wird zwischen obergärigen und untergärigen Hefen / Bieren unterschieden
(→ obergärige Hefen, → obergäriges Bier,
→ untergärige Hefen, → untergäriges
Bier). Ausgangsprodukte für die Bierherstellung sind kohlenhydrathaltige Rohstoffe wie Gerste, Weizen oder Zucker
(der Zuckerzusatz ist kennzeichnungspflichtig), → Hopfen und Wasser. Nach
der Herstellung von → Malz und
→ Würze erfolgt die → Gärung (Abb.
Bier. Herstellung von untergärigem Bier),
siehe auch → Tankgärung, → Hauptgärung, → Nachgärung. Der Alkoholgehalt
(→ Ethanol) des fertigen Bieres beträgt
gut 30 % des Stammwürzegehaltes, z.B.
ergibt ein → Stammwürzegehalt von ca.
12 % einen Ethanolgehalt von etwa 4 %.
Der Kohlensäuregehalt von Faßbier liegt
bei 0,42–0,45 %, der von Flaschenbier bei
0,45–0,50 %. Der pH-Wert von Bier
beträgt ca. 4,3. Geographische Bezeichnungen (z.B. → Kölsch) dürfen nur für
aus der angegebenen Gegend stammende
Biere verwendet werden. In Bier nachgewiesene → Mykotoxine sind z.B.
→ Ochratoxin A, Roquefortin A, B, Festuclavin, → Zearalenon
→ Biergattungen,→ Reinheitsgebot,
→ Spezialbier

Bier. Herstellung von untergärigem Bier (verändert nach
Krämer 1997)

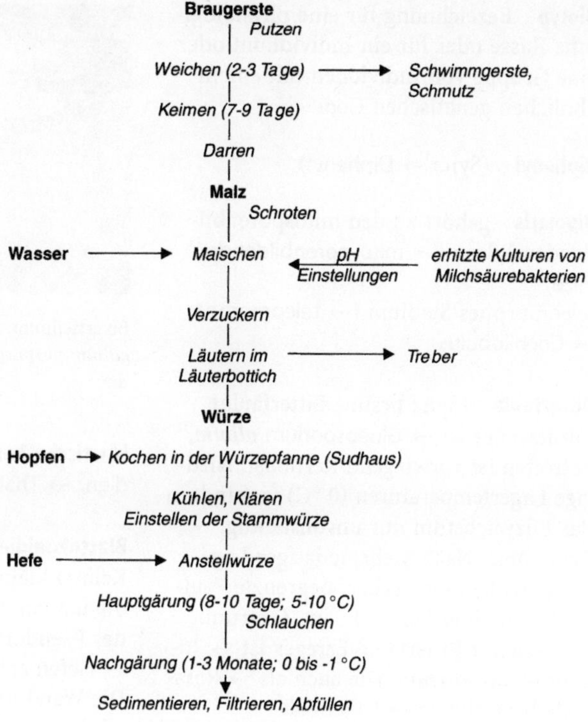

Biergattungen. Biergattungen gemäß BierStG (verändert nach Müller 1988)

Gattungen	Stammwürzegehalt
Einfachbier	2–5,5 %
Schankbier	7–8 %
Vollbier	11–14 %
Starkbier	≥16 %

Biergattungen   Nach dem BierStG werden vier Biergattungen differenziert (Tabelle Biergattungen), wobei die Klassifizierung nach dem → Stammwürzegehalt erfolgt.
→ Bier

biologischer Säureabbau   Die → Entsäuerung säurereicher Weine (→ Wein) erfolgt durch inhärente Milchsäurebakterien (*Lactobacillus*, *Pediococcus*, *Leuconostoc*). Dabei wird Äpfelsäure in die milder schmeckende → Milchsäure (und CO_2)
abgebaut. Gleichzeitig sinkt die Gesamtsäurekonzentration, da aus 100 g Äpfelsäure 67 g Milchsäure werden. Der biologische Säureabbau hat bei der Rotweinherstellung (→ Rotwein) eine größere Bedeutung als bei der Weißweinherstellung (→ Weißwein).

biotroph   ein obligater Parasit (→ obligat), der auf anderen Organismen wächst; es besteht ein intensiver Kontakt mit dem Wirtszytoplasma.

Biotyp   Bezeichnung für eine physiologische Rasse oder für ein Individuum oder eine Gruppe von Individuen mit einem ähnlichen genetischen Code

Biphenyl   (Syn.: → Diphenyl)

Bipolaris   gehört zu den mitosporenbildenden Pilzen (→ mitosporenbildende Pilze)
teleomorphes Stadium (→ teleomorph):
→ Cochliobulus

Bitterfäule   (Syn.: braune Bitterfäule)
Verursacher ist → Gloeosporium *album*, betroffen ist vorwiegend Kernobst. Niedrige Lagertemperaturen (0 °C) verhindern das Pilzwachstum nur unvollständig. Symptome: Nach mehrmonatiger Lagerung entsteht eine scharf begrenzte Faulstelle mit einer Lentizelle im Zentrum. Ein weiterer Bitterfäule-Erreger ist → Trichothecium *roseum*. Die auch als → Rosafäule bezeichnete → Lagerfäule beschränkt sich auf die oberen Gewebeschichten der Früchte.

Bittertöne   führen zu einem bitteren Geschmack von → Wein
Ursache ist das Wachstum von → Trichothecium u.a. Schimmelpilzen (→ Schimmelpilze).

biverticillat   Bezeichnung für eine Verzweigungsstufe von → Penicillium spp., bei der sich der → Penicillus in zwei aufeinanderfolgende Äste gliedert → Biverticillium, → Furcatum, siehe auch Abb. Biverticillium

Biverticillium   Untergattung innerhalb der Gattung → Penicillium
Der → Penicillus ist → biverticillat, wobei Metulae (→ Metula) und Phialiden (→ Phialide) „schlank" und von ungefähr gleicher Größe sind (Abb. Biverticillium).
→ Aspergilloides, → Furcatum, → Penicillium

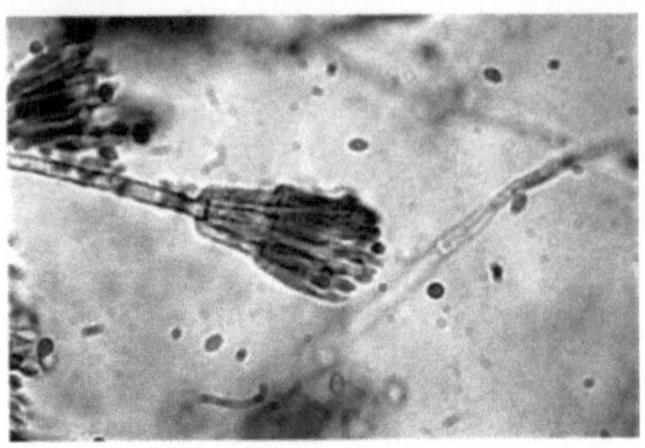

Biverticillium. Biverticillater Penicillus von *Penicillium purpurogenum*, Untergattung Biverticillium

blastische Konidienbildung   → Blastokonidien, → Thallokonidien

Blastokonidien   (gr. blastos (Sproß, Keim)) kleinere, runde oder ovale Zellen, die u.a. an den langgestreckten Zellen des Pseudomyzels (→ Pseudomyzel) von → Hefen entstehen
Die Wand der konidienbildenden Zelle wird elastisch, stülpt sich nach allen Seiten etwa gleichmäßig aus, und die Blastokonidie wird durch ein → Septum abgetrennt. Bei der enteroblastischen Konidienbildung ist an der Neubildung der Konidienwand nur die innere Wandschicht, häufig die einer → Phialide, beteiligt. Die erste Konidie (→ Konidien) ist holoblastisch entstanden, die nachfolgenden enteroblastisch, z.B. → Aspergillus spp., → Penicillium spp., → Rhodotorula spp., (Abb. Blastokonidien). Bei der holoblastischen Konidienbildung sind alle Zellwandschichten der konidienbildenden Zelle an der Ausbildung der Konidienzellwand beteiligt, d.h. die zweischichtige → Zellwand setzt sich vom → Konidienträger in die Blastokonidie hinein fort. Ein Teil des Protoplasten (→ Protoplast) der Mutterzelle strömt durch eine Sproßpore mit einem Kern, seltener mit mehreren Kernen in die Tochterzelle, z.B. → Cladosporium spp., → Saccharomyces spp., → Blastomycetes, siehe auch Abb. *Saccharomyces*

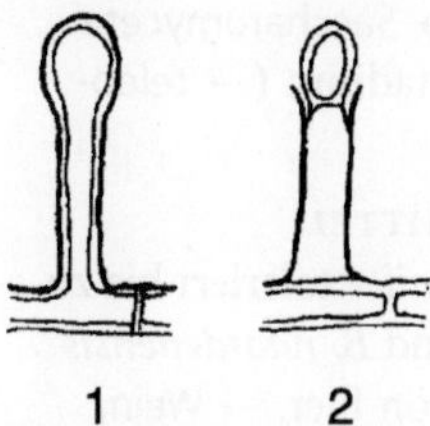

Blastokonidien. Holoblastische (1) und enteroblastische (2) Konidienbildung

Blastomycetes Bezeichnung für eine Klasse in der pilzlichen Systematik, in die früher die anamorphen (→ anamorph) → Hefen eingeordnet wurden; unterteilt in zwei Ordnungen: → Cryptococcales und → Sporobolomycetales
Die Blastomycetes werden heute zu den mitosporenbildenden Pilzen (→ mitosporenbildende Pilze) gerechnet.

Blastosporen (Syn.: → Blastokonidien)

Blaufäule an Zitrusfrüchten meist verursacht durch → Penicillium italicum Wehmer, vorwiegend an Orangen (Abb. Blaufäule), weniger an Zitronen
Symptome: grau-blaugrüne Konidienrasen auf der Fruchtschale, Kontrolle durch → Diphenyl und → Thiabendazol

Blauschimmel (Syn.: Blaufäule) betroffen ist Tabak, der durch → Peronospora *tabacina* befallen wird
Der Blauschimmel wurde 1959 nach Europa aus Übersee eingeschleppt; die Verluste können bis zu 100 % betragen.

Blauschimmelkäse → Weichkäse mit blau-grünem Innenschimmel, hergestellt durch → Penicillium roquefortii Thom und Milchsäurebakterien (Abb. Blauschimmelkäse)
Zur Förderung des pilzlichen Wachstums wird der Käselaib pikiert (→ pikieren). Eiweiße werden u.a. zu Aminen, NH_3 und Peptiden, Fette dagegen teilweise zu geschmackstypischen Methylketonen

Blaufäule. Einsetzende Blaufäule an einer Orange

Blauschimmelkäse. Roquefortkäse

abgebaut. Die Freisetzung kurzkettiger Fettsäuren, wie Capron-, Capryl- und Caprinsäure verursacht den scharfen, z.T. leicht salzigen Geschmack. Die Reifung erfolgt bei Temperaturen von 8 °C. Höhere Reifungstemperaturen führen zu einer Anhäufung bitterer und ranziger Geschmacksstoffe. In gesundheitlich ungefährlichen Konzentrationen lassen sich aus Blauschimmelkäse verschiedene → Mykotoxine isolieren: Festuclavin (Spuren), → Mycophenolsäure ($\leq 14{,}3$ µg / g), → Penicillinsäure, Roquefortin A ($\leq 4{,}7$ µg / g), Roquefortin B (Spuren) (→ Roquefortin A,B), → Roquefortin C ($\leq 6{,}8$ µg / g)

Bockbier → untergäriges Bier

Bordeauxwein Herstellung aus einer gut abgestimmten Mischung (→ Cuvée) aus mehreren Grundweinen (→ Grundwein) → Rotwein, → Wein

Botryosphaeriaceae gehört zur Ordnung → Dothideales

Botryotinia gehört zur Familie → Sclerotiniaceae

Botrytis (Syn.: Grauschimmel, Graufäule) gehört zu den mitosporenbildenden Pilzen (→ mitosporenbildende Pilze), früher → Moniliaceae, anamorphes Stadium (→ anamorph) der → Sclerotiniaceae, teleomorphes Stadium (→ teleomorph): → Botryotinia

BIOLOGIE
graues, bräunlich-schwärzliches → Substratmyzel, → Konidienträger baumartig, an den Enden traubenartig vereinigte → Konidien

BEFALLENE LEBENSMITTEL
Botrytis cinerea ist der Erreger der wirtschaftlich sehr wichtigen → Graufäule an Obst und Gemüse etc., der → Dachfäule an Tabak, und der → Edelfäule bei → Wein (ubiquitäre Verbreitung). → Mykotoxine: unbekannt

„Box rot" Nacherntekrankheit von Trockenpflaumen, die im Lager feuchte, klebrige und schlüpfrige Stellen aufweisen Ursache ist der Befall der frischen Pflaumen mit → Rhizopus stolonifer (Ehrenb.) Lind.

Brauen → Bier

Brauereihefen von der Brauindustrie verwendete → Hefen
Obwohl phänotypisch Unterschiede bestehen, werden alle Brauereihefen nur einer einzigen Species → Saccharomyces cerevisiae Meyen ex Hansen zugeordnet.

Braunfäule → Monilia-Fäule, → Krautfäule

Brettanomyces gehört zu den mitosporenbildenden Pilzen (→ mitosporenbildende Pilze), anamorphes Stadium (→ anamorph) der → Saccharomycetaceae, teleomorphes Stadium (→ teleomorph): → Dekkera

BEFALLENE LEBENSMITTEL
Brettanomyces claussenii – toleriert bis zu 15 % Vol. Alkohol – und *B. naardenensis* sind Kontaminanten von Bier, → Wein, Apfelwein, Fruchtsäften und Fruchtsaftgetränken. Einzelne Stämme sind → xerophil. → Apiculatus-Hefen, → Mäuseln

VERWENDUNG IN LEBENSMITTELN
Brettanomyces spp. gehören zu den gärschwachen Hefen (→ gärschwache Hefen) und werden zur Herstellung selbstgäriger Biere (→ Bier) verwendet. In Belgien sind das z.B. Lambic, Geuze, Deuvel, in England → Ale und → Porter.

Brie-Käse → Weißschimmelkäse

Brot Bezeichnung für ein aus Getreidemahlerzeugnissen unter Zusatz von Wasser, Speisesalz und Lockerungsmitteln hergestelltes Produkt
Die biologische Teiglockerung während des Vortriebs (Teigreifung) ist eine Folge des von → Backhefen im Zuge ihres Gärungsstoffwechsels (→ Gärung) gebildeten Kohlendioxids (→ Kohlendioxid). Im Gegensatz zu den → Kleber-enthaltenden Weizenmehlen müssen die nicht quellfähigen Roggenmehle zur Herstellung von Misch- und Roggenbroten angesäuert werden (→ Sauerteig).

Brot. *Penicillium*-Befall an Brot

$$CH_3\text{--}CHOH\text{--}CO\text{--}CH_3 + NADH_2 \longrightarrow CH_3\text{--}CHOH\text{--}CHOH\text{--}CH_3 + NAD$$

2,3-Butandiol. Reduktion von Acetoin zu 2,3-Butandiol

→ Aufgehen, → Roter Brotschimmel,
→ Teigführung
In Brot vorkommende → Mykotoxine
sind z.B. → Aflatoxine, → Ochratoxin A,
→ Patulin, → Fusarien-Toxine (Abb. Brot)

Bruchbildung   bezeichnet das Absetzen
der Gärhefen beim Bierbrauen
Eine zu frühe Bruchbildung hat eine
unvollständige → Hauptgärung zur Folge.
Es kommt zu einer mangelhaften Auswa-
schung unfeiner → Gärungsnebenprodukte, die biologische Stabilität des Aus-
stoßbieres ist nicht unbedingt gewährleistet. Eine unzureichende Bruchbildung
hat zur Folge, daß zu viel Hefe (→ Hefen)
in den Lagertank verbracht wird. Diese
Biere (→ Bier) weisen leicht einen hefeartigen Geruch und Geschmack auf.

Bruchhefen   → untergärige Hefen, die
sich durch ein spezifisches Flockungsvermögen auszeichnen
Im Vergleich zu den → Staubhefen zeigen
Bruchhefen während der → Gärung ein
ausgeprägtes Flockungsvermögen
(Zusammenballung). Die zusammenhän-
genden Verbände und Flocken sedimen-
tieren schnell am Boden des Gärbottichs
(→ Gärbottich). Der kürzere Kontakt mit
dem Gärsubstrat verringert die Menge
der vergorenen Extraktstoffe in der Bierwürze. (→ Bier, → Würze)

Bulbillen   kleine, aus wenigen Zellen
bestehende Dauerorgane, → Sklerotien

2,3-Butandiol   typisches Stoffwechselprodukt von → Hefen, das durch Reduktion
von → Acetoin durch Acetoinreductase
gebildet wird (Abb. 2,3-Butandiol)
2,3-Butandiol hat einen sehr hohen
Geschmackswert und kommt in Konzen-

Byssochlaminsäure

tration von 400–800 mg/l in → Wein vor.
In Beeren- bzw. Trockenbeerenauslesen
(→ Beerenauslese, → Trockenbeerenaus-
lese) wurden durchschnittlich 1.110 bzw.
1.800 mg/l gefunden. Der Nachweis von
Butandiol in Süßweinen (z.B. Portwein,
Madeira) gilt als Gärungsbeweis
(→ Gärung).
→ Diacetyl

Byssochlaminsäure   Mykotoxin (→ Mykotoxine) von → Byssochlamys *fulva, B.
nivea* und → Paecilomyces *variotii*, das
nicht an die Toxizität von → Patulin her-
anreicht
Byssochlaminsäure läßt sich aus Fruchtsäften und Obstkonserven isolieren. Byssochlaminsäure wirkt allgemein als Zell-
gift und verursacht Blutungen. Es existieren keine Grenz- oder Richtwerte (Abb.
Byssochlaminsäure).

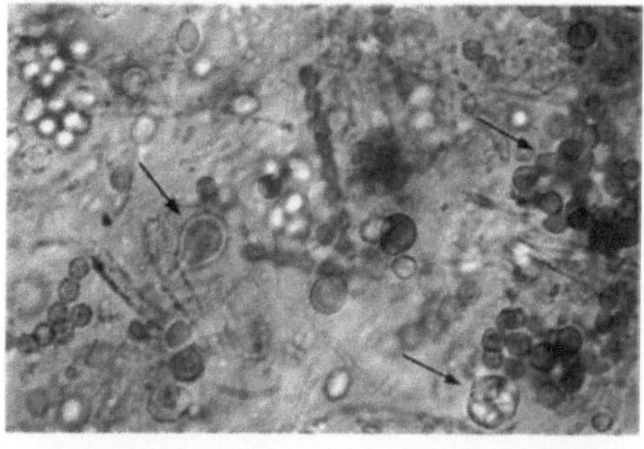

Byssochlamys. Byssochlamys nivea mit Dauerspore,
Ascus mit Ascosporen, Konidienkette (von links)

Byssochlamys gehört zur Familie → Trichocomaceae

anamorphes Stadium (→ anamorph):
→ Paecilomyces

lebensmittelrelevante Species: *Byssochlamys nivea* (Abb. *Byssochlamys*) und *B. fulva* (D-Werte (→ D-Wert) in Traubensaft, $D_{85} = 26$ min, $D_{90} = 5$ min)

BIOLOGIE
wirtelig auf → Hyphen angeordnete Phialiden (→ Phialide), an der Basis geschwollen; langes, dünnes sporenbildendes Ende, bräunliche → Konidien, Asci (→ Ascus) in Hyphenmassen (→ Hyphen) eingebettet (→ Ascomata)

→ Mykotoxine sind → Patulin, → Byssochlaminsäure, → Malformin, Byssotoxin

BEFALLENE LEBENSMITTEL
Häufiger betroffene → Lebensmittel sind Früchte und Obstsäfte.
Thermoresistente → Ascosporen, die gleichzeitig hohe Ethanolkonzentrationen (→ Ethanol) und niedrige Sauerstoffgehalte tolerieren, sind verantwortlich für den Verderb von Fruchtsäften und Obstkonserven. Asci entwickeln sich besonders gut in Pflaumen-, Trauben- und Ananassaft, weniger gut hingegen in Apfel-, Orangen- und Tomatensaft.
→ Hitzeresistenz

C

CA-Lager, Controlled Atmosphere ein
Kühllager mit kontrollierter Atmosphäre
zur Frischhaltung von Obst und Gemüse
Die Gasatmosphäre liegt in Abhängigkeit
vom Lagergut (Obst, Gemüse) meist bei
2–5 % CO_2 und 2–3 % O_2, bei Temperaturen von häufig 0–4 °C (Abb. CA-Lager).

Camembert   → Weißschimmelkäse

Candida   (Syn.: → Torulopsis) gehört zu
den mitosporenbildenden Pilzen
(→ mitosporenbildende Pilze), sexuelles
Vermehrungsstadium (→ sexuelle Vermehrung, → teleomorph) ist nicht
bekannt, artenmäßig weitaus größte
Hefegattung; siehe auch Abb. Hefen
→ Hefen

BIOLOGIE
runde, ovale oder zylindrische Zellen treten einzeln, in Paaren oder in Ketten auf,
zumeist multilaterale → Sprossung, vorwiegend Pseudomyzelbildung (→ Pseudomyzel), echtes → Myzel kann vorhanden
sein. In Flüssigkeiten tritt ein Sediment
sowie ein Ring und oft eine Haut auf.

Vergärung verschiedener Kohlenhydrate
mehr oder minder stark ausgeprägt,
Nitratverwertung nur von wenigen Arten;
Candida spp. bildet innerhalb von 72 h
bei 25–30 °C trockene, mehrschichtige
und gerunzelte Häute (→ Kahmhefen).

BEFALLENE LEBENSMITTEL
Lebensmittelrelevante Arten sind u.a.
Candida famata, C. krusei, C. holmii, die
z.B. Kontaminanten von Milchprodukten
und Backwaren darstellen. Einzelne
Stämme sind → xerophil.

VERWENDUNG IN LEBENSMITTELN
C. kefyr dient zur → Kefir-Herstellung, *C.
sake* dient zur → Sake-Herstellung (Reiß-
wein).
→ Fremdhefen

Carry Over   Bezeichnung für den Vorgang, bei dem → Mykotoxine aus Futtermitteln durch den Verzehr in Nutztiere
gelangen, ohne daß diese erkranken
Bestimmte Mykotoxine werden nicht
metabolisiert, sondern lagern sich im
Fleisch oder Organen, vorwiegend Leber
und Nieren, ab (z.B. → Ochratoxin A).
→ Aflatoxine gehen in metabolisierter
Form (z.B. in AFM_1, AFM_2) z.B. in Milch
über. Das Carry over hat einen wesentlichen Anteil an der Mykotoxinkontamination tierischer Nahrungsmittel, ohne daß
diese selbst einen Schimmelbefall aufweisen.
→ Lebensmittel, → Mykotoxinbildung,

Casein   (Syn.: Milcheiweiß) Die verschiedenen Caseine (α-, β-, χ-Casein) machen
zwischen 75–85 % des Milchweißes
aus.
→ Caseinmizellen

Caseinmizellen   setzen sich aus Submizellen zusammen, die über Calcium-Phos-
phat-Komplexe miteinander verbunden
sind; die Submizellen bilden aus Molekülen vielsträngige, kristallähnliche Aggregate (→ Casein).

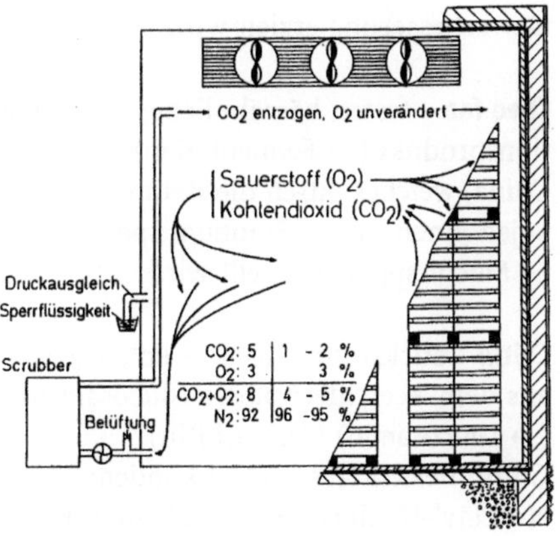

CA-Lager. CA-Lager mit zweiseitig kontrollierter
Atmosphäre (Henze 1972)

Cellobiose ein Disaccharid, das aus zwei Molekülen Glucose besteht → Cellulose

Cellulasen Das pilzliche Cellulasesystem besteht aus mindestens drei Enzymen, die extrazellulär gebildet werden: Endo-β-1,4-glucanasen (spalten β-1,4-Bindungen im Molekül), Exo-β-1,4-glucanasen (spalten vom Ende des Moleküls → Cellobiose ab) und β-Glucosidasen (Hydrolyse von Cellobiose zur Glucose). Wichtige Cellulasebildner gehören u.a. in die Gattungen → Aspergillus (→ Aspergillus niger van Tieghem), → Fusarium spp., → Penicillium spp. und → Trichoderma spp. (*T. viride*). Den hydrolytischen Abbau von → Cellulose zu Glucose macht man sich bei der Herstellung von Fruchtsaftkonzentraten, Trockenpulvern und Schnellkochgerichten zunutze.

Cellulose ein hochmolekulares Homopolymer, das aus unverzweigten Ketten von β-D-1,4-verknüpften Glucoseresten mit einem Polymerisationsgrad von 1.000–30.000 besteht (Abb. Cellulose); Cellulose ist Hauptbestandteil der → Zellwand der → Oomycota.

Cephalosporine → Antibiotika, die von *Cephalosporium* (aktuelle Bezeichnung → Acremonium) spp. gebildet werden Wichtigster Vertreter ist Cephalosporin C, das ein breiteres Wirkungsspektrum als Penicillin G (→ Penicilline) besitzt und durch Penicillinase nicht so schnell abgebaut wird.

Cellulose (verändert nach Müller und Löffler 1992)

Cephalosporium veraltetete Bezeichnung für die jetzige Gattung → Acremonium

Chaetomiaceae gehört zur Ordnung → Sordariales

Chaetomium gehört zur Familie → Chaetomiaceae

Befallene Lebensmittel Lebensmittelrelevante Species ist *Chaetomium globosum* als ein sporadischer Kontaminant von Mais, Reis, Futtermitteln.

Chalaropsis- und Thielaviopsis-Lagerfäule entsteht primär an gewaschenen und in Folien abgepackten Karotten; Symptome sind größere, unregelmäßige Flecken mit einem grau-schwarzen Belag.

Champagner Bezeichnung für einen → Schaumwein, der (1) nach der „méthode champenoise" hergestellt worden ist, (2) zu dessen Herstellung ausschließlich Trauben aus der Champagne verwendet wurden, (3) der mindestens 1 Jahr auf der Hefe (→ Hefen) gelagert hat

Chaptalisierung Bezeichnung für die in Frankreich vorgenommene Zuckerung von → Wein (z.B. Elsässer-, Burgunder-, → Bordeauxwein), wodurch eine Qualitätsverbesserung erzielt wird

Chee-fan festes, käseähnliches Fermentationsprodukt (→ Fermentation) aus China, welches durch die Beimpfung von Sojabohnen mit → Eurotium spp. und → Mucor spp. hergestellt wird

Chitin stickstoffhaltiges → Polysaccharid aus dem Acetylderivat des Glucosamins (→ Glucosamin) (Abb. Chitin) Chitin besteht aus β-(1,4)-kondensierten N-Acetyl-D-Glucosamin-Einheiten. Es dient als Gerüstsubstanz und ist Hauptbestandteil der → Zellwand der → Asco-

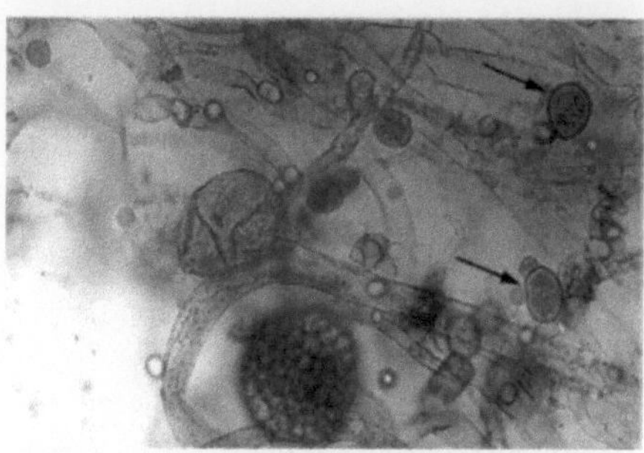

Chitin (verändert nach Müller und Löffler (1992)

mycota, → Basidiomycota und → Zygomycota.

Chitosan   Chitosan ist das teilweise dea-
cetylierte → Chitin. Dieses Polysaccharid
(→ Polysaccharide) läßt sich aus Pilzen
(→ Pilze), z.B. → Mucorales isolieren.

Chiu-niang   → Lao-chao

Chlamydosporen   (gr. chlamys (Mantel))
auf asexuellem Wege (→ asexuelle Vermehrung) gebildete, einzellige Dauerspo-
ren, die endogen in Hyphenzellen
(→ Hyphen) entstehen
Sie sind reich an Reservestoffen, besitzen
sekundäre, verdickte Zellwände (→ Zellwand) aus wasserabweisenden Substanzen und eine hohe Widerstandsfähigkeit
gegen widrige Umweltbedingungen, z.B.
Trockenheit, Hitze. Häufig sind sie faß-
oder keulenförmig aufgetrieben und weisen dunkle Farbstoffeinlagerungen auf,
z.B. → Fusarium spp., → Aureobasidium
spp., → Mucor spp. (Abb. Chlamydosporen)

Chrysonilia   gehört zu den mitosporenbildenden Pilzen (→ mitosporenbildende
Pilze), anamorphes Stadium (→ anamorph) der → Sordariaceae, teleomorphes Stadium (→ teleomorph): → Neurospora

Chrysosporium   gehört zu den mitosporenbildenden Pilzen (→ mitosporenbildende Pilze)., anamorphes Stadium
(→ anamorph) der → Onygenaceae und

Chlamydosporen. Chlamydosporen von *Mucor
circinelloides*

der → Arthrodermataceae, teleomorphes
Stadium: verschiedene, z.B. *Arthroderma*
Lebensmittelrelevante Species sind *Chrysosporium farinicola, C. sulfureum, C.
xerophilum.* → xerophil

SMALL_CAPS_BEFALLENE LEBENSMITTEL
Kopra und andere → AWR-Lebensmittel

Chymosin   (Syn.: → Lab)

Cidre   (Syn.: apfelweinalkoholisches Ge-
tränk (→ alkoholische Gärung), das durch
die → Fermentation von Apfelsaft mit
→ Hefen gewonnen wird)
→ Saccharomyces cerevisiae Meyen ex
Hansen metabolisiert → Patulin, so daß
Cidre grundsätzlich Patulin-frei ist.

Citreoviridin   Mykotoxin (ungesättigtes
Lacton), das von *Penicillium citreoviride*
und anderen → Penicillium-Species gebildet wird (→ Mykotoxine)
Es existieren keine Grenz- oder Richtwerte.

SCHÄDEN / FOLGEN
verursacht in Japan die „Kardiale Beri-
beri" (Soshin-kakke); Citreoviridin (Abb.
Citreoviridin) dürfte gleichzeitig mitaus-
lösendes Agens der „→ Yellow Rice Disease" sein und gilt als Neurotoxin. Es
führt beim Menschen zur → Paralyse des
Nervensystems und zum Tod durch
Atemlähmung. Die → LD_{50} ist 3,6 mg pro
kg Ratte (peroral).

Citreoviridin

Citrinin

Citronensäure. Citronensäurebildung durch *Aspergillus niger* (verändert nach Krämer 1997)

BEFALLENE LEBENSMITTEL

Gefährdete → Lebensmittel sind Fleischprodukte, Reis (→ gelber Reis), Mais, Getreide.

Citrinin (Syn.: Antimycin) Mykotoxin [3*R-trans*)-4,6-Dihydro-8-hydroxy-3,4,5-trimethyl-6-oxo-3*H*-2-benzopyran-7-carbonsäure]

Citrinin (Abb. Citrinin) wurde erstmalig 1931 aus → Penicillium citrinum Thom isoliert (→ Mykotoxine). Citrininbildner sind → Penicillium spp., insbesondere *P. verrucosum* in Getreide bei niedrigen Temperaturen, sowie sporadisch → Aspergillus spp.. → Penicillium citrinum Thom und *Aspergillus* spp. sind im wesentlichen für die Citrininkontamination von Nahrungsmitteln in wärmeren Klimaten verantwortlich. Es existieren keine Grenz- oder Richtwerte.

SCHÄDEN / FOLGEN

Citrinin wirkt nephrotoxisch (→ Nephrotoxin) und kanzerogen. Häufig vergesellschaftet mit → Ochratoxin A, eine synergistische Wirkung zwischen OTA und Citrinin wird diskutiert. Mitauslöser der Schweine-Nephropathie in Dänemark und Brasilien (*P. citrinum*) und möglicherweise an der Endemischen Balkan Nephropathie beteiligt (→ Endemische Balkan-Nephropathie). Die Toxizität bei Wirbeltieren verhindert die Anwendung als → Antibiotikum. Die → LD$_{50}$ beträgt 50 mg pro kg Ratte (peroral).

BEFALLENE LEBENSMITTEL

Gefährdete → Lebensmittel sind Getreide (Mais, Reis, Weizen, Gerste, Roggen, Hafer), Getreideprodukte, Erdnüsse, Tomaten.

Citromyces (Syn.: → Penicillium)

Citronensäure Metabolit aus dem Primärstoffwechsel z.B. von → Aspergillus niger van Tieghem (Abb. Citronensäure), → Aspergillus spp. und → Penicillium spp. sowie von → Hefen

Industriell durch die pilzliche → Fermentation hergestellte Citronensäure (Citrat) wird in der Getränke- und Lebensmittelindustrie u.a. zur Geschmacksverbesserung und Konservierung von Fruchtsäften, Marmeladen oder Gemüsekonserven eingesetzt.

Clacacin (Syn.: → Patulin)

Cladosporium gehört zu den mitosporenbildenden Pilzen (→ mitosporenbildende Pilze) früher → Dematiaceae, anamorphes

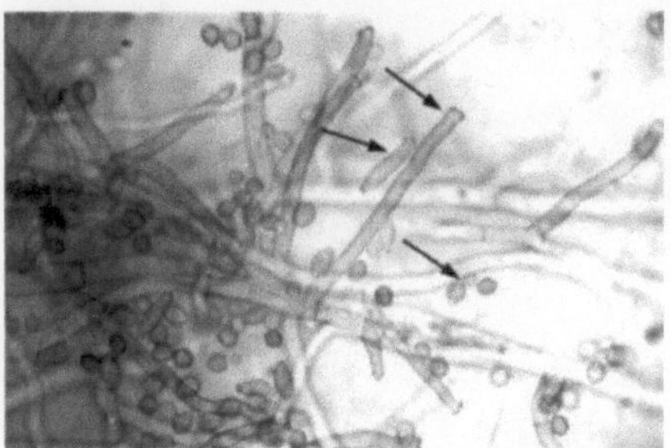

Cladosporium. Ramokonidie, Konidienträger und Konidien von *Cladosporium sphaerospermum* (von links)

Stadium (→ anamorph) der → Mycosphaerellaceae, teleomorphes Stadium (→ teleomorph): → Mycosphaerella Lebensmittelrelevante Species sind *Cladosporium cladosporioides, C. herbarum, C. macrocarpum, C. sphaerospermum* (Abb. *Cladosporium*).

BIOLOGIE
blaugrünes-schwarzblaues → Substratmyzel, dunkelgrünes → Luftmyzel, → Konidienträger dunkel gefärbt, endständige Konidienketten, Ramokonidien (→ Ramokonidie), → Konidien ei-, kugelförmig, zylindrisch, meist unseptiert (→ Septum) → Mykotoxine: Epi- und Fagicladosporinsäure (→ Mykoallergose , → Asthma bronchiale, → Farmerlunge)

BEFALLENE LEBENSMITTEL
Häufiger betroffene → Lebensmittel sind Samen von Getreide (inkl. Mais, Reis) und Körnerleguminosen, Nüsse, Obst, Fruchtsäfte, Gemüse, Gewürze, Fleisch, Fette, Butter. *C. herbarum* durchwächst Korken von Weinflaschen und verursacht Stopfengeschmack. → Ährenpilze, → Schwärzepilze

Cladosporium-Krätze Lagerkrankheit, speziell von Freilandgemüse, wie Gurken, Melonen, Zucchini oder Kürbis, die durch → Cladosporium spp. (z.B. *Cladosporium cucumerinum*) verursacht wird

Clavatin (Syn.: → Patulin)

Claviceps gehört zur Familie → Clavicipitaceae

BEFALLENE LEBENSMITTEL
Wichtigste Species ist *Claviceps purpurea*, die vermehrt an Roggen (Fremdbefruchter), seltener an Gerste, Hafer, Weizen und Mais → Mutterkorn ausbildet. In den letzten Jahren wurde ein z.T. ansteigender Befall beobachtet.
→ Ergotalkaloide, → Ergotismus

Clavicipitaceae gehört zur Ordnung → Hypocreales

Claviformin (Syn.: → Patulin)

Clavinalkaloide → Ergotalkaloide

Clavispora gehört zur Familie → Metschnikowiaceae

Cleistothecium (gr. kleistos (geschlossen), thekion (Behälter)) geschlossener → Fruchtkörper der → Ascomycota (Abb. Cleistothecium), bei dem die Ascosporen durch Lyse, chemische oder mechanische Zerstörung der → Peridie freigesetzt werden; siehe auch Abb. → Ascomata, Abb. Ascomycota, Abb. Peridie

Cochliobulus gehört zur Familie → Pleosporaceae

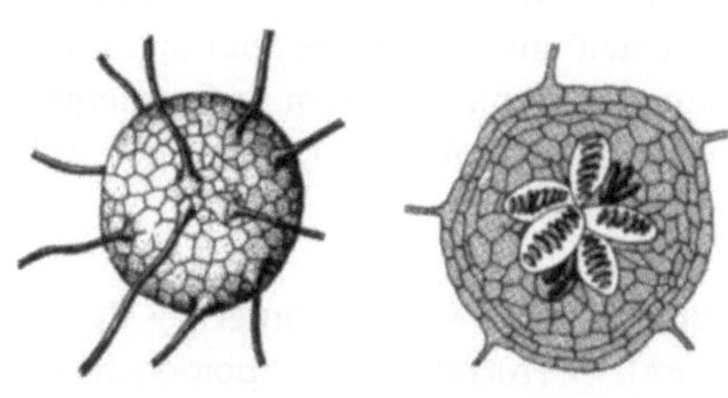

Cleistothecium. Habitusbild und Querschnitt (verändert nach Schlegel 1992)

Coelomycetes veraltete Bezeichnung für eine Pilzklasse, die → Konidien in → Conidiomata bildet
Neben den → Hyphomycetes (Konidienbildung an speziellen → Hyphen) und den → Agonomycetes (Myzelia sterilia) stellten die Coelomycetes die dritte Klasse bei den → Deuteromycotina dar. Die Coelomycetes gliederten sich in drei Ordnungen: Melanconiales, Sphaeropsidales, Pycnothyriales. Die Coelomycetes werden zusammen mit den Hyphomycetes und den Agonomycetes in der aktuellen Systematik zu den mitosporenbildenden Pilzen (→ mitosporenbildende Pilze) gerechnet.

coenozytisch nicht septierte vielkernige Zellen (→ Septum), z.B. → Zygomycetes

Colletotrichum (Syn.: *Dicladium*) gehört zu den mitosporenbildenden Pilzen (→ mitosporenbildende Pilze)
anamorphes Stadium (→ anamorph) der → Phyllachoraceae, teleomorphes Stadium (→ teleomorph): → Glomerella

Befallene Lebensmittel
→ Colletotrichum spp. verursachen → Anthraknose an Zitrusfrüchten, Bananen u.a..

Columella (lat. columella (kleine Säule, Pfeiler)) verdicktes Ende eines Sporangienträgers der → Mucoraceae
Die Columella wölbt sich als kugeliges „Köpfchen" oder Bläschen in das → Sporangium hinein. Die Columella ist das Innenteil innerhalb eines Sporangiums ohne Unterbrechung zum → Sporangienträger. (Abb. Columella), siehe auch Abb. → Absidia

Conidiomata → Fruchtkörper (→ Pyknidium), → Fruchtlager (→ Sporodochium, → Acervulus) oder → Fruchtständer (→ Koremium) der asexuellen Vermehrungsphase (→ asexuelle Vermehrung)

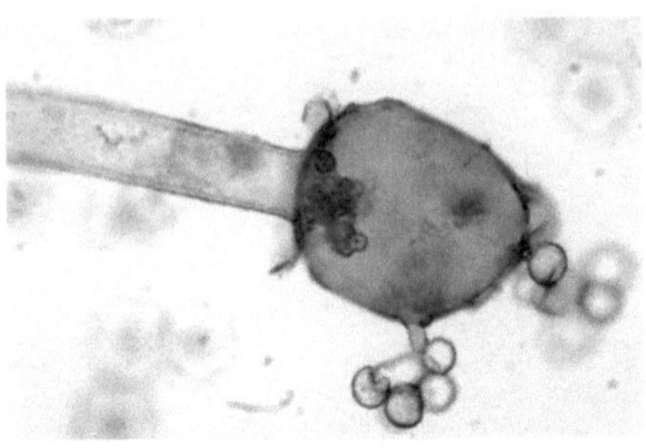

Columella. Columella mit charakteristischer, fingerartiger Ausstülpung von *Mucor circinelloides*

einiger mitosporenbildender Pilze (→ mitosporenbildende Pilze), die der vegetativen Vermehrung durch Exosporen (→ Exospore, → Konidien) dienen → Ascomata

Cryptococcaceae gehört zur Ordnung → Cryptococcales

Cryptococcales gehört zur Klasse → Blastomycetes

Cryptococcus gehört zur Familie → Cryptococcaceae
Cryptococcus spp. sind reine → Atmungshefen.
Lebensmittelrelevante Species sind *Cryptococcus albidus und C. laurentii*

Biologie
runde, ovale bis langovale Zellen, multilaterale → Sprossung, z.T. Bildung von → Pseudomyzel und → Myzel; Zellen von einer Polysaccharid-Schleimkapsel (→ Polysaccharide) umgeben
Synthese stärkeähnlicher Substanzen (→ Stärke), keine Zuckervergärung, teilweise Nitratverwertung, häufig Hydrolyse von Harnstoff

Befallene Lebensmittel
Getreide, Getreideprodukte, Fleisch, Fleischprodukte, Milch und Milchprodukte

Cyclopiazonsäure

Cuvée Traubenmost (→ Most), → Wein oder die Mischung von Traubenmost oder Weinen mit verschiedenen Merkmalen, die zur Herstellung einer bestimmten Art von Schaumweinen (→ Schaumwein) oder Weinen, wie → Bordeauxwein, bestimmt sind

Cyclopiazonsäure Mykotoxin (Indolderivat), das erstmals 1968 aus → Penicillium aurantiogriseum Dierckx isoliert wurde; weitere Cyclopiazonsäurebildner sind → Aspergillus spp. (z.B. → Aspergillus flavus Link, → Aspergillus oryzae (Ahlburg) Cohn) sowie → Penicillium spp.. Ein hoher Prozentsatz von → Penicillium camembertii Thom-Stämmen synthetisiert Cyclopiazonsäure (Abb. Cyclopiazonsäure). Cyclopiazonsäure gilt als ein lebensmittelrelevantes Mykotoxin (→ Mykotoxine). Es existieren keine Grenz- oder Richtwerte.

SCHÄDEN/FOLGEN
Cyclopiazonsäure ist akut toxisch. Die → LD$_{50}$ liegt zwischen 36–63 mg pro kg Ratte (peroral).

BEFALLENE LEBENSMITTEL
Cyclopiazonsäure läßt sich, wenn überhaupt, nur aus der Rindenschicht von Camembert (→ Weißschimmelkäse) isolieren. Weitere natürlich kontaminierte → Lebensmittel sind Mais und Erdnüsse. Eine synergistische Wirkung zwischen

Cytochalasin A-E. Cytochalasin E

Cyclopiazonsäure und Aflatoxin (→ Aflatoxine), die gemeinsam in den beiden genannten Lebensmitteln vorkommen können, wird diskutiert. Cyclopiazonsäure ist wahrscheinlich Mitauslöser der → Turkey-X-Disease.

Cylindrocarpon gehört zu den mitosporenbildenden Pilzen (→ mitosporenbildende Pilze), anamorphes Stadium (→ anamorph) der → Hypocreaceae, teleomorphes Stadium (→ teleomorph): → Nectria

Cytochalasine A-E tremorgene Stoffwechselprodukte diverser → Pilze, die zur Gruppe der Cytochalasane gerechnet werden
Diese weisen eine komplizierte Molekülstruktur (Perhydroindolongerüst verbunden mit einem makrozyklischen Ring) auf. Sie erzeugen Vielkernigkeit, indem sie die Zellteilung verhindern, nicht aber die Kernteilung. Toxische Einflüsse auf Säugetiere sind bekannt. Die → LD$_{50}$ von Cytochalasin E (Abb. Cytochalsin A-E) liegt zwischen 2,6–9,1 mg pro kg Ratte. Produzenten sind u.a. → Aspergillus clavatus Desm., → Phoma *exigua, P. herbarum.* Es existieren keine Grenz- oder Richtwerte. → tremorgene Mykotoxine

D

Dachfäule   (Syn.: Dachbrand, Grauschim-
mel) durch → Botrytis *cinerea* an geernte-
ten Tabakblättern hervorgerufene Fäule
Die → Naßfäule tritt zu Beginn des
Trocknungsprozesses auf. Von der
→ Trockenfäule sind bereits getrocknete
Blätter betroffen, die einer zu hohen
Luftfeuchte und mangelhafter Durchlüf-
tung ausgesetzt sind.

Danablu-Käse   dänischer → Blauschimmelkäse (Abb. Danablu-Käse) mit Außen-
schimmel (→ Penicillium camembertii
Thom) und Innenschimmel (→ Penicillium roquefortii Thom)

Darren   Beim Darren werden die gekeim-
ten Gerstekörner mehrere Stunden bei
40–50 °C auf einen Wassergehalt von 10–
12 % vorgetrocknet. Braumalz (→ Malz)
für helle Biere (Eiweißgehalt
9–12 %) muß 4 h bei 80–85 °C, Braumalz
für dunkle Biere (Eiweißgehalt 11–13 %)
bis 100 °C abgedarrt werden (Darrmalz).
Dabei entstehen die dunkelbraunen Röst-
farbstoffe.

Darrmalz   das aufgrund des geringen
Wassergehaltes lagerfähige Endprodukt
der Mälzung von Gerste
→ Darren, → Malz

Danablu-Käse. Dänischer Blauschimmelkäse

DAS   → Diacetoxyscirpenol

Debaryomyces   gehört zur Familie der
→ Saccharomycetaceae

BIOLOGIE
runde oder kurz-ovale, selten lang-ovale
Zellen, multilaterale → Sprossung, teilweise Pseudomyzelbildung (→ Pseudomyzel), runde oder ovale → Ascosporen mit
rauher, warziger Oberfläche; Gärvermögen fehlt oder nur schwach vorhanden,
keine Nitratverwertung, keine Harnstoffhydrolyse; *D. hansenii* zeichnet sich
durch eine hohe Salztoleranz aus, Wachstum erfolgt ab einem → a_w-Wert > 0,87.

BEFALLENE LEBENSMITTEL
Lebensmittelrelevante Species ist *Debaryomyces hansenii* als Verderbniserreger
von Mayonnaise und Salattunken; teilweise Hautbildung auf Flüssigkeiten,
nachgewiesen auf der Haut und den Kie-
men von Meeresfischen

VERWENDUNG IN LEBENSMITTELN
D. hansenii findet sich auf der Oberfläche
von → Weichkäse mit Schmierebildung.
Als Starterkultur (→ Starterkulturen) bei
Pökelwaren wird *Debaryomyces* der Roh-
wurstmasse mit 10^6 KbE / g zugesetzt.
Diese Hefe (→ Hefen) bewirkt ein typisches Hefearoma und die Stabilisierung
der roten Pökelfarbe. *Debaryomyces* spp.
ist von Bedeutung bei der Herstellung
von → Weißschimmelkäse und → Blauschimmelkäse. → Fremdhefen

Degorgieren   Unter Degorgieren versteht
man die Hefeentfernung bei der Schaumweinherstellung. Dabei setzt sich die Hefe
(→ Hefen) im nach unten gerichteten Flaschenhals ab. Der Flaschenhals wird im
Kältebad (–15 bis –25° C) vereist und der
Eispfropfen mit einer Degorgierzange
ohne CO_2-Verlust abgezogen. Anschließend erfolgt der Zusatz der → Versanddosage.
→ Schaumwein

Degorgierzange → Degorgieren

Dekkera gehört zur Familie der → Saccharomycetaceae, anamorphes Stadium (→ anamorph): *Brettanomyces*

BIOLOGIE
ovale oder längliche, an den Enden meist zugespitzte Zellen; Asci (→ Ascus) enthalten 1–4 hutförmige → Ascosporen, Gärvermögen vorhanden, Bildung von → Essigsäure aus Glucose und anderen Kohlenhydraten unter aeroben Bedingungen (→ aerob), teilweise Nitratverwertung, keine Harnstoffhydrolyse; intensive Esterbildung führt zu charakteristischem Geschmack und Geruch.

VERWENDUNG IN LEBENSMITTELN
Einsatz von *Dekkera bruxellensis* zur → Nachgärung von Bier (Deutscher Porter); die Esterbildung führt zu dem typischen Portergeschmack (→ Porterbiere).

Dekoktionsverfahren Während des Maischens muß beim Bierbrauen die Temperatur stufenweise auf 74–78 °C erhöht werden. Im Dekoktionsverfahren wird dies dadurch erreicht, daß ein Teil der → Maische abgezogen, aufgekocht und der übrigen Maische wieder zugesetzt wird.
→ Bier, → Dextrinrast, → Infusionsverfahren, → Eiweißrast, → Maltoserast

Delcovid (Syn.: → Pimaricin)

Dematiaceae veraltete Bezeichnung für bestimmte → mitosporenbildende Pilze, die durch dunkel gefärbte → Hyphen und/oder → Konidien gekennzeichnet sind, z.B. → Alternaria spp., → Cladosporium spp., → Melanine; siehe auch Abb. *Alternaria*, Abb. *Cladosporium*

Dematium (Syn.: → Aureobasidium)

Deoxynivalenol (Vomitoxin (Erbrechenstoxin), RD Toxin), DON Mykotoxin (3α,7α,15-Trihydroxy-12,12-epoxythrichothec-9-en-8-on), das zur Gruppe der → Trichothecene gehört und von → Fusarium spp. (in Süddeutschland vermehrt von F. *graminearum*, in Norddeutschland vermehrt von F. *culmorum*) gebildet wird (→ Mykotoxine). DON läßt sich durch kurzfristige Erhitzung auf 100 °C nicht zerstören.
Getreide für die menschliche Ernährung soll nach Vorschlag der FDA höchstens 2 mg DON / kg enthalten. Es existieren keine Grenzwerte, nur Richtwerte in Österreich: 500 µg / kg (Weizen, Roggen) bzw. 750 µg / kg (Durumweizen)

SCHÄDEN / FOLGEN
DON wirkt immunsuppressiv (→ Immunsuppression), embryotoxisch, → teratogen, möglicherweise auch nephrotoxisch (→ Nephrotoxin). Ab 1 mg DON pro kg Schweinefutter ist mit Einbußen bei der Schweinemast zu rechnen. Die → LD_{50} liegt bei 70–77 mg pro kg Maus (intraperitoneal).

BEFALLENE LEBENSMITTEL
DON (Abb. Deoxynivalenol) findet sich häufig in Weizen und Mais, seltener in Gerste und Hafer, kaum in Roggen.

Dermatophyt Pilz, der → Keratin enthaltendes Gewebe (Haut, Nägel, Haare) parasitiert

Detoxifikation Umwandlung eines Toxins in eine nicht toxische (unschädliche) Substanz

Deoxynivalenol

Deuteromycotina   (Syn.: → mitosporenbildende Pilze)

Dextrine   Polysaccharidbruchstücke (→ Polysaccharide), die aus 10–12 Glucose-Untereinheiten bestehen

Dextrinrast   Die Dextrinrast beim Bierbrauen folgt der → Maltoserast als dritte Phase während des Maischens. Während der Dextrinrast greifen die α-Amylasen die -1,4-Bindungen im Stärkemolekül an und bilden neben → Maltose vorwiegend → Dextrine. Die Temperatur der → Maische liegt bei ca. 72–78 °C. Nach Abschluß des Maischens ist die gesamte → Stärke abgebaut.
→ Amylasen, → Bier, → Eiweißrast

Diacetoxyscirpenol   (Syn: Anguidin) DAS Mykotoxin (3-Hydroxy-4,15-diacetoxy-12,13-epoxythrichotec-9-en), das zur Gruppe der → Trichothecene gehört und von → Fusarium spp., z.B. *F. graminearum*, *F. oxysporum*, *F. poae*, gebildet wird (→ Mykotoxine). Es existieren keine Grenz- oder Richtwerte.

Schäden / Folgen
DAS wirkt kanzerogen, dermatotoxisch und stark phytotoxisch. Die → LD_{50} liegt bei 23 mg pro kg Maus (intraperitoneal).

Befallene Lebensmittel
DAS (Abb. Diacetoxyscirpenol) findet sich vermehrt in Weizen, Gerste, Hafer, Reis und Mais.

Diacetoxscirpenol

$$CH_3-CHOH-CO-CH_3 + NAD \longrightarrow CH_3-CO-CO-CH_3 + NADH_2$$

Diacetyl. Diacetylbildung aus Acetoin

Diacetyl   Nebenprodukt (Diketon = CH_3-CO-CO-CH_3) der alkoholischen Gärung (→ alkoholische Gärung), das bei der Biosynthese von Valin und Isoleucin spontan durch oxidative Decarboxylierung aus 2-Acetyllactat entsteht
Neben diversen Bakterien (z.B. *Pediococcus*, *Leuconostoc*) sind auch bestimmte Hefestämme (→ Saccharomyces cerevisiae Meyen ex Hansen) zur Diacetylbildung fähig.
Aufgrund der Geschmacksbeeinträchtigung werden im reifen → Bier Konzentrationen von höchstens 0,1 mg Diacetyl / l angestrebt. Diese lassen sich während der → Nachgärung durch den enzymatischen Diacetylabbau durch → Hefen erreichen. Diacetylreductase reduziert Diacetyl zu → Acetoin, das durch Acetoinreductase weiter zu → 2,3-Butandiol metabolisiert wird. Die Konzentration an 2-Acetyllactat und Diacetyl kann als Hauptindikator für die geschmackliche Ausreifung des Bieres angesehen werden. Gentechnisch veränderte Hefen, die das Enyzm 2-Acetyllactat-Decarboxylase besitzen, bauen 2-Acetyllactat direkt zu Acetoin ab. Die Nachgärdauer läßt sich auf diese Weise verkürzen. Bakteriell gebildetes Diacetyl kann bei → Wein die Hauptursache des Qualitätsmangels „Milchsäureton" sein.

Diaporthales   gehört zur Abteilung → Ascomycota

Diaporthe   gehört zur Familie → Valsaceae

Befallene Lebensmittel
Diaporthe phaseolorum var. *batatis* ruft eine → Lagerfäule bei der Süßkartoffel (*Ipomoea batatas*) hervor. *D. citri* verursacht Stengelendfäule bei Zitrusfrüchten.

Diasporen (gr. diaspora (Zerstreuung)) Jegliche ana- oder teleomorphe Gebilde (→ anamorph, → teleomorph), welche der Verbreitung dienen: z.B. → sexuell entstandene Sporen (→ Meiosporen, → Spore), → asexuell gebildete → Konidien, Pseudomyzelien (→ Pseudomyzel), → Chlamydosporen, → Sklerotien oder → Bulbillen
Der Terminus Diaspore steht für die Verbreitungsbiologie und nicht für ein homologes Gebilde.

Diastase (Syn.: → Amylase)

Diätkonfitüre ist aufgrund des geringen Saccharosegehaltes ein potentielles → Substrat für die Mykotoxinsynthese (→ Mykotoxine)

dichotom eine häufig aufeinander folgende Verzweigung in zwei gleiche oder weniger gleiche Äste

Dicklegung bei Sauermilcherzeugnissen (→ Sauermilcherzeugnisse) meist durch die Aktivität der Milchsäurebakterien bewirkt
Die Absenkung des pH-Wertes durch die milchsaure → Fermentation führt zur Herauslösung von Calcium und Phosphat aus den → Caseinmizellen (Destabilisierung) und damit zu einer Ausfällung (Aggregation) des Caseins.
→ Lab spaltet das Schutzkolloid χ-Casein ganz spezifisch, so daß das gesamte → Casein ausflockt und aggregiert.
Resultat der Milchsäuregärung und/oder des Labzusatzes ist eine gallertartige Masse, der Käsebruch.

Dicladium (Syn.: → Colletotrichum)

Dictyospore → Spore mit Längs- und Quersepten, z.B. → Alternaria spp., siehe auch Abb. *Alternaria*

Didymella gehört zur Ordnung → Dothideales

Dihydroroquefortin (Syn.: Roquefortin D)

Dikaryomitosporen Sporen (→ Spore), in denen sich die beiden kompatiblen, konträren, haploiden Kerne (→ haploid) beider Sexualpartner im gleichen Cytoplasma befinden, ohne jedoch zu verschmelzen, z.B. → Ascomycota, → Basidiomycota

Dikaryophase (Syn.: Paarkernphase) In der sich der → Plasmogamie anschließenden Dikaryophase bildet das Kernpaar der zweikernigen Zelle durch gleichzeitige (konjugierte) Teilung stets zwei Tochterkerne. Diese werden auf die Tochterzellen übertragen.
→ Meiose, → sexuelle Vermehrung

dikaryotisch eine Zelle, die zwei genetisch unterschiedliche, haploide Kerne (→ haploid) aufweist

Dimorphismus Fähigkeit einiger Pilzgattungen (z.B. → Aspergillus, → Aureobasidium, → Mucor, → Pichia, → Candida), sowohl → Hyphen zu bilden als auch hefeartig sprossen (Bildung von → Sproßzellen) zu können

Diphenyl (Syn.: Biphenyl) ab den 30er Jahren zur Konservierung von Zitrusfrüchten eingesetzt; hohe Wirksamkeit gegen die Verderbniserreger → Penicillium digitatum Sacc., → Penicillium italicum Wehmer, → Diplodia *natalensis*; keine Wirkung gegen → Alternaria *citri*, → Phytophthora *citrophora*, → Trichoderma *viride*
Derivate sind → Orthophenylphenol (E 231) und → Natrium- orthophenylphenolat (E 232) (Abb. Diphenyl). Diphenyl (E 230) wirkt auf die pilzliche → Zellwand.
Der Einsatz von Diphenyl war Vorausset-

Diphenyl. Diphenyl, o-Phenylphenol und Natri-
um-o-Phenylphenolat

zung für den späteren Massenexport von
Zitrusfrüchten ohne größere Verluste
durch mikrobiellen Verderb (Behandlung
der Fruchtoberfläche, des Verpackungs-
materials und des Einwickelpapieres).
Aufgrund sensorischer Nachteile ist die
Bedeutung zu Gunsten von → Thiabendazol zurückgegangen.

Diplodia gehört zu den mitosporenbildenden Pilzen (→ mitosporenbildende
Pilze), anamorphes Stadium (→ anamorph) der → Botryosphaeriaceae, teleomorphes Stadium (→ teleomorph):
→ Botryosphaeria

diploid bedeutet „zweisätzig":
- Nucleus, der 2n-Chromosomensätze
  hat
- Zelle, die 2n-Chromosomesätze in
  einem (synkaryotisch, 2n) oder zwei
  (→ dikaryotisch, n + n) Kerne hat
- → Myzel, das aus dikaryotischen,
  diploiden Zellen besteht
→ haploid

Diplomitosporen Sporen (→ Spore) mit
einem diploiden Chromosomensatz
(→ diploid), z.B. → Oomycota

Dipodascaceae gehört zur Ordnung
→ Saccharomycetales

Dipodascus gehört zur Familie → Dipodascaceae, anamorphes Stadium (→ anamorph): → Geotrichum

DON → Deoxynivalenol

Dosagelikör (Syn.: → Versanddosage)

Dothideaceae gehört zur Ordnung
→ Dothideales

Dothideales gehört zur Abteilung
→ Ascomycota

Drechslera gehört zu den mitosporenbildenden Pilzen (→ mitosporenbildende
Pilze), anamorphes Stadium (→ anamorph) der → Pleosporaceae, teleomorphes Stadium (→ teleomorph): → Pyrenophora

Drucktankgärung erfolgt in geschlossenen Metalltanks bei einem gewissen
Überdruck an → Kohlendioxid und ver-
kürzt so die Herstellungszeit
- untergäriger Biere (→ untergäriges
  Bier) durch höhere Gärtemperaturen
  (14–18 °C) → Gärung und Reifung
  dauern 1 Woche, die Kaltlagerung 1–2
  Wochen. Die gezielte Anwendung von
  Druck verhindert die übermäßige Bildung unerwünschter → Gärungsnebenprodukte.
- von → Rotwein durch eine schnell einsetzende Gärung bei einer optimalen
  Temperatur von 24 °C

Dürrfleckenkrankheit (Syn.: *Alternaria*-
Knollenfäule, *Alternaria*-Hartfäule) an
Kartoffeln durch → Alternaria *solani* verursacht; Symptome sind dunkle Schalen-
verfärbungen, das Gewebe vertrocknet,
sinkt ein und wird wulstartig umschlos-
sen.

D-Wert Zeitspanne, die eingehalten werden muß, um eine Mikroorganismenpo-
pulation (→ Mikroorganismus) auf 10 %
der Ausgangskeimzahl bei vorgegebener
Temperatur zu reduzieren (Senkung der
Lebendkeimzahl um 90 %).

E

echte Pilze   (Syn.: → Eumycota)

Edelfäule   Befall reifer Trauben mit
→ Botrytis *cinerea* als Voraussetzung und
Ausgangsprodukt für die Erzeugung von
Beerenauslesen (→ Beerenauslese) und
Trockenbeerenauslesen (→ Trockenbeerenauslese)
Die pilzliche Penetration der Beeren-
schale führt zu einer erhöhten Wasserver-
dunstung. Die Beeren schrumpfen, und
es entstehen Trockenbeeren, die durch
eine relative Anreicherung von Zuckern
und anderen Inhaltsstoffen gekennzeichnet sind. *B. cinerea* baut mehr Säure als
Zucker ab und metabolisiert mehr Glucose als Fructose → Glycerin wird synthetisiert. Mostgewichte von 180–200 °Oe
(→ Oechslegrade) geben die besten
Weine (→ Wein).

Edelpilzkäse   → Blauschimmelkäse,
→ Weißschimmelkäse

Edelschimmel   → Penicillium roquefortii
Thom, → Penicillium camembertii Thom,
→ Blauschimmelkäse, → Weißschim-
melkäse

Einfachbier   Einfachbier wird mit einem
→ Stammwürzegehalt von 2–5,5
Gewichtsprozent vergoren, z.B. Süßbier
(obergäriges, gesüßtes Einfachbier).
→ obergäriges Bier, → Biergattungen

Eiswein   Für die Herstellung von Eiswein
(→ Wein) müssen die Trauben im gefro-
renen Zustand bei mindestens -6 °C gele-
sen und gekeltert werden. Das Mindestmostgewicht (→ Oechslegrad) für Eiswein ist an das im jeweiligen Anbaugebiet
für das Prädikat → Beerenauslese festge-
setzte Mindestmostgewicht gebunden.

Eiweißrast   erste Phase während des
Maischens beim Bierbrauen

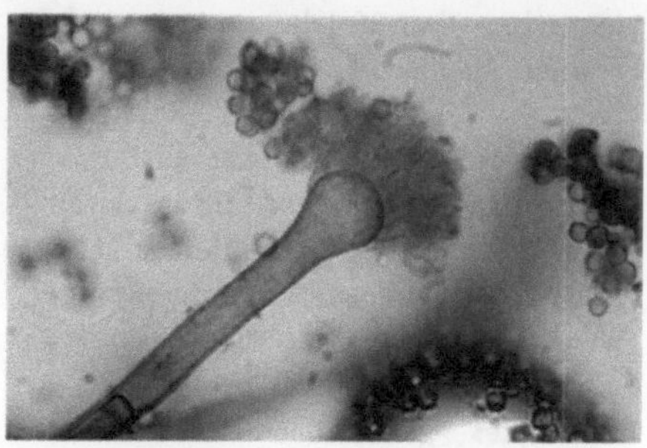

Emericella. Emericella nidulans

Bei der Eiweißrast werden korneigene
Proteine zu Peptiden und Aminosäuren
abgebaut. Diese fördern die Schaumbildung und das Wachstum der → Hefen.
Die Temperatur der → Maische liegt zwischen 50–55 °C.
→ Dextrinrast, → Maltoserast

Emericella   gehört zur Familie → Trichocomaceae, anamorphes Stadium (→ anamorph): → Aspergillus

BEFALLENE LEBENSMITTEL
Speziell *Emericella nidulans* (Abb. *Emericella*) bildet → Sterigmatocystin und
befällt diverse → Lebensmittel wie Getreidesamen, → Brot, Fruchtsäfte, Zucker,
Gewürze.

Emphysem   pathologische Anreicherung
von Luft im Gewebe, insbesondere in der
Lunge

endemisch   nur in einem Land oder
einer bestimmten Region auftretend
(→ Endemische Balkan-Nephropathie)

Endemische Balkan-Nephropathie   ist
gekennzeichnet durch eine fortschreitende Zerstörung der Nierentubuli sowie
durch eine fettige Atrophie der Niere
Ca. 10 % der Landbevölkerung des
Donaubeckens in Bulgarien und Rumä-
nien sowie dem ehem. Jugoslawien sind
betroffen. Es erkranken ausschließlich

Menschen über 30 Jahre, vorwiegend Frauen. Auslösende Agenzien sind wahrscheinlich → Ochratoxin A, → Citrinin und ein weiteres bislang unbekanntes Mykotoxin (→ Mykotoxine), die durch den Verzehr von kontaminierten Lebensmitteln (→ Lebensmittel) aufgenommen werden. → Nephropathie

Endomyces gehört nach Ainsworth und Hawksworth (1995) zur Familie der → Endomycetaceae; *Endomyces fibuliger* ist die einzige Species. Nach Kreger van Rij (1984) ist die Gattungsbezeichnung *Endomyces* jedoch ungültig. → Hefen dieses Genus werden hier den Gattungen → Trichosporon, → Hansenula, → Pichia, → Saccharomycopsis etc. zugeordnet. So wird die Species *E. fibuliger* z.B. auch als *Saccharomycopsis fibuligera* bezeichnet.

Biologie
septiertes → Myzel, teilweiser Zerfall in → Arthrosporen, sprossende → Blastokonidien, Asci (→ Ascus) einzeln oder mehrere an diploiden → Hyphen (→ diploid, → Hyphen), enthalten 1–4 hutförmige → Ascosporen; Gärvermögen fehlt oder nur schwach vorhanden, keine Nitratassimilation, keine Harnstoffhydrolyse, einzelne Stämme sind → Amylase-positiv.

Befallene Lebensmittel
Häufiger kontaminierte → Lebensmittel sind stärkereiche Nahrungsmittel (→ Stärke), wie → Brot (→ Kreidekrankheit), Makkaroni.

Verwendung in Lebensmitteln
E. fibuliger dient zur Herstellung von → Lao-chao.

Endomycetaceae gehört zur Ordnung → Saccharomycetales

Endomycetales veraltete Bezeichnung für → Saccharomycetales

Endomycopsis (Syn.: → Guillermondella)

Endomykose → Mykose innerer Organe (einzelne oder mehrere) und Organsysteme, Pilzsepsis, Metastasierung (auch in der Haut) und Generalisierung, d.h. Ausbreitung des Krankheitserregers im gesamten Körper

Endospor innerste, zuletzt gebildete Wandschicht einer → Spore → Ascosporen, → Epispor, → Exospor

Endospore endogen, im Inneren einer Mutterzelle (→ Sporangium) gebildete → Spore, z.B. → Sporangiosporen der → Mucorales

Endvergärungsgrad das Verhältnis der durch die → Hefen vergärbaren Stoffe (z.B. Glucose, Saccharose, Fructose, → Maltose, → Maltotriose) zu den unvergärbaren (z.B. → Dextrine)
Der Endvergärungsgrad aromatischer, vollmundiger Biertypen (Dunkel und → Märzen) sollte bei 78 % liegen, bei anderen Biertypen (z.B. helle Biere) zwischen 80–83 %, bei Diätbieren mit Diastaseauszug über 100 % (→ Diastase).

enteroblastische Konidienbildung → Blastokonidien

enterothallische Konidienbildung → Thallokonidien

Entrappen Entfernen der Stiele (Kämme) von den Trauben in der Traubenmühle durch spezielle Vorrichtungen nach der → Lese

Entsäuerung darf in deutschen Weinbaugebieten einmal im → Most- oder Jungweinstadium (→ Jungwein) zum bis 16. März durchgeführt werden. Häufig wird Calciumcarbonat verwendet, um → Rotwein auf Säurewerte von 4,5–6 g/l und → Weißwein auf 6–8 g/l zu entsäuern.

Der Mindestsäuregehalt von 0,5 g / l darf nicht unterschritten werden.
→ biologischer Säureabbau

Epicladosporinsäure → Cladosporium

Epicoccum gehört zu den mitosporenbildenden Pilzen (→ mitosporenbildende Pilze); lebensmittelrelevante Species ist *Epicoccum nigrum* (syn. *E. purpurascens*).
BEFALLENE LEBENSMITTEL
Mais, Gerste, Hafer, Weizen, Bohnen; Toxine: Flavipin

Epispor erste und dickste Wandschicht der → Spore
→ Endospor, → Exospor

Epithecium das Gewebe an der Oberfläche eines Apotheciums (→ Apothecium), das durch die Verzweigung der Enden der → Paraphysen über den Asci (→ Ascus) entsteht (siehe auch Abb. Apothecium)

Eremascaceae gehört zur Ordnung → Eurotiales

Eremascus gehört zur Familie → Eremascaceae
→ xerophil
BEFALLENE LEBENSMITTEL
Lebensmittelrelevante Species sind die beiden einzigen Arten *Eremascus albus* und *E. fertilis* als sporadische Verderber von AWR-Lebensmitteln (→ AWR-Lebensmittel), z.B. Trockenpflaumen.

Eremothecium gehört zur Familie → Metschnikowiaceae

Ergosterin veraltete Bezeichnung für → Ergosterol

Ergosterol (Syn.: Ergosterin) wichtigstes Mycosterol, findet sich in der → Zellwand von Schimmelpilzen und leitet sich vom Steran ($C_{28}H_{44}O$) ab; zur Synthese von Ergosterol ist Sauerstoff notwendig. Des-

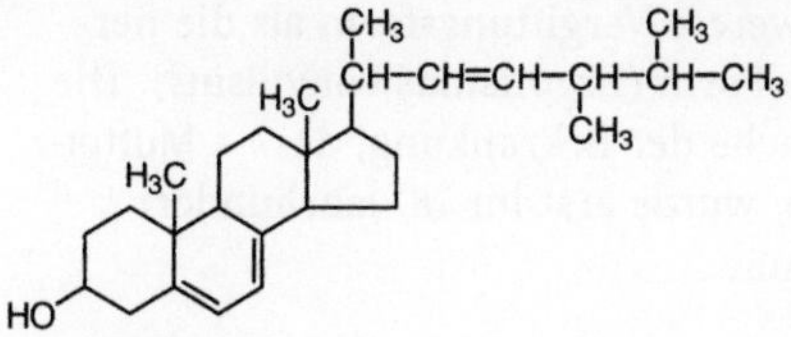

Ergosterol

halb entwickeln sich die meisten → Schimmelpilze nur unter aeroben Bedingungen (→ aerob) (Abb. Ergosterol).

Ergotalkaloide sind in → Mutterkorn enthalten (0,1–0,8 %). Mehr als 40 natürlich vorkommende Ergotalkaloide sind bekannt. Sie werden nach dem Syntheseweg sowie der chemischen Struktur in drei Gruppen unterteilt: Lysergsäurederivate (Ergotamine), Isolysergsäurederivate (Ergotaminine) sowie die Derivate der Clavinsäure (z.B. Methylergolin, Agroclavine). In Äthiopien und Indien ist ein endemisches Auftreten (→ endemisch) von Ergotaminintoxikationen bekannt. Produzenten sind → Claviceps spp., → Aspergillus spp., → Penicillium spp. sowie höhere Pflanzen (*Ipomoea*-Arten) (siehe auch Abb. Mutterkorn).

Ergotismus Man unterscheidet zwei Formen. Beim Ergotismus convulsius kommt es zur Schädigung des Nervensystems. Dies äußert sich in einem Kribbeln (→ Kribbelkrankheit) in den Gliedmaßen, schmerzhaften und krampfartigen Muskelkrämpfen, die schließlich epileptische Formen annehmen. Der Ergotismus gangrenosus, im Mittelalter auch als → St.-Antonius-Feuer oder brennend schmerzhaftes Höllenfeuer beschrieben, trat vermehrt in Frankreich auf. Die Schädigung der peripheren Blutgefäße führt durch langanhaltende Verengung der Adern zum Schwarzwerden und Absterben der Hände und Füße (→ Gangrän). Ganze, blau-schwarz mumifizierte Gliedmaßen lösen sich ohne Blutverlust vom Körper.

Schwerere Vergiftungsform als die nervöse Form (Ergotismus convulsius). Die Ursache der Erkrankung, das → Mutterkorn, wurde erst im 18. Jahrhundert erkannt.

Erysiphaceae gehört zur Ordnung → Erysiphales

Erysiphales gehört zur Abteilung → Ascomycota

Erysiphe (Syn.: Mehltaupilz) gehört zur Familie → Erysiphaceae

Essigsäure In → Wein wird Essigsäure (Acetat) nicht nur durch Bakterien, sondern auch durch → Saccharomyces cerevisiae Meyen ex Hansen (0,2–0,5 g/l) gebildet. → Hanseniaspora *uvarum* als wilde Hefe (→ wilde Hefen) synthetisiert bis zu 1 g Essigsäure/l. Die Synthese erfolgt durch Oxidation von → Acetaldehyd mittels NADP-spezifischer Aldehyd-Dehydrogenase.

Ethanol (C_2H_5OH)
Abbauprodukt verschiedener Zucker, das neben → Kohlendioxid das Hauptprodukt der alkoholischen Gärung (→ alkoholische Gärung) durch → Hefen ist
Je nach Zuckergehalt des Mostes (→ Most) reichen die Konzentrationen in → Wein von 40–140 g/l. Ethanol ist der kennzeichnende Inhaltsstoff aller alkoholischen Getränke, deren jeweilige Mindestkonzentration an Ethanol nicht unterschritten werden darf. Bei Frucht- und Gemüsesäften dürfen dagegen bestimmte Höchstgehalte nicht überschritten werden (Tabelle Ethanol).
→ Bier, → Wein

Euaspergillus (Syn.: → Aspergillus)

Eumycota (Syn.: echte Pilze, → Fungi, → Mycota, → Pilze) stellen ein selbständiges Organismenreich dar, das sich in die vier Abteilungen → Ascomycota, → Basidiomycota, Chytridiomycota und → Zygomycota unterteilt; auch die Deuteromycotina (→ mitosporenbildende Pilze) werden zu den Eumycota gerechnet, aber nicht als eine selbständige Abteilung angesehen.
Zu den Eumycota gehören ca. 98 % aller bekannten Pilzspecies. Diese eukaryontischen Organismen besitzen eine → Zellwand. Im Gegensatz zu Pflanzen enthalten sie aber weder Chlorophyll noch photosynthetische Pigmente und sind C-heterotroph. Weiterhin sind sie durch nur geringe morphologische Differenzierung sowie eine weitgehende Bewegungsunfähigkeit gekennzeichnet. Sie wachsen

Ethanol. Ethanol-Grenzwerte bestimmter Fruchtsäfte (verändert nach Bielig 1984)

Saft	Ethanol g/l max.	Anmerkungen
Apfel	3,0	Biogene Säuren und Ethanol sind in Apfelsäften normalerweise nicht nachweisbar. Erhöhte Konzentrationen weisen auf die Verwendung von minderwertigem Obst bzw. auf unerwünschtes mikrobielles Wachstum während der Saftherstellung und Lagerung hin.
Trauben	8,0	
Orangen	3,0	Erzeugnisse – sachgerecht hergestellt und gelagert – weisen < 3 g/l an Ethanol und < 0,4 g/l an flüchtigen Säuren auf.
Birnen	3,0	siehe entsprechend Anmerkung Apfelsaft.
Grapefruit	3,0	siehe entsprechend Anmerkungen Orangensaft.
Gemüse	5,0	

in Form von → Hyphen oder einzellig, hefeartig (→ Sprossung). Hauptbestandteile der Zellwände sind → Chitin, → Mannan, → Glucane.
Die Vermehrung lebensmittelrelevanter Species erfolgt → anamorph (→ asexuelle Vermehrung, → Nebenfruchtform) durch → Konidien, → Sporangiosporen, → teleomorph (→ sexuelle Vermehrung, → Hauptfruchtform) durch → Ascosporen.

Eupenicillium   gehört zur Familie der → Trichocomaceae, anamorphes Stadium (→ anamorph): → Penicillium

BEFALLENE LEBENSMITTEL
Hitzeresistente → Ascosporen und → Sklerotien von z.B. *Eupenicillium brefeldianum, E. euglaucum, E. ochrosalmoneum* verursachen sporadisch den Verderb von erhitzten Fruchtsäften, Obstkonserven, Marmeladen, Konfitüren.
→ D-Wert von *Eupenicillium* sp. in Himbeerpulpe: $D_{90} = 15$ min

Eurotiaceae   (Syn.: → Trichocomaceae)

Eurotiales   gehört zur Abteilung → Ascomycota

Eurotium   gehört zur Familie → Trichocomaceae, anamorphes Stadium (→ anamorph): → Aspergillus
BEFALLENE LEBENSMITTEL
Lebensmittelrelevante Species sind *Eurotium amstelodami, E. chevalieri, E. herbariorum, E. rubrum* (Abb. *Eurotium*).
Eurotium ist als → Primärbesiedler in Form gelber Cleistothecien (→ Cleistothecium) an gelagerten Samen von Getreide und Körnerleguminosen in den Tropen und Subtropen von großer Bedeutung (Verderb von Lebensmittteln (→ Lebensmittel) mit a_w-Werten (→ a_w-Wert) um 0,70).
→ Mykotoxine: Echinulin, → OTA, Physicon

Eurotium. Eurotium herbariorum

Eurythermie   Fähigkeit, in einem weiten Temperaturbereich zu wachsen, z.B. → Aspergillus fumigatus Fres. (→ Stenothermie)

Exospor   äußerste Wand einer reifen (Asco)-→ Spore
→ Endospor, → Epispor

Exospore   → asexuell gebildete Konidie (→ Konidien), die frei auf den → Conidiomata entsteht

Expeditionslikör   (Syn.: → Versanddosage)

exponentielle Phase   logarithmische Wachstumsphase (→ log-Phase) von Mikroorganismen (→ Mikroorganismus), die durch eine konstante, maximale Vermehrungsrate gekennzeichnet ist
→ stationäre Phase

Exportbier   → untergäriges Bier, → Vollbier

Exsudat   flüssige pilzliche Ausscheidungen, die vom → Myzel exkretiert werden
Das Exsudat kann für eine Species (z.B. → Penicillium) charakteristisch und für deren Identifizierung sehr hilfreich sein.

F

Fagicladosporinsäure   → Cladosporium

fakultativ   i.e. wahlweise
Ein fakultativer Parasit kann sich von
lebendem → Substrat ernähren, volle
Entwicklung ist aber auch bei saprophyti-
scher Lebensweise (→ saprophytisch)
möglich. → obligat

Farmerlunge   Ursache ist feucht eingefah-
renes Heu, das hoch mit Schimmelpilzen
(→ Schimmelpilze), z.B. → Eurotium spp.,
→ Cladosporium spp., belastet ist (2,5 x
10^6 → Konidien pro g Heu). Symptome
sind Atemnot, Fieber, Lungenstauungen,
→ Emphysem. Verursacher sind neben
Schimmelpilzen auch Actinomyceten
(Strahlenpilze).

Feldpilze   Feldpilze wie → Alternaria spp.,
→ Cladosporium spp., → Fusarium spp.
oder → Helminthosporium spp. befallen
abreifende, noch an der Pflanze befindli-
che Samen von Getreide und Körnerleguminosen. Speziell *Alternaria*, *Cladosporium* und *Helminthosporium* werden auch
als → Schwärzepilze bezeichnet, da sie
aufgrund von Melanineinlagerungen
(→ Melanin) das Korn schwarz färben.
Von eingelagertem Getreide sind die
Feldpilze mit zunehmender Lagerdauer
nur noch sporadisch zu isolieren. Voraussetzung für ihr Wachstum sind relative
Luftfeuchten von 90–100 %. Dies entspricht Feuchtegehalten bei Getreide von
> 20 % → Lagerpilze.

Fellneria   (Syn.: → Colletotrichum)

Fellomyces   gehört zu den mitosporenbildenden Pilzen (→ mitosporenbildende
Pilze)

Fennellia   gehört zur Familie der
→ Trichocomaceae

Fermentation   aerobe oder anaerobe
Umsetzung und Umwandlung (→ aerob,
→ anaerob) organischer Substrate
(→ Substrat) durch Enzyme, die im allgemeinen mikrobiellen Ursprungs sind

fermentierte Lebensmittel   Mikroorganismen (→ Mikroorganismus), wie → Schimmelpilze, → Hefen und Bakterien werden
schon seit Jahrtausenden zur Herstellung
von Nahrungsmitteln verwendet, ohne
daß ihre Funktion bekannt war. Speziell
in Ostasien hat jedes Land ihm eigene
fermentierte → Lebensmittel, die in
jedem Haushalt, mittlerweile aber auch
großtechnisch hergestellt werden. Die
mikrobielle → Fermentation von Nahrungsmitteln, die auf das Zusammenwir-
ken verschiedenster mikrobieller Enzyme
zurückzuführen ist, verbessert deren Verdaulichkeit und den Geschmack durch
eine positive Veränderung von Textur,
Aroma, pH-Wert und Aussehen. Diese
Lebensmittel sind reich an Vitaminen,
Proteinen, Aminosäuren und Kalorien.
Als Ausgangsmaterialien dienen häufig
Sojabohnen und Reis, allerdings werden
auch Milch, Fisch, Mais, Kokosnuß, Kas-
sava und Erdnüsse fermentiert. Die zur
Fermentation verwendeten Schimmelpilze, wie → Rhizopus spp., → Aspergillus spp., → Mucor spp., → Actinomucor
spp., → Neurospora spp. oder → Monascus spp. weisen eine hohe proteolytische,
lipolytische und/oder amylotische Aktivität auf. Makromoleküle werden durch die
Mikroorganismen zu Aminosäuren, kurz-
kettigen Fettsäuren, Vitaminen und Zuk-
kern abgebaut. Nebenprodukte der Fermentation werden von Bakterien zu organischen Säuren verstoffwechselt. Der pH-
Wert sinkt, → Hefen finden gute Ent-
wicklungsbedingungen vor. Die Eigenschaften der Hefen, die die Fermentation
beenden, variieren in Abhängigkeit vom
jeweiligen Endprodukt. Ein hoher Zuk-
ker-, Salz- oder Alkoholgehalt

(→ Ethanol) des Fermentationsproduktes verhindert den schnellen Verderb, insbesondere in Gebieten, wo eine Kühlung schwierig oder nicht möglich ist.

Fettsäuren   stellen bei Mikroorganismen (→ Mikroorganismus) die hydrophobe Komponente der zellulären Membranlipide dar
Unterschiede in der quantitativen und qualitativen Fettsäurezusammensetzung einer Mikroorganismenzelle werden zur Klassifizierung und Identifizierung genutzt.
→ Plasmalemma

filamentös   (Syn.: fadenartig)

Filobasidium   gehört zur Familie → Filobasidiaceae, anamorphes Stadium (→ anamorph): → Cryptococcus

Flaschengärung
- Bei obergärigem Bier (→ obergäriges Bier) wird die → Nachgärung häufig in Flaschen durchgeführt mit einer Dauer von 2–3 Wochen und einer Temperatur von 8–20 °C.
- Die zweite → Gärung bei der Sektherstellung durch Zusatz der → Fülldosage ist ebenfalls eine Flaschengärung, Dauer ca. 14 Tage, Temperatur 9–11 °C (→ Qualitätsschaumwein).

Flora
- die Pflanzen einer bestimmten geographischen Region oder eines Habitats
- eine Beschreibung, ein Katalog oder eine Liste von allen oder nur Gruppen von Pflanzen in einer bestimmten Region; früher wurde dieser Begriff für Pilze und Flechten verwendet. Da aber die Pilze keine Pflanzen sind, lautet die aktuelle Bezeichnung → Mykobiota
→ Mikroflora, → Mykoflora

flüchtige Säure   wird bei der Frucht- und Gemüsesaftherstellung als → Essigsäure berechnet
Zu einem geringen Teil enthält die flüchtige Säure → Ameisensäure als ein Stoffwechselprodukt von Schimmelpilzen (→ Schimmelpilze). Der Grenzwert in Säften liegt bei 0,4 g / l.

Flüssighefen   erhält man bei Beimpfung eines sterilen Mostes (→ Most) mit einem geeigneten Reinhefestamm; eine Vermehrung auf 8–10 x 10^{10} Zellen / l ist möglich, die Verwendungsdauer, auch bei Kühllagerung, ist zeitlich sehr begrenzt.
→ Reinzuchthefen

Fraseriella   gehört zu den mitosporenbildenden Pilzen (→ mitosporenbildende Pilze), anamorphes Stadium (→ anamorph) der → Monascaceae, teleomorphes Stadium (→ teleomorph): → Xeromyces

freie Zellbildung   der Prozeß, bei dem sich im unreifen → Ascus aus dem Verschmelzungskern durch dreimalige Teilung aus einer freien Kernteilung 8 haploide (→ haploid) → Meiosporen (→ Ascosporen) durch Wände voneinander abgrenzen; dabei findet die → Meiose statt.

Fremdhefen   (Syn.: „wilde Hefen") finden sich auf den abreifenden Trauben; sie haben keine nutzbringende Bedeutung für die Weinbereitung (→ Wein), sondern können diese sogar beeinträchtigen. Sie bilden nur maximal 3–5 % Vol.
→ Ethanol, dafür aber große Mengen an flüchtigen Säuren (→ flüchtige Säure), z.B. → Essigsäure.
Auch Fremdhefen im Braugewerbe werden als „wilde Hefen" bezeichnet; darunter versteht man alle in der jeweiligen Brauerei auftretenden → Hefen außer dem eingesetzten Kulturhefestamm. Sie

verursachen Nachgärungen (→ Nachgärung), Trübungen und Geschmacksfehler. Zu den Fremdhefen von → Wein und in der Brauerei gehören → Brettanomyces, → Candida, → Debaryomyces, → Dekkera, → Filobasidium, → Hanseniaspora, → Kloeckera, → Kluyveromyces, → Pichia, → Saccharomycodes, → Schizosaccharomyces, → Torulaspora, → Zygosaccharomyces.

Frischbackhefen   (Syn.: → Preßhefe)

Frischkäse   alle ungereiften Käse unterschiedlicher Herstellung (mit/ohne → Lab), Konsistenz und verschiedenem Fettgehalt, z.B. Speisequark

Fruchtkörper   Bezeichnung für ein → Sporen- bzw. → Konidien-enthaltendes Organ der → Makropilze wie der → Mikropilze
In den Fruchtkörpern (→ Fruchtkörper) der → Deuteromycotina, den Pyknidien (→ Pyknidium Conidiomata), findet auf asexuellem Wege (→ asexuelle Vermehrung) die Konidienbildung statt. Die Fruchtkörper der → Ascomycota werden als → Ascomata bezeichnet (Abb. Fruchtkörper, siehe auch Abb. Ascomycota).

Fruchtlager   Überbegriff für Sporodochien (→ Sporodochium) und Acervuli

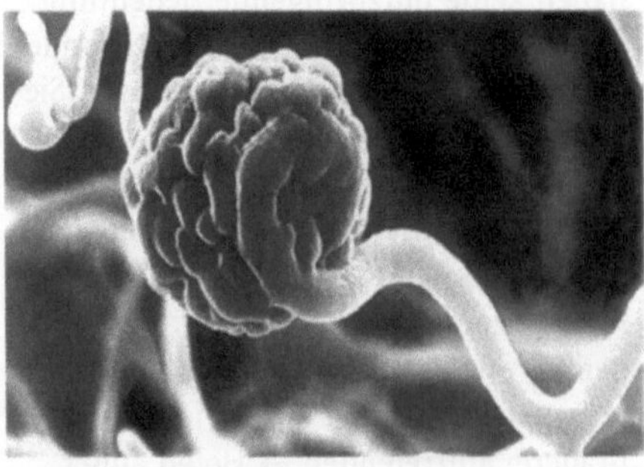

Fruchtkörper. Junges Cleistothecium von *Eurotium amstelodami*

(→ Acervulus), an oder auf denen → asexuell → Konidien gebildet werden; die Fruchtlager werden zu den → Conidiomata gezählt.

Fruchtständer   Koremien (→ Koremium) oder Synnemata (→ Synnema) mit → Konidien", an denen terminal auf asexuellem Wege (→ asexuell) Konidien gebildet werden; die Fruchtständer werden zu den → Conidiomata gezählt.

Fruchtweine   → weinähnliche Getränke, die durch die Vergärung (→ Gärung) von Früchten oder daraus hergestellten Säften hergestellt werden
Fruchtweine müssen mindestens 63,5 g / l bzw. 8° vorhandenen Alkohol(→ Ethanol) enthalten. Eine Anreicherung mit Saccharose zur Erreichung des Mindestalkoholgehaltes ist erlaubt. → Wein

β-Fructofuranosidase   (Syn.: → Invertase)

fructophile Hefen   spezielle → Hefen wie z.B. → Candida *stellata*, → Zygosaccharomyces *bailii*, *Z. rouxii*, die Fructose schneller als Glucose vergären → glucophile Hefen

β-Fructosidase   → Invertase

Fruktifikation   Es wird zwischen einer asexuellen (→ anamorph) und einer sexuellen (→ teleomorph) Fortpflanzung (Fruktifikation) unterschieden.
→ asexuelle Vermehrung, → sexuelle Vermehrung

Fülldosage   Erzeugnis, das der → Cuvée zur Einleitung der Schaumbildung zugesetzt wird; sie bewirkt die für die Sektherstellung notwendige zweite → Gärung. Die Fülldosage darf nur bestehen aus → Reinzuchthefen (→ Trockenhefe) oder in → Wein suspendierter Hefe (→ Hefen), Saccharose, Traubenmostkonzentrat, rektifiziertem Traubenmostkonzentrat sowie ferner → Most und → Wein. In Abhän-

gigkeit von der Schaumweinart (→ Quali-
tätsschaumwein) unterscheiden sich die
Erzeugnisse, die für die Herstellung der
Fülldosage verwendet werden dürfen.
→ Versanddosage

Fulvicin → Griseofulvin

Fumitremorgen A und B → Mykotoxine
(Indolderivate) mit einer starken tremor-
genen Wirkung (→ tremorgen)
Fumitremorgenbildner sind → Aspergillus
fumigatus Fres., *A. caespitosus* und *Penicillium puberulum*. Die → LD_{50} von
Fumitremorgen A beträgt 0,185 mg pro
kg Maus (intravenös).
→ tremorgene Mykotoxine

Fumonisine Gruppe von Mykotoxinen
(→ Mykotoxine), von denen Fumonisin
B_1 (FB_1) (2-Amino-12,16-dimethyl-3,5,10-
trihydroxy-14,15-propan-1,2,3-tricarbo-
xyicosan) und in einem geringeren
Umfang FB_2 und FB_3 die wichtigsten sein
dürften (Abb. Fumonisine); 7 verschie-
dene Fumonisine (B_1, B_2, B_3, B_4, A_1, A_2,
A_3) sind bislang bekannt. Die bedeutend-
sten Fumonisinbildner sind *Fusarium
moniliforme* und *F. proliferatum*. Erstmals
beschrieben 1988 in Südafrika, gehören
sie wahrscheinlich zu den sehr häufig
vorkommenden Mykotoxinen; sie werden
auch als „→ Aflatoxine der neunziger
Jahre" bezeichnet.

SCHÄDEN / FOLGEN
Fumonisine sind hoch kanzerogen (15
mg pro kg Ratte erzeugen Leberkrebs)
und führen möglicherweise zur Entstehung von Speiseröhren- und Leberkrebs

bei Menschen im südlichen Afrika sowie
China. Sie verursachen Ödeme
(→ Ödem) und Enzephalomalazie
(ELEM, Gehirnanomalie) im Kleinhirn
von Pferden, bei Schweinen Lungen-
ödeme. Rinder dürften weniger anfällig
sein.

BEFALLENE LEBENSMITTEL
Fumonisine finden sich fast ausschließlich in Mais, der nicht unbedingt Symptome einer → Fusarium-Infektion aufweisen muß. Darüber hinaus ist die Kontamination von Futtergräsern bekannt.
Speziell Mais aus bestimmten Regionen
in Südafrika, China, USA sowie aus Italien kann höhere Fumonisinkonzentratio-
nen aufweisen. Auch Produkte auf Mais-
basis können kontaminiert sein. Futtermittel als Produkte der Reinigungsabfälle
sind meist höher belastet als entsprechende → Lebensmittel.

Fungi (Syn.: → Eumycota, → Mykota,
→ Pilze) Bezeichnung für das Organismenreich der Pilze

Fungi imperfecti (Syn.: → mitosporenbildende Pilze) Bezeichnung für die Pilze,
von denen nur das anamorphe Stadium
(→ anamorph) bekannt ist; teilweise auch
für die Pilze verwendet, die neben einem
anamorphen auch ein teleomorphes Stadium (→ teleomorph) besitzen, deren
→ imperfektes Stadium aber ausschließlich bezeichnet werden soll.

Fungistasis → fungistatisch

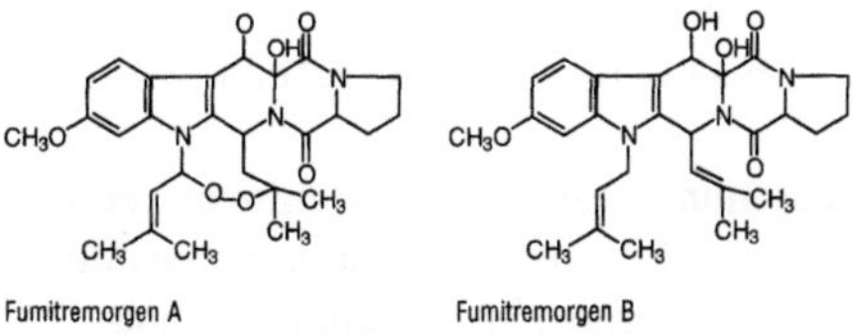

Fumitremorgen A und B

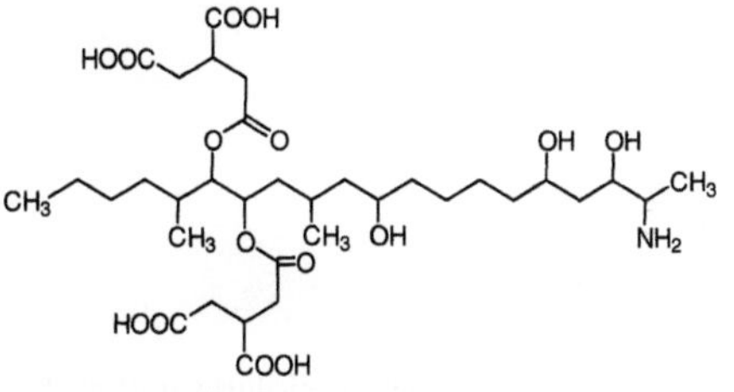

Fumonisine. Fumonisin B_1

Fungistatika Wirken → fungistatisch

fungistatisch das Pilzwachstum hemmend

fungizid „pilzabtötend" bzw. Sporen (→ Spore), → Konidien oder → Myzel abtötend

Fungizide Substanzen, die → Pilze schon in sehr geringer Konzentration abtöten Zur Behandlung von Zitrusfrüchten und deren getrockneten Schalen zur Herstellung von Zitronat und Orangeat sind → Diphenyl (E 230) und die Derivate → Orthophenylphenol (E 231) sowie → Natrium-orthophenylphenolat (E 232) zugelassen. Diese Fungizide werden zunehmend von Benzimidazolen, wie dem → Thiabendazol (E 233) verdrängt.

Furcatum Untergattung innerhalb der Gattung → Penicillium Der robuste → Penicillus ist meist → biverticillat, wobei die Metulae (→ Metula) deutlich länger als die Phialiden (→ Phialide) sind (Abb. Furcatum). Zur Untergattung Furcatum werden darüber hinaus sehr unregelmäßige Penicillus-Strukturen gerechnet. → Aspergilloides, → Biverticillium, → Penicillium

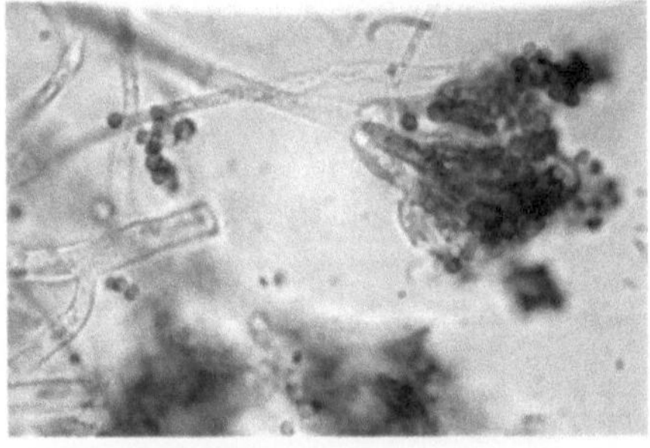

Furcatum. Biverticillater Penicillus von *Penicillium citrinum*, Untergattung Furcatum

Fusarien-Mykotoxine → Fusarium, → Mykotoxine

Fusarin C Mykotoxin (→ Mykotoxine), das von *Fusarium cerealis, F. graminearum, F. poae, F. moniliforme* etc. gebildet wird; im Gegensatz zu anderen Mykotoxinen extrem hitzelabil, nahezu vollständige Inaktivierung in Mais-oder Weizenmehl nach Erhitzung für 20 min auf 100 °C; es existieren keine Grenz- oder Richtwerte.

SCHÄDEN / FOLGEN
Die Mutagenität entspricht in etwa der von Aflatoxin B_1 (→ Aflatoxine) und → Sterigmatocystin. Fusarin C wirkt darüber hinaus genotoxisch (→ Genotoxin), immunsuppressiv (→ Immunsuppression) und ist möglicherweise auch kanzerogen. Aufgrund seiner hohen Hitzelabilität ist seine Bedeutung bei der Entstehung menschlicher Erkrankungen jedoch fraglich. Die verwandten Fusarine A und D sind nicht mutagen.

BEFALLENE LEBENSMITTEL
wurde in der Transkei (Südafrika) in Mais nachgewiesen; *F. moniliforme* bildet Fusarin C auch auf Sojabohnen und anderen Getreidearten.

Fusarinsäure Die Butylpyridinsäure ist ein toxischer Metabolit von → Fusarium *bulbigenum* var. *lycopersici, F. oxysporum, F. vasinfectum* und anderer → Hypocreaceae. Fusarinsäure induziert durch Permeabilitätsstörungen und der daraus resultierenden Turgorverminderung Welkesymptome bei Fusarien-infizierten Tomaten und Baumwolle.

Fusariose → Mykose der Haut, die durch → Fusarium spp. hervorgerufen wird

Fusarium gehört zu den mitosporenbildenden Pilzen (→ mitosporenbildende Pilze), anamorphes Stadium (→ anamorph) der → Hypocreaceae, teleomor-

phe Stadien (→ teleomorph): → Gibberella, → Nectria etc.

BIOLOGIE
viel → Substratmyzel, Pigmentausschei-
dung (gelb, rot, violett) in das → Substrat, sehr lockeres → Luftmyzel, grau bis
intensiv gefärbt, → Konidienträger einzeln
oder in Gruppen, einfach bis unregelmä-
ßig verzweigt, Sporen (→ Spore) häufig
in Sporodochien (→ Sporodochium),
→ Makrokonidien septiert, sichelförmig,
→ Mikrokonidien klein, meist einzellig,
kugel-, ei- oder birnenförmig, einzeln
oder in Schleimtropfen gebildet, → Mesokonidien, → Chlamydosporen vorhanden
Relevante → Mykotoxine: → Fumonisine,
→ Fusarin C, → Trichothecene, → Moniliformin, → Zearalenon; Verursacher von
Mykoallergosen (→ Mykoallergose), z.B.
→ Asthma bronchiale

BEFALLENE LEBENSMITTEL
Fusarium-Befall des Getreides erfolgt auf
dem Feld (→ Feldpilze), relevante Species
sind z.B.: *Fusarium avenaceum, F. culmorum* (Abb. *Fusarium*), *F. graminearum, F.
moniliforme, F. nivale* (Schneeschimmel),
F. poae, F. solani, F. sporotrichioides.
Manche Species verursachen bei eingela-
gerten Nahrungsmitteln (Kartoffeln / *F.
solani* var. *coeruleum, F. sulphureum*
u.a.m.) → Lagerkrankheiten.

Fusarium-Mykotoxikose Fusarien-Toxine
sind vorwiegend in den gemäßigten Kli-

maregionen Auslöser der *Fusarium*-
Mykotoxikose. Die Kontamination, insbe-
sondere an Getreide, erfolgt schon bei
Temperaturen ab 8 °C und einem Feuch-
tegehalt von 20–25 %, speziell in kühlen,
verregneten Sommern. → Alimentäre
Toxische Aleukie, → Fusarium, → Kashin-
Beck Erkrankung

Fuselöle höhere Alkohole (Propyl-,
Butyl- und Amylalkohol), die bei der
→ Gärung von → Wein und → Bier als
Nebenprodukte des Isoleucin-, Leucin-
und Valinstoffwechsels entstehen
Die Hauptkomponenten in Wein sind 3-
Methylbutanol (Isoamylalkohol;
60–150 mg / l), 2–Methylpropanol (Isobu-
tanol; 20–80 mg / l) und 2-Methylbutanol
(optisch aktiver Amylalkohol;
10–30 mg / l). Sie machen bis zu ca. 70 %
des Fuselöl-Gehaltes eines Weines aus. In
Bier kommen Amylalkohole in einer Konzentration von 38–100 mg / l vor.

fusiform spindelförmig, sich an den
Enden verjüngend

Fußzelle
- die basale Zelle, aus der sich speziell
  bei der Gattung → Aspergillus ein
  → Konidienträger entwickelt
- die basale Zelle einer → Makrokonidie
  von → Fusarium spp. (Abb. Fußzelle)

F-2 Toxin (Syn.: → Zearalenon)

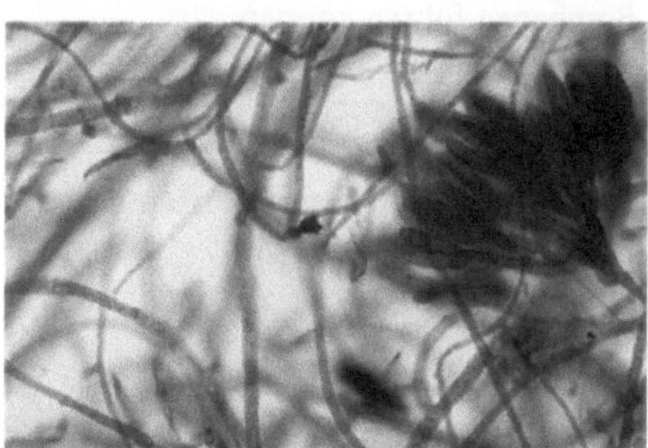

Fusarium. Fusarium culmorum

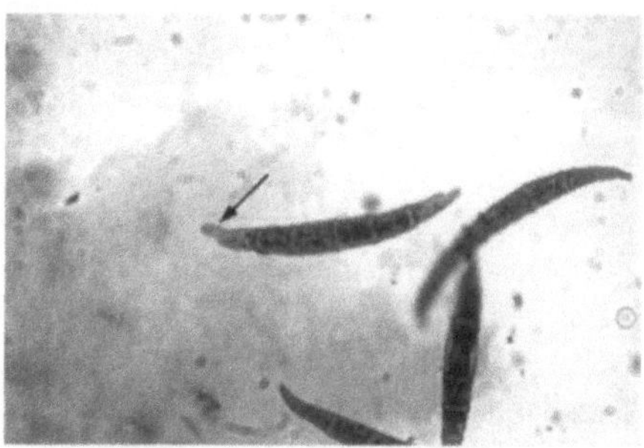

Fußzelle. Fußzelle einer Makrokonidie von *Fusarium graminearum*

G

Galactane Polymere der Galactose (Hexose). → Zellwand

Galactomyces gehört zur Familie → Dipodascaceae

Galactosidase (Syn.: Lactase) Man unterscheidet zwischen α- und β-Galactosidasen. α-Galactosidase spaltet die Trisaccharide → Raffinose und → Melibiose. Die Gewinnung erfolgt aus → Mortierella *vinaceae*. β-Galactosidase ist ein Enyzm, das → Lactose hydrolytisch in Glucose und Galactose spaltet. β-Galactosidasen von → Hefen (z.B. → Kluyveromyces *marxianus*) werden → intrazellulär gebildet und haben ein pH-Optimum von 6-7 mit einem Temperaturoptimum von ca. 35 °C. Die von Schimmelpilzen (→ Schimmelpilze), wie → Aspergillus oryzae (Ahlburg) Cohn und → Aspergillus niger van Tieghem, synthetisierten β-Galactosidasen werden in das → Substrat ausgeschieden. Sie besitzen ein pH-Optimum zwischen 2,5–4,5 und ein Temperaturoptimum von 50–55 °C.

VERWENDUNG IN LEBENSMITTELN
Einsatz bei der Herstellung von Diätmilchprodukten und Eiskrem

Gamet nackte, einkernige, haploide (→ haploid) Geschlechtszelle, die in einem → Gametangium gebildet wird; sie dient einzig der Fusion mit einer anderen Geschlechtszelle zur Bildung einer → Zygote. → Isogameten, → Heterogameten

Gametangiogamie Verschmelzung von geschlechtlich funktionierenden Hyphenbereichen, → Hyphen

Gametangium zu einem Geschlechtsorgan differenzierte Zelle (i.e. „Mutterzelle") der → Pilze; diese kann Gameten (→ Gamet) bilden oder einen oder mehrere Gametenkerne enthalten.

Gametogamie Verschmelzung von Gameten (→ Gamet) (Geschlechtszellen)

Gangrän (gr. gagraina (kalter Brand)) fortschreitende Zersetzung von abgestorbenem Gewebe (Nekrose) durch bakterielle Einwirkung von außen → Ergotismus

Gärbottich Behälter zum Bierbrauen, in dem die → Würze vergoren wird; heute erfolgt die → Gärung im allgemeinen in einem Gärtank. → Tankgärung

Gare → Aufgehen

gärfähige Hefen Zu den gärfähigen Hefen gehören z.B. → Torulaspora *delbrueckii*, → Zygosaccharomyces *microellipsoides* und *Z. rouxii*, die in Getränken geringere Qualitätsbeeinträchtigungen hervorrufen als die gärkräftigen Hefen (→ gärkräftige Hefen). → Atmungshefen, → gärschwache Hefen

gärkräftige Hefen Zu den gärkräftigen → Hefen gehören z.B. → Saccharomyces cerevisiae Meyen ex Hansen, → Zygosaccharomyces *bailii*, *Z. florentinus*, die in Getränken zu Geschmacksbeeinträchtigungen, Trübungen bzw. Ausklarungen, unerwünschter Ethanolbildung sowie Bombagen führen können. → Atmungshefen, → Ethanol, → gärfähige Hefen, → gärschwache Hefen

Gärleistung Menge an → Kohlendioxid in ml, die je g Hefe und Stunde gebildet wird → Ethanol, → Hefen

gärschwache Hefen Zu den gärschwachen → Hefen gehören z.B. → Brettanomyces

claussenii, B. naardenensis, → Candida *boidinii, C. intermedia, C. parapsilosis,* die selbst bei hohen Keimzahlen nur in stillen Getränken Geschmacksbeeinträchtigungen und Ausklarungen verursachen können.
→ Atmungshefen, → Ethanol, → gärkräftige Hefen, → gärfähige Hefen

Gärung Unter Gärung versteht man generell eine anaerobe (→ anaerob) Dehydrogenierung mit geringem Energiegewinn. Bei der Bier- und Weinherstellung (→ Bier, → Wein) bedeutet es den Abbau von Glucose zu → Ethanol und → Kohlendioxid durch → Saccharomyces cerevisiae Meyen ex Hansen.
→ alkoholische Gärung

Gärungsglycerin das während der → Gärung durch die → Hefen gebildete → Glycerin. → Mostglycerin

Gärungshauptprodukte sind bei der alkoholischen Gärung (→ alkoholische Gärung) → Ethanol und → Kohlendioxid

Gärungsnebenprodukte beim → Bier sind es → Methanol, → Fuselöle (Propyl-, Butyl-, und Amylalkohole), → Glycerin, → Acetaldehyd, organische Säuren (z.B. → Essigsäure, → Ameisensäure, → Propionsäure), Ester (z.B. Essigsäureester), → Acetoin, → Diacetyl, Pentandion, Amine etc.;
beim → Wein sind es Glycerin, Acetaldehyd, Brenztraubensäure, Ketoglutarsäure, Essigsäure, Bernsteinsäure, → Milchsäure, → 2,3-Butandiol, höhere Alkohole, Ester (z.B. Essigsäureester) etc.

gelber Reis durch das Wachstum von → Penicillium islandicum Sopp entsprechend gefärbter Reis, der für Nager und wahrscheinlich auch für den Menschen kanzerogen ist
→ Mykotoxine, → Penicillium, → Yellow Rice Disease

Genotoxin Substanz, welche die Erbanlagen (Genom) verändert

Geomyces gehört zu den mitosporenbildenden Pilzen (→ mitosporenbildende Pilze)

Geotrichum (Syn.: → Milchschimmel, „Machinery mold") gehört zu den mitosporenbildenden Pilzen (→ mitosporenbildende Pilze), anamorphes Stadium (→ anamorph) der → Dipodascaceae, teleomorphe Stadien (→ teleomorph): → Dipodascus, → Galactomyces Lebensmittelrelevante Species ist *G. candidum* (syn. *Oospora lactis, Oidium lactis*) (Abb. *Geotrichum*) mit der → Hauptfruchtform *Galactomyces geotrichum*, siehe auch Abb. Thallokonidien.

Biologie
graue oder weiße Kolonien, wenig → Luftmyzel, feuchtes → Substratmyzel, stark septierte → Hyphen, zerfallen zu zylindrischen → Arthrokonidien ohne → Konidienträger, Ähnlichkeit mit der Hefegattung → Trichosporon; Zuckervergärung möglich, erwünschter Milchsäureabbau führt zur Entsäuerung von Weichkäse

Befallene Lebensmittel
Verderb von Sauermilcherzeugnissen, → Backhefen, sauren Gurken; → Mykotoxine: keine bekannt

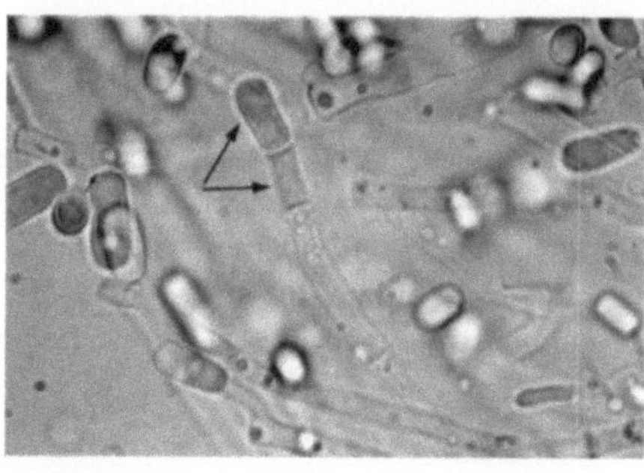

Geotrichum. Geotrichum candidum mit Arthrokonidien

Gibberella gehört zur Familie → Hypocreaceae

Gibberellin komplexe, Hormon-ähnliche Substanzen (z.B. Gibberelline A_1, A_2, A_3, Gibberellinsäure), die von → Gibberella *fujikuroi* (→ anamorph: → Fusarium *moniliforme*) gebildet werden und ein übermäßiges Pflanzenwachstum verursachen

Gießkannenschimmel (Syn.: → Aspergillus)

glaucus blaugrüne, blaugraue, graugrüne Färbung (→ Aspergillus *glaucus* Gruppe syn. → Eurotium spp.)

Gleichgewichtsfeuchte Wassergehalt eines Produktes, der mit dem Wassergehalt der Luft im Gleichgewicht steht
Die Gleichgewichtsfeuchte wird gemessen als → relative Luftfeuchte (RL) und steht in direkter Beziehung zum → a_w-Wert eines Substrates (→ Substrat): a_w = RL/ 100 oder RL = a_w x 100

Gliocladium gehört zu den mitosporenbildenden Pilzen (→ mitosporenbildende Pilze)

Gliotoxikose endogene → Mykotoxikose
→ Aspergillus fumigatus Fres. synthetisiert bei in-situ-Infektionen Gliotoxine (→ Gliotoxin), so daß eine Beteiligung dieser Toxine in der → Ätiologie von HIV-Infektionen derzeit nicht ausgeschlossen werden kann.

Gliotoxin (Syn.: Aspergillin) → Mykotoxine (Epipolythiodioxopiperazin)
Gliotoxinbildner sind z.B. → Gliocladium *virens*, → Aspergillus fumigatus Fres., → Penicillium *fellutanum* und → Trichoderma *viride*. Gliotoxin wurde früher als Saatgutbeizmittel verwendet. Es existieren keine Grenz- oder Richtwerte.

SCHÄDEN / FOLGEN
Als Antibiotikum (→ Antibiotika) wirkt es gegen Bakterien, → Pilze und RNA-Viren,

gleichzeitig ist es toxisch (→ Immunsuppression) für Wirbeltiere (→ LD_{50} = 50–65 mg pro kg Ratte (oral)).

Gloeosporium (Syn.: *Marssonina*) gehört zu den mitosporenbildenden Pilzen (→ mitosporenbildende Pilze)
BEFALLENE LEBENSMITTEL
Gloeosporium album, G. perennans, G. fructigenum sind die Erreger der braunen → Bitterfäule, die zumeist bei Kernobst und Kirschen auftritt.

β-Glucanase z.B. von → Aspergillus niger van Tieghem gebildet, führt zur Hydrolyse von β-1,3-Glucanen (→ Glucane) und wird zur besseren Filtration von → Bier eingesetzt

Glucane Pilzliche Glucane (Abb. Glucane) sind mit Ausnahme der → Cellulose verzweigte Homopolymere der Glucose. → Zellwand

Glucoamylase (Syn.: Amyloglucosidase) → Amylase

glucophile Hefen Eine glucophile Hefe vergärt Glucose schneller als Fructose, wie z.B. → Saccharomyces cerevisiae Meyen ex Hansen

Glucosamin eine 2-Amino-glucose, die sich von der Glucose ableitet, indem die Oxygruppe am zweiten C-Atom durch eine Aminogruppe ersetzt wird (Abb. Glucosamin)

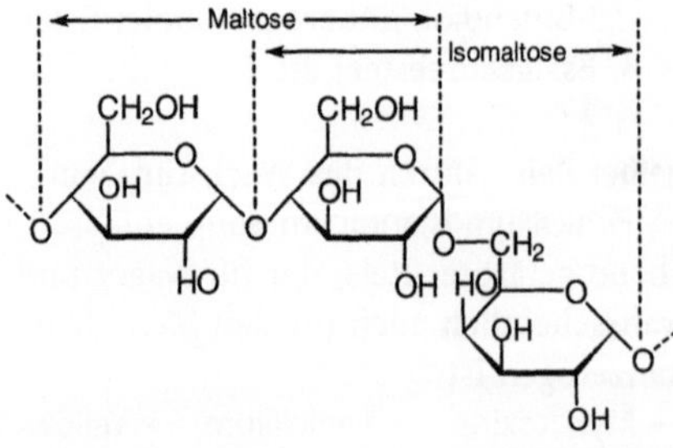

Glucane (verändert nach Müller und Löffler 1992)

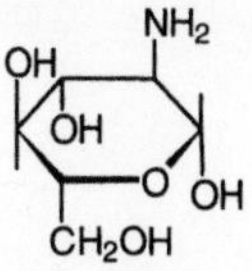

Glucosamin

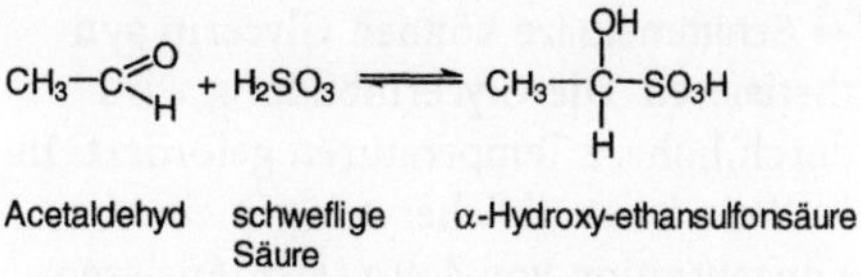

Das Polysaccharid (→ Polysaccharide)
→ Chitin setzt sich aus N-Acetylglucosa-
min-Molekülen zusammen.

Glucoseoxidase bewirkt die Oxidation von
β-D-Glucose zu Gluconsäure und H_2O_2.
Auf diesem Wege lassen sich Glucose und
Sauerstoff aus Lebensmitteln (→ Lebensmittel) entfernen, die enzymatische Bräu-
nung durch die Maillard-Reaktion wird
verhindert oder verringert. Glucoseoxida-
sebildner sind neben Bakterien und Pflanzen z.B. auch → Aspergillus niger van Tieghem, → Aspergillus oryzae (Ahlburg) Cohn,
→ Penicillium chrysogenum Thom.

Gluten (Syn.: → Kleber)

Glycerin dreiwertiger Alkohol (CH_2-OH-
CHOH-CH_2OH), farblos, süßlich schmek-
kend, viskos, hygroskopisch

Acetaldehyd   schweflige   α-Hydroxy-ethansulfonsäure
              Säure

Glycerin 1. Bildung von α-Hydroxy-ethansulfonsäure (verändert nach Krämer 1997)

Vom einfachsten dreiwertigen Alkohol
leiten sich wichtige organische Verbindungen, wie Fettsäuren oder Lecithine ab.
Glycerin ist gleichzeitig ein Gärungspro-
dukt von → Saccharomyces cerevisiae
Meyen ex Hansen (ca. 2,5-4 % des gebildeten Alkohols (→ Ethanol)) und mitver-
antwortlich für die Vollmundigkeit, den
Körper des Weines.
Bei der → Gärung entsteht es vermehrt
nach dem Zusatz schwefliger Säure
(→ Schwefeln) die mit → Acetaldehyd
zur α-Hydroxy-ethansulfonsäure reagiert
(Abb. Glycerin 1). Der aus der Glykolyse
stammende $NADH_2$-Wasserstoff wird
dann auf Dihydroxacetonphosphat übertragen. *Saccharomyces cerevisiae* scheidet
das gebildete Glycerin-3-phosphat als
Glycerin aus (Abb. Glycerin 2). Auch

Glucoseoxidase. Oxidation
von Glucose durch Glucoseoxidase (verändert nach Weber
1993)

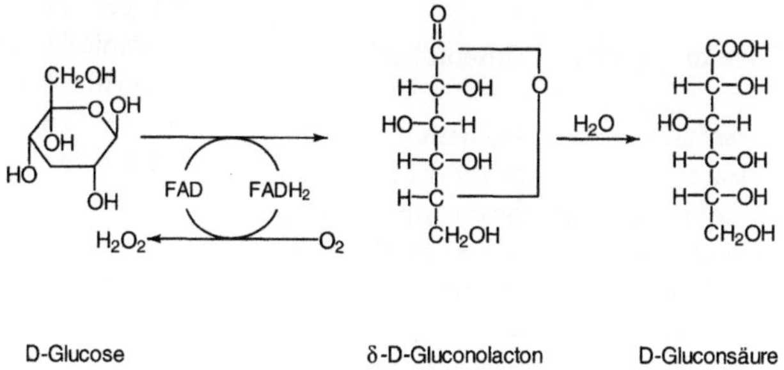

D-Glucose   δ-D-Gluconolacton   D-Gluconsäure

Glycerin 2. Glycerinbildung
durch *Saccharomyces cerevisiae* (verändert nach Krämer
1997)

Glycerinphos-
phat-Dehydro-
genase

Dihydroxy-   Glycerin-3-   Glycerin
acetonphosphat   phosphat

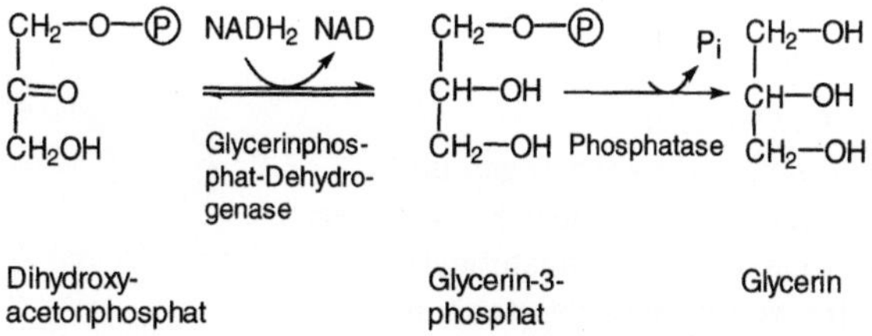

→ Schimmelpilze können Glycerin synthetisieren. Die Glycerinbildung wird durch höhere Temperaturen gefördert. In → Wein ist es üblicherweise in einer Konzentration von 4–9 g / l, in Auslesen sogar bis zu 30 g und mehr pro l enthalten.

Gorgonzola   italienischer → Blauschimmelkäse

Graufäule   (Syn.: *Botrytis*-Fäule)
→ Lagerfäule) von Weintrauben, Erdbeeren, Kern- und Steinobst sowie diversen Gemüsen, die durch → Botrytis *cinerea* verusacht wird
Symptome: Befallene Früchte sind von einem watteartigen, grauen Pilzmyzel (*Botrytis*-Nester) bedeckt (→ Myzel).

Grauschimmel   (Syn.: → Dachbrand)

Gray, Gy Ein Gy ist die Strahlendosis (χ-Strahlen), die der Aufnahme einer Energiemenge von einem Joule in einem Volumenteil (1 kg) des Lebensmittels äquivalent ist (1 kGy = 10 Gy).

Grifulvin   (Syn.: → Griseofulvin)

Grisactin   (Syn.: → Griseofulvin)

Griseofulvin   (Syn.: Fulvicin, Grifulvin, Grisactin, „Curling factor") Mykotoxin [7-Chloro-4,6-dimethoxycoumaran-3-on-2-spiro-1´-(2´-methoxy-6´-methylcyclohex-2´-en-3´-on], das von → Penicillium spp. (z.B. → Penicillium griseofulvum Dierckx) gebildet wird (→ Mykotoxine); 1936 erstmalig beschrieben (Abb. Griseofulvin). Es existieren keine Grenz- oder Richtwerte.

SCHÄDEN / FOLGEN
Griseofulvin wirkt kanzerogen und → teratogen. Als → Antimykotikum gegen Dermatophyten (→ Dermatophyt) ist es nicht frei von verschiedensten uner-

Griseofulvin

wünschten Nebenwirkungen, z.B. Kopfschmerzen, Übelkeit, Diarrhoe. Die → LD_{50} beträgt 500 mg pro kg Ratte (intravenös).

Grundwein   Ausgangsprodukt für
- die Herstellung eines Bordeauxweins (→ Bordeauxwein) oder für
- die Sektherstellung
  Grundwein für die Schaumweinherstellung muß mindestens 8,5 %, für die Perl- und Qualitätsschaumweinherstellung mindestens 9,0 % Gesamtalkoholgehalt (→ Ethanol) aufweisen.
→ Perlwein, → Qualitätsschaumwein,
→ Schaumwein

Grünfäule   → Lagerfäule, vor allem an Kernobst (Äpfel), häufig verursacht durch → Penicillium expansum Link als wichtigsten Patulinbildner (→ Patulin). Erreger speziell an Zitrusfrüchten ist → Penicillium digitatum Sac.. Symptome: olivgrüne Konidienrasen (→ Konidien) auf der Fruchtschale, Aufweichung des Fruchtgewebes (Abb. Grünfäule)

Grünfäule. Grünfäule an Nektarinen

Grünmalz gekeimtes → Malz, das an der Bildung des Wurzel- sowie des grünen Blattkeimes zu erkennen ist; zur Unterbrechung der Keimung wird Grünmalz gedarrt (→ Darrmalz).

Guillermondella (Syn.: *Endomycopsis*) gehört zur Familie → Metschnikowiaceae

Gurkenkrätze (Syn.: → Cladosporium-) Krätze

Gushing („Wildwerden") unerwünschtes Überschäumen von → Bier beim Öffnen der Flasche; wird auf eine verstärkte Kontamination der Rohware (Braucerealien) und/oder daraus hergestellter Malze (→ Malz) mit → Fusarium spp. zurückgeführt: → Aspergillus spp., → Penicillium spp. und → Nigrospora spp. sollen auch beteiligt sein.

H

Hakenbildung   Vorgang bei den → Ascomycota, der in der sexuellen Vermehrungsphase (→ sexuelle Vermehrung) der
Ascusbildung (→ Ascus) vorangeht,
(→ Ascogon)

Halophase   Entwicklungsabschnitt, bei
dem die Zellen → haploid sind

halophil   (Syn.: salztolerant)

Hama-natto   Tou-shith (China), Tao-tjo
(Indien), Tau-chao (Malaysia), Tauco
(Indonesien) bzw. Hama-natto (Japan) ist
ein asiatisches → Lebensmittel, das unter
Verwendung von Sojabohnen, Weizen
und Gerste mit → Aspergillus oryzae (Ahlburg) Cohn sowie den Bakterien *Pediococcus* spp. und *Enterococcus* spp. hergestellt
wird. Es dient als Speisewürze mit einer
spezifisch scharfen Note.

Hämorrhagie   innere Blutung

Hansenia   (Syn.: → Hanseniaspora)

Hanseniaspora   gehört zur Familie
→ Saccharomycodaceae

BIOLOGIE
zitronenförmige, ovale oder wurstförmige
Zellen, polare → Sprossung, → Pseudomyzel selten, Asci (→ Ascus) 1-4 kugel-
hutförmige → Ascosporen; Gärvermögen
vorhanden, keine Nitratassimilation

BEFALLENE LEBENSMITTEL
→ Lebensmittel, die häufig mit der Api-
culatus-Hefe (→ Apiculatus-Hefen) *Hanseniaspora uvarum* befallen sind, sind
Weintrauben, reife Kirschen, Johannisbeeren. Daraus können Probleme bei der
→ Wein- und Obstsaftherstellung resultieren.
→ Fremdhefen

Hansenula   (Syn.: *Pichia*) nicht mehr gültige Bezeichnung für eine Hefegattung,
jetzt → Pichia

haploid   bedeutet „einsätzig":
Nucleus mit n-Chromosomen
Zellen, die einen haploiden Nucleus
besitzen
→ Myzel, das aus haploiden Zellen
besteht
→ diploid

Haplomitosporen   Sporen (→ Spore) mit
einem haploiden Chromosomensatz
(→ haploid), z.B. → Zygomycota

Hartfäule   → Trockenfäule

Hartkäse   gereifte Milcherzeugnisse, die
aus dickgelegter Käsereimilch hergestellt
werden und nach der Käse-Verordnung
in Deutschland einen Wassergehalt in der
fettfreien Käsemasse von ≤ 56 % aufweisen müssen

Hauptfruchtform   (Syn.: → teleomorph,
→ sexuelle Vermehrung) bezeichnet die
generative, geschlechtliche Vermehrungsform von Pilzen (→ Pilze), die auf eine
meiotische Teilung zurückgeht, z.B. die
→ sexuell in Fruchtkörpern (→ Fruchtkörper) gebildeten → Ascosporen der
→ Ascomycota. Die → Nebenfruchtform

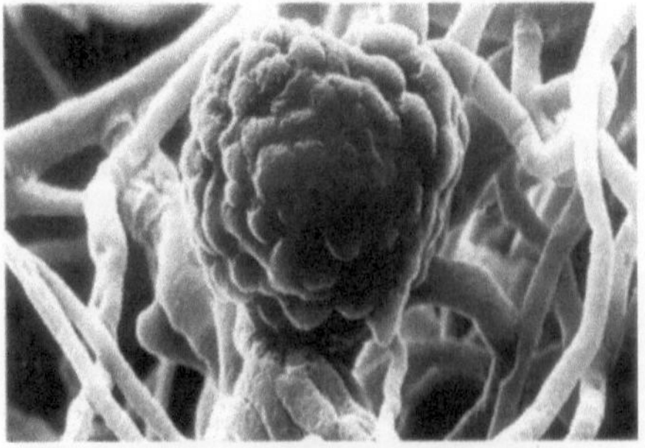

Hauptfruchtform. Hauptfruchtform (reifes Cleistothecium) von *Eurotium chevalieri*

(→ anamorph) ist dagegen durch eine
→ asexuelle Vermehrung (mitotische Teilung), z.B. → Konidien, gekennzeichnet.
Die Gattung → Eurotium (Abb. Hauptfruchtform) ist z.B. eine Hauptfruchtform
(teleomorph) der Gattung → Aspergillus.
→ Meiose, → Mitose

Hauptgärung Die Zucker der → Würze
bzw. des Mostes (→ Most) werden durch
die → Hefen zu → Ethanol und → Kohlendixoid vergoren.
Die Würze untergäriger Biere (→ untergäriges Bier) wird auf 8–9 °C gekühlt und
mit → Anstellhefe beimpft, die Gärzeit
beträgt 8–10 Tage. Die Würze obergäriger
Biere (→ obergäriges Bier) wird auf 16–20
°C gekühlt und mit Anstellhefe beimpft,
die Gärzeit beträgt 2–3 Tage (→ Bier).
Schwach geschwefelte (→ Schwefeln),
nicht erhitzte Moste unterliegen einer
→ Spontangärung. Vorgeklärte (→ Mostklärung), pasteurisierte Moste (→ Pasteurisation) werden mit → Reinzuchthefen
beimpft. Die Hauptgärung dauert bei
20–23 °C ca. 6–8 Tage (→ Wein)
→ Gärungshauptprodukte, → Gärungsnebenprodukte

Hauptgärzucker ist → Maltose; ihre Konzentration in der Bierwürze liegt bei
44 %.
→ Angärzucker, → Nachgärzucker,
→ Würze

Haustorium (lat. haustus (das Schöpfen))
spezielle, häufig sackförmige Hyphe
(→ Hyphen), die in eine Wirtszelle ein-
dringt und den parasitischen Pilz
(→ Pilze) mit Nährstoffen versorgt; das
→ Plasmalemma der Wirtszelle wird
dabei eingestülpt, aber nicht penetriert.

Hefeböckser entsteht, wenn der → Wein
zu lange auf der Hefe (→ Hefen) belassen
wird, die sich dann zersetzt und in Fäul-
nis übergeht; ein Hefeböckser äußert sich

in nachteiligen geruchlichen und
geschmacklichen Veränderungen.

Hefen einzellige, mit Ausnahme von
→ Schizosaccharomyces ausschließlich
sprossende → Pilze, die sich → sexuell
und/oder → asexuell vermehren können
(Abb. *Candida albicans*)
Sporogene (= → Ascosporen-bildend,
→ teleomorph), lebensmittelrelevante
→ Hefen finden sich hauptsächlich in
den Ordnungen → Saccharomycetales
und → Schizosaccharomycetales (Abteilung → Ascomycota) sowie den
→ Sporidiales (Abteilung → Basidiomycota). Asporogene Hefen (→ anamorph,
→ asporogene Hefen) werden den mitosporenbildenden Pilzen (→ mitosporenbildende Pilze, → anamorph) zugeordnet.
Im Gegensatz zu vielen Schimmelpilzen
(→ Schimmelpilze) können Hefen unter
anaeroben Bedingungen (→ anaerob)
gären.
→ Atmungshefen, → gärkräftige Hefen,
→ gärfähige Hefen, → gärschwache
Hefen; siehe auch Abb. → Saccharomyces

Hefesahne Endprodukt der Backhefenherstellung (→ Backhefen), das auch im
gekühlten Zustand nur wenige Tage
lagerfähig ist; durch die Entwässerung
z.B. mit Vakuumdrehfiltern erhält man
die → Preßhefe (→ Frischbackhefen).

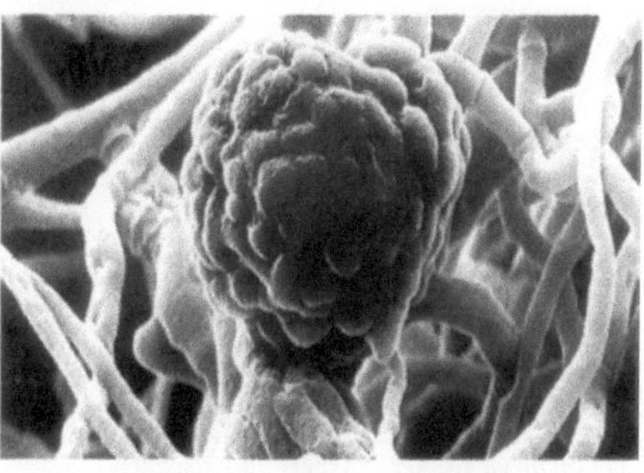

Hefen. Zelle von *Candida albicans* (Weber 1993)

Hefetrub → Hefen und andere Trubteilchen, die sich bei der → Klärung des Weines (→ Wein) absetzen

Helminthosporium gehört zu den mitosporenbildenden Pilzen (→ mitosporenbildende Pilze)

Hemiascomycetes gehören zur Abteilung → Ascomycota
Die Asci (→ Ascus) liegen frei und werden nicht in → Ascomata gebildet. Darüber hinaus besteht der → Thallus aus unterentwickeltem → Myzel oder Einzelzellen. Die meisten Vertreter gehören zur Ordnung → Saccharomycetales und bilden Hemiascosporen (→ Hemiascospore) in Hemiasci (→ Hemiascus).

Hemiascospore → Ascospore eines → Hemiascus

Hemiascus atypischer, vielsporiger → Ascus der Gattungen → Dipodascus und → Ascoidea

Hemispora (Syn.: → Wallemia)

Heterogameten zwei morphologisch unterschiedlich gestaltete Geschlechtszellen (→ Gamet), die miteinander verschmelzen; dabei wird das männliche → Gametangium als → Antheridium und das weibliche als → Oogonium bezeichnet.
→ Isogameten

heterokaryotisch
- ein Pilz (→ Pilze), der zwei oder mehr sich genetisch leicht (< 5 %) voneinander unterscheidende Nuclei im gemeinsamen Zytoplasma besitzt
- Vereinigung von Protoplasten, die verschiedene Kerntypen enthalten

Heteropolysaccharide bestehen aus verschiedenartigen Monomeren; so setzen sich z.B. Glucomannane in der → Zellwand mancher → Hefen aus Glucose und → Mannose zusammen.

heterothallisch beide Geschlechter liegen in getrennten Myzelien (→ Myzel) vor, d.h. es besteht die Notwendigkeit einer Fremdbefruchtung

heterotroph zur primären Energiegewinnung werden organische Substanzen verstoffwechselt → autotroph

Hitzeresistenz Insbesondere die → Ascosporen von → Byssochlamys *nivea*, *B. fulva*, → Neosartorya *fischeri*, → Eupenicillium und → Talaromyces sind sehr hitzeresistent (Tabelle Hitzeresistenz).
→ Milchsäure, → Citronensäure und → Essigsäure sowie Schwefeldioxid (→ Schwefeln) reduzieren meist die Hitzeresistenz der Ascosporen. Besonders wirksam sind bei *Talaromyces* → Sorbinsäure und → Benzoesäure. Auch dickwandige Hyphenfragmente (→ Hyphen), → Chlamydosporen und → Sklerotien

Hitzeresistenz. D-Werte von Ascosporen hitzeresistenter Schimmelpilze (verändert nach Samson et al. 1998)

Teleomorphes Stadium (anamorphes Stadium)	D-Wert in min / Substrat
Byssochlamys fulva (*Paecilomyces fulvus*)	D_{90} = 1,3-15 / pH 3,6, gepuffert 16 Brix
Byssochlamys nivea (*Paecilomyces niveus*)	D_{88} = 0,75-0,8 / pH 3,5, gepuffert
Eurotium herbariorum (*Aspergillus repens*)	D_{70} = 5,5 / Traubensaft, 65 Brix
Neosartorya fischeri (*Aspergillus fischeri*)	D_{88} = 1,4 / Apfelsaft
Talaromyces flavus (*Penicillium dangeardii*)	D_{88} = 7,8 / Apfelsaft

besitzen eine teilweise hohe Hitzeresistenz. Die höchste Hitzeresistenz bei → Hefen zeigen → Candida *glabrata* mit $D_{135} = 0{,}12$ min (→ D-Wert) und → Saccharomyces cerevisiae Meyen ex Hansen mit $D_{135} = 0.5\text{–}0.9$ min.

hochgärige Hefen → Sekthefen

höhere Pilze hierzu gehören z.B. die → Ascomycota, die → Basidiomycota, die → Zygomycota und die mitosporenbildenden Pilze (→ mitosporenbildende Pilze); früher wurden die Zygomycota zu den niederen Pilzen gerechnet (→ niedere Pilze).

Höllenfeuer → St.-Antonius-Feuer

holoarthrische Konidienbildung (Syn.: holothallische Konidienbildung) → Thallokonidien

holoblastische Konidienbildung → Blastokonidien

Holomorph (gr. holos (ganz), morphe (Gestalt)) Unter Holomorph versteht man den „gesamten" Pilz (→ Pilze) mit seinen asexuellen (→ anamorph, → asexuell, → imperfektes Stadium) und sexuellen (→ perfektes Stadium, → sexuell, → teleomorph) Vermehrungsstadien.

holothallische Konidienbildung → Thallokonidien

homokaryotisch z.B. ein → Myzel, das nur einen einheitlichen Kerntyp enthält → heterokaryotisch

Homopolysaccharide bestehen aus gleichartigen Monomeren, z.B. → Cellulose, → Chitin oder α-Glucanen (→ Glucane) als Bestandteile der pilzlichen → Zellwand
→ Heteropolysaccharide

homothallisch (Syn.: monözisch) sexuelle Vermehrungsform (→ sexuelle Vermehrung), bei der es nicht zur Interaktion von + und – Thalli (→ Thallus) gekommen ist; das → Myzel enthält männliche und weibliche Kerne nebeneinander, d.h. beide Geschlechter sind in einem Myzel vereint.
→ heterothallisch

Hopfen wird in Form reifer getrockneter Fruchtstände der → Würze (0,15–1,5 kg pro 100 l) zugesetzt; alternativ können auch Hopfenpulver oder Hopfenauszüge verwendet werden. Durch das Kochen werden die antimikrobiell wirksamen Gerb- und Bitterstoffe (α-Säuren), vor allem die Humonole, extrahiert und isomerisiert. Die Ausnutzung der dosierten Bitterstoffe beträgt nur 30–35 %. Sie geben dem → Bier die Bittere. Der Hopfenzusatz verbessert zudem die Filtrierbarkeit des Bieres.

HT-2 Toxin Mykotoxin (3α,4β-Dihydroxy-15-acetoxy-8α-[3-methylbutyryloxy]-12,13-epoxythrichotec-9-en), das zur Gruppe der → Trichothecene gehört (→ Mykotoxine) und von → Fusarium spp., wie z.B. *F. graminearum* und *F. sporotrichioides* gebildet wird (Abb. HT-2 Toxin); es existieren keine Grenz- oder Richtwerte. (→ ATA)

SCHÄDEN / FOLGEN
Die → LD $_{50}$ liegt bei 9,0 mg pro kg Maus (intraperitoneal). HT-2 Toxin hat eine ähnlich starke Dermatotoxizität wie das → T-2 Toxin. Es inhibiert die Proteinbiosynthese.

HT-2 Toxin

Befallene Lebensmittel
Getreide

Hüllzellen dickwandige Zellen, die endständig oder → interkalar gebildet werden und in großer Zahl in Verbindung mit den → Ascomata, z.B. bei → Emericella *nidulans*, auftreten

Humicola gehört zu den mitosporenbildenden Pilzen (→ mitosporenbildende Pilze)

hyalin fast durchsichtig, glasig, häufig auch im Sinne von farblos verwendet

Hydrochorie Verbreitung von → Konidien, Sporen (→ Spore) etc. durch das Wasser

Hymenium (gr. hymen (Haut, Gewebe)) sporenbildende (fertile) Schicht eines Fruchtkörpers (→ Fruchtkörper)

Hyphen (gr. hyphe (Gewebe, Netz)) fädige, schlauchförmige Vegetationsorgane, Pilzfäden (besser Zellen) des Myzels (→ Myzel) (Abb. Hyphen), die die zelluläre Grundform des Vegetationskörpers der filamentösen Pilze (→ filamentös, → Pilze) darstellen; das Spitzenwachstum bedingt die Vegetationsform „Hyphe", mit der das → Substrat optimal penetriert werden kann.

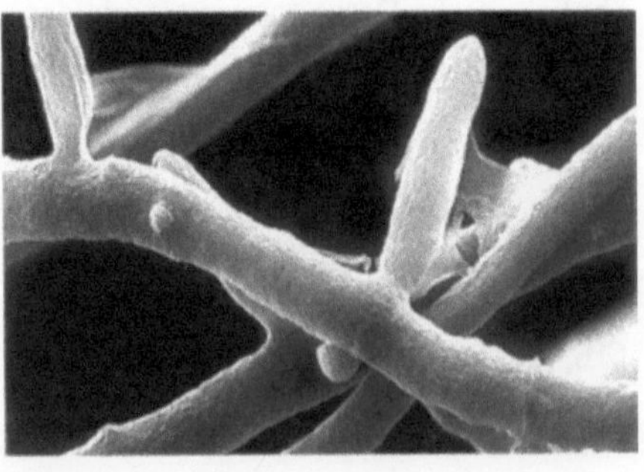

Hyphen. Hyphenabschnitt von *Aspergillus flavus*

Hyphomycetes veraltete Bezeichnung für eine Pilzklasse (→ Pilze), die → Konidien an speziellen → Hyphen bildet; neben den → Coelomycetes (Konidienbildung in → Conidiomata, z.B. Pyknidien (→ Pyknidium)) und den → Agonomycetes (Myzelia sterilia) sind die → Hyphomycetes die dritte Klasse der → Deuteromycotina. Diese Einteilung der Deuteromycotina in drei Klassen erfolgte nach Sutton (1980). Nach einer anderen Einteilung sind die Hyphomycetes eine künstlich etablierte Pilzklasse, die traditionell in drei, unter Einbeziehung der Agonomycetales in vier Ordnungen unterteilt wurde. Die Einteilung erfolgte anhand der An- bzw. Abwesenheit von Konidien und der Ausbildung von mehr oder minder komplexen Trägerstrukturen:
- Agonomycetales (syn. Myzelia sterilia) (Agonomycetaceae,): Konidien werden nicht gebildet, aber Überdauerungsorgane in Form von → Bulbillen oder → Sklerotien
- Hyphomycetales (→ Moniliaceae und → Dematiaceae): Sie stellen die Hauptgruppe der Hyphomyceten dar; die z.T. komplexen → Konidienträger stehen einzeln und sind nicht in Synnemata (→ Synnema) oder Sporodochien (→ Sporodochium) angeordnet
- → Stilbellales (Coremiales, Synnematomycetes, Stilbellaceae): die → Konidienträger sind in Synnemata angeordnet
- → Tuberculariales (Tuberculariaceae): die Konidienträger sind in Sporodochien angeordnet

Nach der aktuellen Systematik von Hawksworth et al. (1995) sind die Begriffe Agonomycetes, Coelomycetes und Hyphomycetes sowie die weitere Unterteilung in Ordnungen und Familien obsolet, da all diese Pilze zur Zeit unter der Bezeichnung → mitosporenbildende Pilze zusammengefaßt werden.

Hypocrea gehört zur Familie → Hypocreaceae

Hypocreaceae   gehört zur Ordnung → Hypocreales; besonderes Kennzeichen der Hypocreaceae sind → Fruchtkörper, häufig in leuchtenden Farben.

Hypocreales   gehört zur Abteilung → Ascomycota; Unterteilung in drei Familien, → Clavicipitaceae, → Hypocreaceae, Niessliaceae; Vertreter der Hypocreales sind hauptsächlich Perithecienbildner (→ Perithecium), seltener Cleistothecienbildner (→ Cleistothecium).

Hypopichia   (Syn.: → Pichia)

I

Idiophase (gr. idios (eigen, eigentüm-
lich)) Unter Idiophase versteht man in
der Biotechnologie die Produktionsphase
der Mikroorganismen (→ Mikroorganismus), in der der Sekundärstoffwechsel
mit zunehmender Dauer dominiert. Als
Folge eines sich verlangsamenden Myzel-
wachstums (→ Myzel, → Trophophase)
und der Aktivierung des am Sekundär-
stoffwechsels beteiligten Enzyme kommt
es zur Anreicherung sekundärer Stoffwechselprodukte. Die Zellen wachsen
nicht mehr, es werden aber noch zuge-
setzte Substrate (→ Substrat) genutzt und
Produktvorstufen in Produkte eingebaut.
Die Idiophase ist ein Abschnitt der stationären Phase (→ stationäre Phase).

Idli indisches → Lebensmittel, das aus
gemahlenem Reis und gemahlenen
Urdbohnen (*Phaseolus mungo* Black
gram) durch eine → Fermentation mit
Pediokokken, Streptokokken und *Leuconostoc* spp. neben → Candida *famata* und
→ Trichosporon *pullulans* hergestellt
wird; Idli wird nach dem Kochen heiß
serviert und weist aufgrund der → Milchsäure einen sauren Geschmack auf.

ILOS-Lagerung Initial Low O_2 Stressing
Mit beginnender Lagerung wird die CO_2-
Konzentration stark erhöht und der O_2-
Gehalt auf unter 0,2 % reduziert. Chloro-
phyll- und Säureabbau in den Früchten
sind verzögert, Ethylensynthese, Atmung
und Kälteempfindlichkeit weniger stark
ausgeprägt.

Immunsuppression Verminderung der
zellulären und/oder humoralen Abwehr-
mechanismen des Organismus

imperfektes Stadium (Syn.: → Nebenfruchtform, → anamorph) gekennzeichnet

durch die → asexuelle Vermehrung und
ein fehlendes sexuelles Stadium
→ mitosporenbildende Pilze, → perfektes
Stadium

industrielle Mykologie → Pilze werden in
vielfältiger Art und Weise genutzt. Wichtige Stoffe, die aus verschiedenen Kohlenhydraten synthetisiert werden, sind bei
→ Hefen: → Ethanol (→ Saccharomyces
cerevisiae Meyen ex Hansen) aus Zucker
und der Hydrolyse von → Stärke (z.B.
Getreide, Kartoffeln) sowie → Cellulose
(z.B. Holz) und Fett (→ Endomycopsis *ver-
nalis*, → Geotrichum *candidum*), → Glycerin (*S. cerevisae* (var. *ellipsoides*)) und
Riboflavin (verschiedene lactose-positive
Hefen). Von Schimmelpilzen (→ Schimmelpilze) werden → Citronensäure
(→ Aspergillus, → Penicillium, → Mucor),
Enzymmischungen (*Aspergillus*), Fette
(*Penicillium*), Fumar- (→ Rhizopus) und
Glucoronsäure (*Aspergillus*), Itaconsäure
(→ Aspergillus terreus Thom), → Kojisäure
(z.B. → Aspergillus flavus Link), → Milch-
säure (*Rhizopus*), → Rennin (*Mucor pusil-
lus, Rhizopus oligosporus* etc.), Riboflavin
(→ Eremothecium) synthetisiert.

Infusionsverfahren Im Gegensatz zum
→ Dekoktionsverfahren wird beim Infusionsverfahren die → Maische nicht
gekocht, sondern bei den einzelnen
Rasten nach Maßgabe der Würzezusam-
mensetzung (→ Würze) auf Temperaturen
von z.B. 50, 63, 70 und 75 °C gebracht.
→ Bier, → Dextrinrast, → Eiweißrast,
→ Maltoserast

Inokulation Unter Inokulation versteht
man den Vorgang, bei dem ein → Mikroorganismus oder eine Substanz, die
bereits einen Mikroorganismus enthält,
in einen anderen Organismus oder ein
→ Substrat gegeben wird.

inokulieren → Inokulation

Instant-Trockenbackhefe

Inokulum → Mikroorganismus, der für
die → Inokulation verwendet wird

Inokulumpotential Fähigkeit zur Besiedlung eines Substrates (→ Substrat)

Instant-Trockenbackhefen → Backhefen,
die mittels Wirbelschichttrocknung aus
feinstgranulierter → Preßhefe mit Emul-
gatorzusatz hergestellt werden (Abb.
Instant-Trockenbackhefe); sie haben
einen Wassergehalt von 4–5 %, z.T. bis
7 %. Im Vergleich zu konventionellen
→ Trockenbackhefen ist der Aktivitätsver-
lust geringer und beträgt gegenüber
Preßhefen nur ca. 10 %. Instant-Trockenbackhefen können ohne vorherige Re-
hydratisierung dem Mehl bei der Teigbe-
reitung direkt zugesetzt werden. Die Verpackung in Folie unter Schutzgas (CO_2,
N_2) oder Vakuum gewährleistet eine Haltbarkeit von mindestens einem Jahr.

interkalar Bezeichnung für das Wachstum zwischen Ausgangspunkt und Spitze
sowie für Zellen, Sporen (→ Spore) etc.,
die zwischen zwei Zellen liegen

interzellular zwischen den Zellen (wachsend)

intrazellular in den Zellen (wachsend)

Invertase (Syn.: β-Fructosidase) bewirkt
die hydrolytische Spaltung von Saccharose in → Invertzucker; das Enzym Invertase besitzen z.B. → Aspergillus niger van
Thieghem, → Aspergillus oryzae (Ahlburg)
Cohn und → Saccharomyces cerevisiae
Meyen ex Hansen.

VERWENDUNG IN LEBENSMITTELN
dient zur Herstellung von Invertzucker,
z.B. für Süßwaren, Marmelade

Invertzucker Gemisch aus D-Glucose
und D-Fructose

Islanditoxin (Syn.: Islandicin) Mykotoxin
(→ Mykotoxine), das sich aus L-Serin, L-
ß-Phenyl-ß-aminopropionsäure, L-α-
Amino-n-buttersäure und L-Dichloropro-
lin in einem molaren Verhältnis von
2:1:1:1 zusammensetzt und ausschließlich
von → Pencillium islandicum Sopp gebildet wird; es wurde 1959 erstmals isoliert.
Es existieren keine Grenz- oder Richtwerte.

SCHÄDEN / FOLGEN
Es besteht der Verdacht, das Islanditoxin
neben anderen Mykotoxinen die → Yellow Rice Disease beim Menschen (Hepatitis) verursacht. Die → LD_{50} beträgt 0,45
mg pro kg Maus (intraperitoneal).
→ Luteoskyrin

Isofumigaclavin A, B (Syn.: Roquefortin
A, B)

Isogameten (Syn.: Isogametangien) trotz
unterschiedlicher Sexualpotenz morphologisch nicht unterscheidbare
Geschlechtszellen
(→ Gamet), die miteinander verschmelzen, → Heterogameten

Issatchenkia gehört zur Familie → Saccharomycetaceae

J

Jahrgangssekt muß die Qualitätsanforderungen eines Schaumweines (→ Schaumwein) erfüllen; er zeichnet sich aus durch
die Besonderheit in Art, Reife und Charakter, durch welche sich Weine
(→ Wein) des angegebenen Jahrgangs –
unabhängig von Rebsorte oder Anbaugebiet – von Weinen anderer Jahrgänge
unterscheiden.

Jochpilze   → Zygomycota

Jungbier Bezeichnung für das bei der
Bierherstellung (→ Bier) frisch vergorene
Produkt nach abgeschlossener → Hauptgärung
Untergäriges Jungbier (→ untergäriges
Bier) hat einen Restextrakgehalt an vergärbaren Zuckern von 1–1,2 %, obergäriges Jungbier von 0,6–0,8 % (→ obergäriges Bier).

Jungwein Bezeichnung für das bei der
Weinherstellung (→ Wein) frisch vergo-
rene Produkt nach abgeschlossener
→ Gärung

K

Kabinettwein einfachster → Qualitätswein mit Prädikat; der Zuckerzusatz zu → Most oder → Jungwein ist nicht erlaubt, die Trauben müssen aus einem Anbaubereich stammen und einen Mindest-Oechslegrad von 70 °Oe aufweisen (→ Oechslegrad).

Kaffee An der fermentativen Entfernung (→ Fermentation) von Fruchtfleischresten der Kaffeekirschen sind vorwiegend bakterielle → Pektinasen beteiligt, → Hefen und → Schimmelpilze sind von untergeordneter Bedeutung. Kaffee kann folgende → Mykotoxine enthalten: → Aflatoxine (AFM$_1$), → Sterigmatocystin, von größter Bedeutung ist → Ochratoxin A mit Extremwerten von ≤ 360 µg OTA / kg.

Kahmhaut Auf Flüssigkeiten, wie z.B. zucker- oder alkoholhaltigen Getränken, wird von → Kahmhefen ein → Pseudomyzel gebildet, in das Fette eingelagert werden. In der Folge treten durch den Abbau von → Ethanol, Fruchtsäuren und → Glycerin unangenehme Geschmacksstoffe auf (Kahmgeschmack); die Getränke schmekken „leer".

Kahmhefen bilden auf Flüssigkeiten eine → Kahmhaut; wichtige Kahmhefen sind Vertreter der Gattungen → Candida, → Metschnikowia und → Pichia (geordnet nach abnehmendem Sauerstoffbedarf). Aufgrund der aktuellen Herstellungstechnik sind Kahmhefen als Verderbniserreger in der Getränkeindustrie heute nur noch von untergeordneter Bedeutung (siehe auch Abb. → Hefen).

Kakao Von den geernteten und geschälten Kakaobohnen werden auf fermentativem Wege noch anhaftende Fruchtfleischreste entfernt. Während der mehrtägigen → Fermentation sind verschiedene Hefe-

species zu Beginn dominant vertreten, z.B. → Pichia spp., → Saccharomyces spp., → Hansenula spp. Ihre → Pektinasen führen zu einer → Mazeration des Fruchtfleisches. Später dominieren Essigsäure- und Milchsäurebakterien. Autolysierte Enzyme (→ Autolyse) der → Hefen sind für die Bildung der Vorstufen des Kakaoaromas verantwortlich.

Kaltgärhefen zumeist Heferassen (→ Hefen) von → Saccharomyces cerevisiae Meyen ex Hansen, die noch bei Temperaturen von 4–8 °C gute Gärleistungen zeigen

Karyogamie (Syn.: Kernverschmelzung) Verschmelzung sexuell differenzierter haploider Kerne (oder mitunter auch mehrerer paarweise) zum diploiden Zygotenkern (→ diploid, → haploid); im Rahmen der sexuellen Vermehrung (→ sexuelle Vermehrung) folgt die Karyogamie der → Plasmogamie. An die Karyogamie schließt sich die → Meiose an.

Käse In der ersten Reifungsphase sind die auf der Oberfläche des Käsebruches befindlichen → Hefen und → Geotrichum *candidum* von großer Bedeutung. → Milchsäure wird verstoffwechselt (steigender pH), die lipolytische Aktivität führt zur Bildung freier Fettsäuren. Neben Wuchsstoffen (Stimulation der Oberflächenflora) werden insbesondere von Hefen, wie → Candida, → Debaryomyces, → Kluyveromyces, flüchtige Säuren und Carbonylverbindungen gebildet.

Käsereimilch die für die Käseherstellung verwendete Milch

Käsewäscherkrankheit eine bei Käsesalzern in der Schweiz beobachtete → Mykoallergose; sie ist gekennzeichnet durch bronchitische Symptome, Fieber,

Husten, Auswurf. Ein möglicher Verursacher ist → Penicillium aurantiogriseum Dierckx.

Kashin-Beck Erkankung   eine im Osten der Gemeinschaft Unabhängiger Staaten (GUS), Nordkorea und Nordchina auftretende Wachstumsstörung des Skeletts von Kindern aufgrund von Verengungen der Blutgefäße an den Gelenkenden; mögliche Ursache sind → Mykotoxine in von → Fusarium *sporotrichioides* befallenem Getreide.

Katsuobushi   ein japanisches Nahrungsmittel, das durch die mehrwöchige → Fermentation von gekochtem Thunfisch (*Sarda sarda*) mit → Eurotium spp. gewonnen wird; das Fermentationsprodukt ist dunkel gefärbt, hart wie Holz und wird zur Geschmacksverbesserung Nahrungsmitteln zugesetzt.

Kefir   moussierendes (CO_2), alkoholhaltiges Sauermilcherzeugnis aus Südosteuropa und Mittelasien, das unter Verwendung von Laktobazillen, Laktokokken und → Hefen (z.B. → Torulopsis spp. → Sacccharomyces spp.) hergestellt wird; das Endprodukt enthält ca. 0,8 % → Milchsäure, bis zu 1 % → Ethanol sowie → Kohlendioxid.

Kefiran   Stützsubstanz der Kefirkörner; es handelt sich dabei um ein Polysaccharid (→ Polysaccharide), das aus gleichen Anteilen von Galactose und Glucose besteht und sich in in heißem Wasser löst. → Kefir, → Kefirkörner

Kefirkörner   von weißlicher Farbe und typisch unregelmäßiger Form, $\varnothing$ 1 bis 6 mm und größer; die kleinen, wegen besserer Gäreigenschaften (→ Gärung) erwünschten Formen haben Ähnlichkeit mit gequollenen Reiskörnern und weisen eine schwammfaserige Struktur auf.

Aktive Kefirkörner schwimmen auf der Milchoberfläche. Sie entstehen durch die Symbiose der darin enthaltenen Mikroorganismen (Laktobazillen 10^8–10^9 / g, → Hefen 10^7–10^8 / g und Essigsäurebakterien 10^7–10^8 / g).

Keimhyphe   (Syn.: → Keimschlauch)

Keimschlauch   (Syn.: Keimhyphe) keimende Hyphe (→ Hyphen), die sich aus einer Konidie (→ Konidien) / → Spore entwickelt

Kellereibehandlung   → Weinausbau

Keltern   Trennung des Traubensaftes von den festen Bestandteilen (→ Trester) der → Maische durch Pressen (z.B. Horizontal-, Großraumtankpresse, kontinuierliches Pressen)

Keratin   (gr. keras (Horn)) unlösliches Protein (Gerüsteiweiß) und wesentlicher Bestandteil der Haut, Haare, Nägel, von Federn und Horn

Kernhausfäule   resultiert aus der eher seltenen Pilzinfektion (→ Pilze) von Samen und Früchten während der Befruchtung; Verursacher sind primär → Fusarium spp. in Verbindung mit diversen mitosporenbildenden Pilzen (→ mitosporenbildende

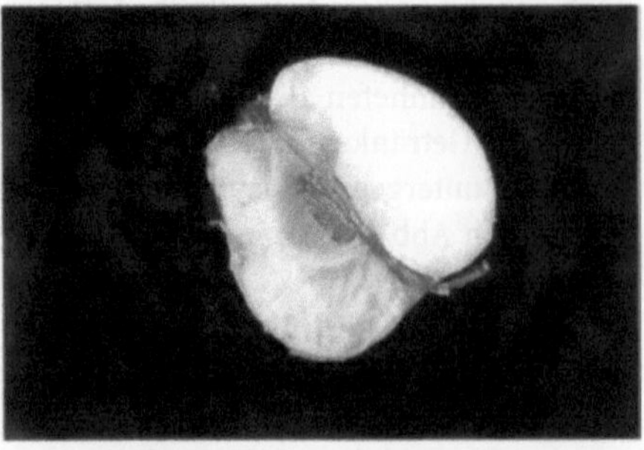

Kernhausfäule. Kernhausfäule verursacht durch *Penicillium* sp.

Pilze); Symptome: Kerngehäuse ist braun verfärbt, zerstört (Abb. Kernhausfäule).

Kernobstweine → weinähnliche Getränke, bei denen zwischen Apfel- und Birnenwein (Qualitätsstufe „extra") und Obstwein (→ Wein) unterschieden wird; normale Kernobstweine müssen mindestens 39,7 g/l bzw. 5,0° Gesamtalkohol (→ Ethanol) enthalten. Eine Anreicherung mit Saccharose ist erlaubt, jedoch dürfen 55 °Oe (→ Oechslegrad) nicht überschritten werden. Kernobstweine der Qualitätsstufe „extra" müssen einen Gesamtalkoholgehalt von 43,6 g/l bzw. 5,5° aufweisen. Die Anreicherung mit Saccharose ist verboten.

Kernverschmelzung (Syn.: → Karyogamie)

Ketjab indonesische → Shoyu-Sauce

Khuskia gehört zur Abteilung → Ascomycota

Killerfaktoren virusähnliche Partikel (VLP = virus-like particles) in → Hefen, auf denen die Toxinproduktion und Toxinresistenz genetisch determiniert ist; die VLPs bestehen aus einem größeren (L = large) und einem kleineren (M = medium) linearen, doppelsträngigem RNA-Molekül, die von einem Capsidprotein umgeben sind. Nach Übertragung der Killerfaktoren besitzen → Brauereihefen eine gesteigerte Resistenz gegen → Saccharomyces-→ Fremdhefen. → Killerhefen, → Killertoxin

Killerhefen finden sich in der natürlichen Hefepopulation (→ Hefen) auf Beeren und im → Most mit einem Anteil von 25–75 %; Killerhefen bilden ein für andere Stämme der gleichen Art toxisches Glycoprotein unter Beteiligung von → Mykoviren. Das Toxin schädigt die Zellmembran (→ Plasmalemma) und ver-

ursacht den Verlust an Kalium und ATP, sensitive Hefezellen sterben ab. Gärstörungen (→ Gärung) treten bei einem Kontaminationsgrad von ca. 2 % auf. Hefestämme von → Saccharomyces cerevisiae Meyen ex Hansen sowie der Gattungen → Hansenula, → Pichia, → Kluyveromyces etc., die die Plasmide L und M besitzen, zeigen Killeraktivität. → Killerfaktoren, → Killertoxin

Killertoxin ist ein spezifisches Protein (Molekulargewicht 11,47 Dalton) der → Killerhefen; dieses Protein besteht aus 109 Aminosäuren, ist monomer, hitzelabil und nur in einem pH-Bereich von 4,2–4,6 aktiv. Die Ausscheidung in das → Substrat erfolgt nur während der → log-Phase. Durch Schädigung des Plasmalemmas (→ Plasmalemma) in Verbindung mit dem Verlust von ATP und Kalium schrumpfen die betroffenen Zellen. Es kommt zur Abtötung der Zellen innerhalb von 2–3 Stunden.

Klärung → Mostklärung

Kleber (Syn.: Gluten) Der Kleber besteht vorwiegend aus auswaschbaren Eiweißverbindungen, die sich zumeist im äußeren Bereich des Weizenkornendosperms befinden. Es handelt sich dabei im wesentlichen um die zwei Eiweißkomponenten Gliadin (= Prolamin; alkohollöslich) und Glutenin (alkoholunlöslich). Diese binden beim Anteigen das Wasser, das während des Backprozesses an die → Stärke abgegeben wird, die dadurch verquillt und verkleistert (Porung).

Kloeckera gehört zu den mitosporenbildenden Pilzen (→ mitosporenbildende Pilze), anamorphes Stadium (→ anamorph) der → Saccharomycodaceae, teleomorphes Stadium (→ teleomorph): → Hanseniaspora

Kloeckeraspora (Syn.: → Kloeckera)

Kluyveromyces gehört zur Familie
→ Saccharomycetaceae; Vorkommen in
Milchprodukten, wie → Kefir und → Käse
Biologie
multilaterale → Sprossung, sporadisch
Pseudomyzelbildung (→ Pseudomyzel),
Asci (→ Ascus) enthalten 1–60 glatte,
kugelförmige, ovale oder nierenförmige
→ Ascosporen; Gärvermögen vorhanden,
keine Nitratverwertung

Knoblauchschwärze Verursacher ist
→ Helminthosporium *allii*. Symptome
sind: schwarzer Belag in Form von
→ Konidien an der Basis der Knoblauch-
zwiebeln, auf äußere Gewebeschichten
beschränkt, Zehen bleiben kleiner

Knochenschinken Knochenschinken ame-
rikanischer Herkunft („Country cured
ham") reifen mit Schimmelpilzen. Häufiger isolierte → Schimmelpilze gehören zu
den Gattungen → Penicillium (Beginn der
Reifung), → Aspergillus (mittlere Reifungsphase) und → Eurotium (Ende der
Reifung).
→ Rohschinken

Knospung (Syn.: → Sprossung)

Kohlendioxid CO_2 ist neben → Ethanol
das Hauptprodukt der alkoholischen
Gärung (→ alkoholische Gärung).

kohlensäureübersättigte Weine sind
→ Qualitätsschaumwein, → Schaumwein
und → Perlwein

Koji (Syn.: Pilzreis) gedämpfter, polierter
Reis (Japan) bzw. Sojabohnen und Wei-
zenkleie (China) oder andere Getreidearten, die mit → Aspergillus *sojae*, → Aspergillus oryzae (Ahlburg) Cohn fermentiert
und noch vor der → Sporulation der
→ Kojipilze geerntet werden; er ist in Ostasien das Ausgangssubstrat für die Herstellung anderer, auf fermentativem Wege
hergestellter → Lebensmittel, wie → Miso,
→ Shoyu oder → Sake. Koji dient zur
Konservierung der Kojipilze und zum
Starten der → Fermentation. Koji kann
mit → Malz verglichen werden als Ausgangssubstrat für die Bierherstellung.

Kojipilze (Syn.: Kojistarter) sind
→ Aspergillus oryzae (Ahlburg) Cohn,
→ Aspergillus *sojae* und verwandte Spe-
cies (→ Koji)

Kojisäure Mykotoxin (2-Hydroxymethyl-
5-hydroxy-χ-pyron), das von → Aspergillus flavus Link, → Aspergillus oryzae (Ahlburg) Cohn, der → Aspergillus *tamarii*
Gruppe sowie → Penicillium spp. gebildet
wird (→ Mykotoxine); es existieren keine
Grenz- oder Richtwerte.

Schäden / Folgen
Die → LD_{50} in 17 g Mäusen betrug 30 mg
pro kg Maus (intraperitoneal). Fälle einer
→ Mykotoxikose durch Kojisäure sind
bislang nicht bekannt.

Kojistarter → Kojipilze

Kölsch → obergäriges Bier, → Vollbier

Konidien (gr. konis (Staub)) → asexuell
gebildete Exosporen (→ Exospore), die
von der Mutterzelle (→ Phialide) nach
außen abgeschnürt werden; einzellig (z.B.
→ Aspergillus, → Cladosporium) oder
mehrzellig (z.B. → Alternaria), unter-
schiedlichster Struktur und Färbung;
nach Entstehungstypus differenziert in
→ Blastokonidien und → Thallokonidien;
im Gegensatz zu → Zoosporen unbeweg-
lich, → Endosporen

Konidienbehälter eine aus vielen
→ Hyphen bestehende, → Konidien ent-
haltende Struktur,
→ Pyknidium

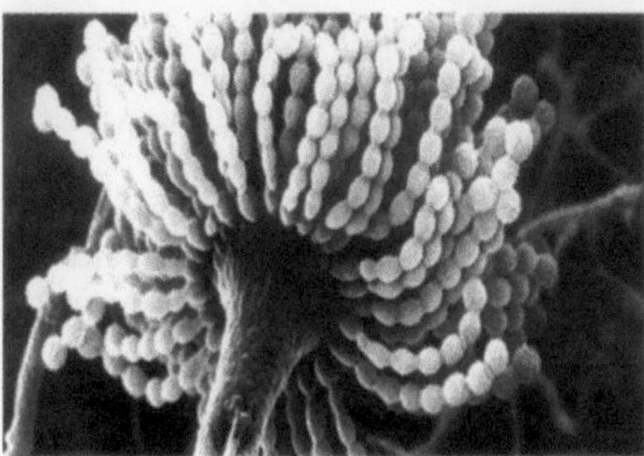

Konidienkette. Eurotium herbarioram

Konidienbildung bezeichnet den Entstehungsprozeß asexueller Keimzellen,
→ asexuell

Konidienkette typisch für → Schimmelpilze der Gattungen → Aspergillus spp.,
→ Eurotium spp. und → Penicillium spp., siehe Abb. Konidienkette, Abb. Aflatoxinbildner, Abb. *Aspergillus*

Konidienträger einfache oder verzweigte (fertile) Hyphe (Stiel oder Zweig)
(→ Hyphen), mit einer oder mehreren → Phialide (n), in der → Konidien gebildet werden, z.B. → Aspergillus spp.,
→ Penicillium spp. (Abb. Konidienträger)

Konidiogenese (Syn.: → Konidienbildung)

Konidiophor (Syn.: → Konidienträger)

Konidiosporen (Syn.: → Konidien)

Konservierungsstoffe namentlich nach der Zusatzstoff-Zulassungsverordnung festgelegte Zusatzstoffe zum Schutz von Lebensmitteln (→ Lebensmittel) gegen den mikrobiellen Verderb; antifungale Wirkung besitzen z.B. → Biphenyl,
→ Orthophenylphenol, → Thiabendazol,
→ Benzoesäure, → Sorbinsäure, p-Hydroxybenzoesäureester (→ PHB-Ester).

Köpfchenschimmel (Syn.: → Mucorales)

Koremium (Syn.: Synnema) schlanker Myzelstrang (→ Myzel) der mitosporenbildenden Pilze (→ mitosporenbildende Pilze), der viele → Konidienträger zu einem senkrecht auf dem → Substrat stehenden, fruchtkörperartigen Gebilde verklebt; gebündelte Konidienträger (Abb. Koremium)
→ Acervulus, → Sporodochium

Korkton (Syn.: Stopfenton) Qualitätsfehler von → Wein, der durch → Penicillium expansum Link, → Penicillium roquefortii Thom sowie weiteren → Penicillium-Species hervorgerufen wird; Ursache ist die Verwendung verschimmelter Korken, die dem Wein einen mehr oder minder geschmacks- und geruchsintensiven Schimmelton verleihen.

Kräusen sind die sich während der → Gärung auf der Würzeoberfläche

Konidienträger. Konidienträger von *Aspergillus flavus*

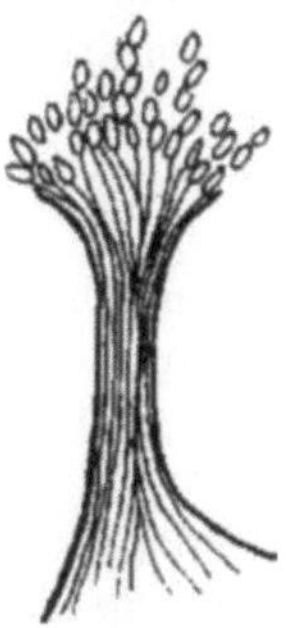

Koremium (verändert nach Schwantes 1996)

(→ Würze) in Form von Schaum anreichernden Eiweißgerbstoffverbindungen, Hopfenharze, diverse Hopfenbitterstoffe sowie abgestorbene Hefezellen (→ Hefen) → Bier

Kräuterwein weinhaltiges Getränk (→ weinhaltige Getränke), das einen Weinanteil (→ Wein) von mindestens 70 % aufweisen muß; Kräuterwein darf auch als weinhaltiger Aperitif bezeichnet werden.

Krautfäule (Syn.: Braunfäule) an Kartoffeln durch → Phytophthora *infestans* verursacht; Symptome: Knollen im Inneren braun marmoriert, später bakterielle Naßfäulen; Lagerfäule

Kreidekrankheit (Syn.: Kreideschimmel) tritt bei → Brot auf und zeigt sich durch weiße, kreide- bis mehlartige Flecken an den Schnittflächen; Verusacher sind diverse → Hefen, z.B. → Zygosaccharomyces *bailii*, → Saccharomycopsis *fibuligera*, → Moniliella *suavolens* und → Candida spp..

Kreideschimmel (Syn.: → Kreidekrankheit)

Kribbelkrankheit wird auch als → Ergotismus convulsius bezeichnet und stellt die nervöse Form des Ergotismus dar; diese → Mykotoxikose, die durch → Ergotalkaloide von → Claviceps *purpurea* verursacht wird, äußert sich in einem Kribbeln in den Extremitäten, das epileptische Formen annehmen kann.

Kugelmyzel z.B. von → Mucor in Flüssigkultur aus rundlichen, hefeartigen Zellen gebildet, → Dimorphismus

Kulturhefen sind die vom Menschen seit altersher genutzten → Hefen, z.B. für die Herstellung von → Bier, → Wein und Backwaren (→ Brot); im Zuge der gewerblichen und industriellen Nutzung kam es zur Selektion und Züchtung auf schnelles Wachstum, verbesserte Gärungseigenschaften, Substratverwertung (→ Substrat), Aromabildung etc. (→ Saccharomyces cerevisiae Meyen ex Hansen).

Kumys (Syn.: Kumyß) ein aus Asien stammendes, alkoholhaltiges (0,7–3,3 %) Sauermilcherzeugnis, das hauptsächlich unter Verwendung mesophiler Milchsäurebakterien, → Hefen (→ Saccharomyces cervesiae Meyen ex Hansen, → Kluyveromyces *marxianus*) sowie → Geotrichum *candidum* und traditionell von den Kumaranern (russischer Volksstamm) aus Stutenmilch hergestellt wurde (→ Ethanol)

Kwas ein russisches bierähnliches Getränk (→ Bier das unter Verwendung von Roggen- und Gerstenmalz sowie Roggenmehl (zerkleinertes → Brot) hergestellt wird; neben einer milchsauren → Gärung führt die → alkoholische Gärung durch → Aspergillus oryzae (Ahlburg) Cohn zu einer Ethanolkonzentration (→ Ethanol) von ca. 0,5 %.

Kwashiorkor wahrscheinlich eine → Mykotoxikose, von der häufig Kleinkinder in den Tropen und Subtropen betroffen sind; Symptome: Ödeme (→ Ödem), Anämie, Wachstumsstörungen, eingeschränkte Widerstandsfähigkeit; neben eiweißarmer und kohlenhydratreicher Nahrung dürften vor allem → Aflatoxine (B_1 und G_1 primär in Erdnüssen und Erdnußbutter) die Ursache von Kwashiokor sein. Aflatoxicol als Metabolit wurde aus dem Serum Kwashiokor-Kranker isoliert, AFB_1 aus der Leber. Eiweißmangel beeinträchtigt die Leberfunktion, die Folge ist eine Akkumulation von AFB_1. → Aflatoxikose

L

Lab Enzym (pepsinähnliche Endopepti-
dase) aus dem Kälbermagen, mit dem
→ Käsereimilch ausgefällt oder dickgelegt
werden kann; mikrobielles Lab (syn.
Rennin, Chymosin) von → Mucor *miehei*
oder *M. pusillus* führt zur Spaltung von
Peptidbindungen im → Casein und dient
als Ersatz von natürlichem Kälberlab bei
der Käseherstellung, es beschleunigt die
Käsereifung. → Dicklegung

Lactase (Syn.: → β-Galactosidase)
Enzym, das → Lactose hydrolytisch in D-
Glucose und D-Galactose spaltet

Lactose Milchzucker, der durch → Lactase bzw. → Galactosidase hydrolytisch in
D-Glucose und D-Galactose gespalten
wird

Lagerbier englische untergärige Bier-
sorte (→ untergäriges Bier, → Vollbier)

Lagerfäule tritt bei gelagertem Obst,
Gemüse und Kartoffeln auf; Verursacher
sind neben Bakterien auch bestimmte
→ Schimmelpilze.
→ Blaufäule, → Graufäule, → Grünfäule

Lagerkrankheiten → Lagerfäule

Lagerpilze Als Lagerpilze werden die
→ Schimmelpilze bezeichnet, die sich auf/
in gelagerten Samen von z.B. Getreide
und Leguminosen entwickeln können. Im
Gegensatz zu den Feldpilzen (→ Feldpilze) können die Lagerpilze bei relativen
Luftfeuchten (→ relative Luftfeuchte) von
65–90 % wachsen (Tab. Lagerpilze).
Wichtige Lagerpilze sind → Aspergillus
restrictus G. Sm., → Eurotium spp.,
→ Aspergillus candidus Link, → Aspergillus ochraceus Gruppe, → Aspergillus flavus
Link und → Penicillium spp (Abb. Lagerpilze).
Allerdings lassen sich von abreifenden
Samen, insbesondere Mais, neben *A. flavus* auch diverse *Penicillium* spp. isolie-
ren, daher ist die Abgrenzung zu den
Feldpilzen teilweise fließend. Sporadisch
auftretende Lagerpilze sind → Chrysosporium *fastidium*, → Wallemia *sebi* und
→ Eurotium *halophilicum*. Das Wachstum
der Lagerpilze führt bei gelagerten
Samen zur Reduktion der Keimfähigkeit,
zu Verfärbungen, zur Erhitzung, zum
Zusammenbacken („Cacking") und zur
Mykotoxinkontamination (→ Mykotoxine). Stark erhöhte Kontaminationen der
Körner mit Lagerpilzen können aus dem

Lagerpilze. Minimale Feuchtegehalte für das Wachstum von Lagerpilzen bei 25 °C auf Samen
(verändert nach Sauer et al. 1992)

Lagerpilze	Getreide	Sojabohnen	Erdnüsse, Raps, Kopra Sonnenblumenkerne	relative Feuchte (%)
Eurotium halophilicum	13–14	12–13	5–6	65–70
Aspergillus restrictus, *Wallemia sebi, Eurotium* spp.	14–15	13–14	6–7	70–75
Aspergillus candidus, *Aspergillus ochraceus**	14,5–16	14–15	7–8	75–80
Aspergillus flavus, *Penicillium* spp.*	16–18	15–17	8–10	80–85
Penicillium spp.*	18–20	17–19	10–12	85–90

* sowie die zuvor genannten Lagerpilze

Lagerpilze. Fortschreitender Befall durch *Aspergillus flavus*

Ernteverfahren, dem Transport, den Förderbändern und schlecht gereinigten Lagerstätten resultieren. Sie können auch von Lagerschädlingen (Insekten, Milben, Nager) herrühren. Verhinderung des mikrobiellen Verderbs ist möglich durch ausreichende Trocknung, kühle Lagerung und CA-Lagerung (→ CA-Lager); Voraussetzung ist die sehr gute Reinigung der einzulagernden Körner (siehe auch Abb. Primärbesiedler).

Lagerschorf auch als Apfel- oder Spätschorf bezeichnet; wird durch die Gattung → Venturia (*V. inaequalis* bei Äpfeln, *V. pirina* bei Birnen) verursacht; die Infektion der Früchte (→ Konidien und → Ascosporen) erfolgt meist kurz vor der Ernte. Sichtbarer Befall (Schorfflecken) tritt teilweise erst nach mehrmonatiger Lagerung auf.

Landwein → Wein, dessen Alkoholgehalt (→ Ethanol) mindestens um 0,5 Vol. % höher liegen muß als der von → Tafelwein

Langmilch (Syn.: → Viili)

Lao-chao Chiuniang (Indonesien) ist ein saftiger, süßer, leicht alkoholischer Reis aus China (→ Ethanol), der durch die → Fermentation mit → Saccharomycopsis *fibuligera*, → Rhizopus *chinensis, R. ory-*

zae und anderen Pilzen (→ Pilze) hergestellt wird

Lasiodiplodia gehört zu den mitosporenbildenden Pilzen (→ mitosporenbildende Pilze)

Lasiosphaericaceae gehört zur Ordnung → Sordariales

Laufhyphen (Syn.: → Stolonen)

Läuterbottich ein Gerät, mit dem die → Würze (gelöste Extraktstoffe) von den unlöslichen Malzbestandteilen (Feststoffe, → Treber) getrennt wird (→ Malz)

Läutern Trennung der → Würze (Vorderwürze) von den unlöslichen Malzbestandteilen (→ Malz, → Bier)

Lebensmittel Lebensmittel weisen ein mehr oder minder spezifisches Schimmelpilzspektrum und damit potentielle → Mykotoxine auf; Einflußfaktoren sind Nährstoffangebot, Konsistenz, pH-Wert, → a_w-Wert, → Konservierungsstoffe, Atmosphäre. Relevante → Schimmelpilze und → Hefen bei verschiedenen Lebensmittelgruppen sind im folgenden aufgeführt.
- a_w-Wert reduzierte-Lebensmittel (→ AWR-Lebensmittel): relevante Schimmelpilze sind → Aspergillus restrictus G. Sm., *A. spergillus penicilloides*, → Chrysosporium *inops, C. farinicola, C. fastidium, C. xerophilum*, → Eremascus *albus, E. fertilis*, → Eurotium *amstelodami, E. chevalieri, E. herbariorum*, → Scopulariopsis *halophilica*, → Polypaecilum *pisce*, → Xeromyces *bisporus*; Mykotoxine sind aufgrund der geringen Konzentration an verfügbarem Wasser nicht zu erwarten.
- Brot, Teigwaren: relevante Schimmelpilze sind → Aspergillus flavus Link, → Aspergillus ochraceus Gruppe, *A. sydowii*, → Aspergillus versicolor (Vuill.) Tiraboshi,

→ Eurotium spp., → Penicillium brevicompactum Dierckx, → Penicillium chrysogenum Thom, *P. puberulum, P. crustosum,* → Penicillium expansum Link, → Penicillium roquefortii Thom; relevante Mykotoxine sind → Aflatoxine, → Citrinin, → Ochratoxin A, → Patulin, → Penicillinsäure, → Sterigmatocystin.

- Fette, Margarine etc.:
relevante Schimmelpilze sind → Cladosporium *herbarum,* → Penicillium aurantiogriseum Dierckx, *P. puberulum, P. echinulatum, P. spinulosum*; keine potentiellen Mykotoxine
- Fisch (Trockenfisch):
relevante Schimmelpilze sind *Eurotium* spp., *Penicillium aurantiogriseum, P. smithii, P. verrucosum, Scopulariopsis* spp., → Polypaecilum *pisce*; potentielle Mykotoxine sind → Citreoviridin, Ochratoxin A.
- Fleisch:
kann mit Schimmelpilzen und Hefen kontaminiert sein, der mikrobielle Verderb ist aber im wesentlichen auf Bakterien zurückzuführen, die in diesem Substrat besser konkurrieren; durch → Carry over ist eine Kontamination z.B. mit Aflatoxin oder OTA möglich.
- Getreide, Leguminosensamen:
relevante → Feldpilze sind → Alternaria alternata (Fr.) Keissler, *A. flavus* (Mais), *Cladosporium* spp., → Fusarium spp.; relevante Mykotoxine sind → Alternaria-Toxine (z.B. Alternariol, AME, Altertoxine, Tenuazonsäure), Aflatoxine, Butenolid, → Cyclopiazonsäure, → Fusarin C, → Moniliformin, → Trichothecene, → Zearalenon; relevante Lagerpilze sind *Aspergillus candidus, A. flavus,* → Aspergillus fumigatus Fres., *A. versicolor, Eurotium* spp., *Penicillium aurantiogriseum, P. brevicompactum,* → Penicillium griseofulvum Dierckx, *P. hordei, P. verrucosum,* → Penicillium viridicatum West-

ling; relevante Mykotoxine sind Aflatoxine, Citrinin, Cyclopiazonsäure, Penicillinsäure, OTA, Sterigmatocystin, → Viomellein, → Xanthomegnin.
In luftdicht gelagertem Getreide ist mit Hefen, wie → Candida spp., → Hansenula spp. und → Pichia sowie Schimmelpilzen, wie → Byssochlamys *fulva, B. nivea, Paecilomyces variotii, P. roquefortii* und *Scopulariopsis candida*, zu rechnen. → Patulin dürfte in diesem → Substrat das wichtigste Mykotoxin sein. Neben den für Getreide relevanten Schimmelpilzen ist bei Reis zusätzlich mit *P. citreoviride,* → Penicillium citrinum Thom und → Penicillium islandicum Sopp zu rechnen. Potentielle Mykotoxine sind dabei Citreoviridin, Citrinin, Cyclochlorotin, → Islanditoxin, → Luteoskyrin.

- Gewürze:
relevante Schimmelpilze sind *Aspergillus alutaceus, A. candidus, A. flavus,* → Aspergillus niger van Tieghem, *A. tamarii, A. versicolor, Eurotium* spp., *Penicillium citrinum,* → P. islandicum, *P. purpurogenum*; relevante Mykotoxinesind Aflatoxine, Citrinin, Cyclopiazonsäure, Luteoskyrin, OTA, Penicillinsäure, Rugulosin, Rubratoxin, Sterigmatocystin, Viomellein, Xanthomegnin; aromatische Gewürzinhaltsstoffe (Phenole) verhindern häufig die Anreicherung von Mykotoxinen.
- Käse u.a. Milchprodukte:
relevante Schimmelpilze sind *A. versicolor, Eurotium herbariorum, Geotrichum candidum, Penicillium aurantiogriseum, P. brevicompactum, P. discolor, P. echinulatum, P. puberulum, P. roquefortii, P. verrucosum, Scopulariopsis candida, S. brevicaulis, S. fusca*; potentielle Mykotoxine sind Aflatoxine, Citrinin, Cyclopiazonsäure, Mycophenolsäure, OTA, Patulin, Penicillinsäure, → Penitrem A, Sterigmatocystin.
- Milch:
kann mit Schimmelpilzen (z.B.

→ Phoma spp., *Fusarium* spp., → Mucor spp., *Penicillium* spp. *Aspergillus* spp.) und → Hefen (z.B. *Candida* spp., → Kluyveromyces spp., → Saccharomyces spp., → Trichosporon spp.) kontaminiert sein; der mikrobielle Verderb ist aber zumeist auf Bakterien zurückzuführen, die in diesem → Substrat besser konkurrieren; potentielle Mykotoxine sind Aflatoxin M_1 (Carry over).

- Nüsse:
Aufgrund des hohen Lipid- und niedrigen Kohlenhydratgehaltes unterscheidet sich das Schimmelpilzspektrum von Nüssen wesentlich von dem des Getreides. Relevante Schimmelpilze sind *Aspergillus flavus, A. versicolor, A. wentii, Eurotium* spp., *Penicillium aurantiogriseum, P. citrinum, P. crustosum, P. funiculosum, P. oxalicum, P. puberulum*; relevante Mykotoxine sind Aflatoxine, Citrinin, Cyclopiazonsäure, Emodin, → Isofumigaclavin A, B, Penitrem A, Rugulovasin A, Secalonsäure D (→ Secalonsäuren), Sterigmatocystin, Wentilacton.

- Obst, Gemüse:
relevante Schimmelpilze sind *Penicillium crustosum*, → Penicillium digitatum Sacc. , *P. expansum*, → Penicillium glabrum (Wehmer) Westling, *P. hirsutum*, → Penicillium italicum Wehmer, *P. thomii*, → Alternaria spp., *Cladosporium* spp., *Fusarium* spp.; relevante Mykotoxine sind Patulin, *Alternaria*- und *Fusarium*-Toxine.

- Pasteurisierte Lebensmittel:
relevante Schimmelpilze sind *Byssochlamys fulva, B. nivea*, → Eupenicillium *lapidosum*, → Neosartorya *fischeri*, → Talaromyces *macrosporus, T. bacillisporus*; wichtigstes Mykotoxin in Frucht- und Gemüsesäften ist Patulin. (→ Hitzeresistenz, → Pasteurisation)

- Wurstwaren, Eier:
relevante Schimmelpilze sind *Aspergillus flavus, A. niger, A. restrictus, A. versicolor, Eurotium* spp., *Penicillium*

aurantiogriseum, P. brevicompactum, P. chrysogenum, P. crustosum, P. glabrum, → Penicillium nalgiovense Laxa, *P. puberulum, P. roquefortii, P. variabile, P. verrucosum*; sporadisch auftretende Mykotoxine sind Aflatoxine, Citrinin, Cyclopiazonsäure, Rugulosin, OTA (häufiger), Patulin, Penicillinsäure, Penitrem A, Sterigmatocystin, Viomellein, Xanthomegnin.

Lebensmittelverderb wird durch verschiedene → Pilze verursacht, die nach einem Befall die geernteten und/oder verarbeiteten Nahrungsmittel verstoffwechseln und potentiell → Mykotoxine synthetisieren; in den Dritte-Welt-Ländern sind sie für 5–10% (z.T. auch höher) der Nahrungsmittelverluste verantwortlich. In frischen Lebensmitteln mit einem hohen Feuchtegehalt (z.B. Fleisch) konkurrieren die Pilze nur schlecht mit den Bakterien. Größere Bedeutung haben sie beim Verderb von Nahrungsmitteln, die durch einen niedrigen → a_w-Wert und/oder pH-Wert gekennzeichnet sind und bei niedrigen Temperaturen aufbewahrt werden. Potentiell gefährdete Nahrungsmittel sind z.B. Nüsse, Gewürze, Getreide, Trockenmilch und Fleisch sowie gesalzener Fisch, Früchte, Gemüse, Fleischerzeugnisse, Marmeladen, Konfekt und Milchprodukte. Einige → Schimmelpilze, wie → Byssochlamys, → Talaromyces und → Neosartorya überstehen die üblichen Pasteurisationstemperaturen (→ Pasteurisation) und lassen sich aus Obst- und Gemüsekonserven sowie Fruchtsäften isolieren (→ Hitzeresistenz). Häufig am Lebensmittelverderb beteiligte Schimmelpilze gehören zu den Gattungen → Absidia, → Mucor, → Rhizopus, → Syncephalastrum, → Paecilomyces, → Byssochlamys und → Aspergillus sowie → Penicillium und deren Hauptfruchtformen (→ Hauptfruchtform). Die beiden letztgenannten Gattungen sind überaus häufig am

Lebensmittelverderb beteiligt. Vertreter der Gattung → Fusarium befallen in erster Linie abreifendes Getreide.
→ Hefen, die sich häufig durch eine hohe Resistenz gegenüber Konservierungsmitteln (→ Konservierungsstoffe) auszeichnen, kommen in → Bier, → Wein, → Cidre und Softdrinks vor. Zu nennen sind → Saccharomyces cerevisiae Meyen ex Hansen, → Zygosaccharomyces *bailii* und → Brettanomyces *intermedius*, während Mixed Pickles und Saucen u.a. von → Candida *krusei* oder → Pichia *membranaefaciens* befallen werden.

LD$_{50}$ → letale Dosis

Lederfäule   an Erdbeeren durch → Phytophthora *cactorum* hervorgerufen; Symptome: unreife grüne Beeren von gummi- oder lederartiger Beschaffenheit

LE-Lagerung, Low Ethylene Die während der Obstlagerung freigesetzten Ethylenmengen führen zu einer schnelleren Reife und können unter Umständen Fleisch- und Schalenbräune hervorrufen. Durch Auswaschen kann die Ethylenkonzentration auf unter 1 ppm abgesenkt werden.

Leotiales   gehört zur Abteilung → Ascomycota

Lese   Ernte der Weintrauben (→ Wein); die Lese darf erst erfolgen, wenn die Trauben unter Berücksichtigung der Witterung, der Rebsorte und des Standortes die in den betreffenden Jahren erreichbare Reife erlangt haben. Ist die Herstellung eines Qualitätsweines mit Prädikat (→ Qualitätswein) vorgesehen, so muß der zuständigen Behörde die Lese angezeigt werden.

letale Dosis, LD am häufigsten angegeben in LD$_{50}$; dies ist die Konzentration eines Fungizides (oder eines anderen Stoffes),

bei der nach einmaliger Applikation irreversible Funktionsstörungen im Zielorganismus auftreten und bspw. 50 % der Sporen (Zellen oder Individuen) abgetötet werden. (→ Fungizid, → Spore)

Lewia   gehört zur Familie → Pleosporaceae

Licht   beeinflußt die Fruchtkörperbildung (→ Fruchtkörper), die Sporenkeimung (→ Spore), die Sporenfreisetzung, das Wachstum und die Wachstumsrichtung der → Pilze

Likörwein   unterscheidet sich von → Wein hauptsächlich durch den höheren → Ethanol- und Zuckergehalt; bedeutende Likörweine sind z.B. → Sherry, Portwein, Malaga.

Lipasen   spalten Fette in → Glyzerin und → Fettsäuren; die Fettsäuren werden durch β-Oxidation weiter in C$_2$- und C$_3$-Einheiten zerlegt. Wichtige Lipasebildner sind u.a. → Aspergillus niger van Tieghem, → Geotrichum *candidum*, → Candida spp. (*Candida curvata, C. deformans*) → Penicillium roquefortii Thom, → Rhizopus stolonifer (Ehrenb.) Lind, → Saccharomycopsis *lipolytica*. Pilzliche Lipasen haben u.a. eine Bedeutung bei der Käsereifung, speziell bei der Reifung von → Blauschimmelkäse und → Weißschimmelkäse.

Lipide   Triglyceride und damit Ester höherer aliphatischer Alkohole; sie kommen in fettreichen Samen und Früchten, aber auch in Pilzen (→ Pilze) vor und werden durch → Lipasen gespalten.

log-Phase   (Syn.: → exponentielle Phase)

LO-Lagerung,   Low Oxygen
Die Obst- oder Gemüselagerung erfolgt

bei niedriger O_2-Konzentration
(1,5–2 %), 1–3 % CO_2 und Temperaturen
zwischen 1–3 °C.

Lufthyphen   (Syn.: → Luftmyzel)

Luftmyzel   → Hyphen, die sich vom
→ Substrat erheben und aufrecht in den
freien Luftraum wachsen; die Induktion
erfolgt durch veränderte Wachstumsbe-
dingungen, die den Stoffwechsel beeinflussen. Als Folge des Übergangs vom
Primär- auf den Sekundärstoffwechsel
kommt es mit einsetzender → Fruktifikation zur Ausbildung des Luftmyzels.

Luteoskyrin   (Syn.: Flavomycelin) Mykotoxin (2,2′,4,4′,5,5′,8,8′-Octahydroxy-
2,2′,3,3′-tetrahydro-7,7′-dimethyl-1,1′-
bianthrachinon), das von → Penicillium
islandicum Sopp gebildet wird (→ Mykotoxine); chemisch ist Luteoskyrin eng
verwandt mit → Rugulosin. Beim Zerfall
durch Hitzeeinwirkung entsteht Catenia-
rin und → Islanditoxin in einem molaren
Verhältnis von 1:1. Es existieren keine
Grenz- oder Richtwerte.

SCHÄDEN / FOLGEN
Luteoskyrin wirkt hepatotoxisch und
hepatokanzerogen. Die pathologischen
Symptome sind fast identisch mit denen
von → Rugulosin; Luteoskyrin ist Mitauslöser der → Yellow Rice Disease; die
→ LD_{50} liegt bei 40,8 mg pro kg Maus
(intraperitoneal).

Luteoskyrin

BEFALLENE LEBENSMITTEL
P. islandicum als Luteoskyrinbildner
wächst auf Reis und Mais sowie anderen
Getreidearten, insbesondere in den
feucht-warmen Klimaregionen Asiens
und Afrikas, wo eine erhöhte Rate an
Leberzirrhose und Leberkrebs auftritt. In
Europa findet sich Luteoskyrin (Abb.
Luteoskyrin) vorwiegend in Futtermitteln, kaum jedoch in Lebensmitteln (Reis,
Getreide, verschimmelte Fleischerzeugnisse). Allerdings stellen Apfel- und Traubensaft sehr gute Substrate (→ Substrat)
für die Luteoskyrinbildung dar.

Lysergsäure   Lysergsäure (Indolalkaloid)
und ihre Derivate sind Grundbausteine
der Mutterkornalkaloide und rufen z.T.
Halluzinationen und Mutationen hervor
(z.B. Lysergsäurediethylamid = LSD). Sie
sind in → Sklerotien, selten auch im
→ Myzel bestimmter Stämme von → Claviceps *purpurea* enthalten. → Ergotalkaloide, → Ergotismus

M

Macrofusin (Syn.: Fumonisin B$_1$ → Fumonisine)

Macrosporium (Syn.: → Alternaria spp.)

Magnaporthaceae gehört zur Abteilung → Ascomycota

Magnaporthe gehört zur Familie → Magnaporthaceae

Mahlen Dem → Entrappen folgt bei der Weinherstellung (→ Wein) das Mahlen, bei dem die Trauben durch Walzen vorsichtig gequetscht werden, ohne die Kerne zu beschädigen.

Maische Maische erhält man durch das Mischen des geschroteten Getreides mit Wasser (→ Bier). Bei unterschiedlichen Temperaturen (→ Eiweißrast, → Maltoserast, → Dextrinrast) findet ein enzymatischer Abbau von Proteinen, → Stärke und anderen Verbindungen statt, die durch Wasser extrahiert werden. Nach Abschluß des Maischens ist die Stärke vollständig zu vergärbarer → Maltose (ca. 60 %) und nicht vergärbaren Dextrinen (→ Dextrine) (40 %) abgebaut.
Bei der Weinherstellung (→ Wein) versteht man unter Maische die zerquetschten Beeren. Das gebildete → Ethanol löst bei der Rotweinherstellung (→ Rotwein) die → Anthocyane aus den roten Traubenhülsen. Der gleiche Effekt wird durch Erhitzung, enzymatischen Aufschluß oder plötzliche Druckänderungen im Drucktank (→ Drucktankgärung) erreicht. Sofortiges Abpressen (→ Keltern) der Maische führt zu hellen oder nur leicht rötlich gefärbten Mosten (→ Most), wie z.B. bei Roséweinen (Weißherbst).

Maischestandzeit Die Standzeiten liegen bei Weißweintrauben (→ Weißwein) zwischen 3–8 h, bei Rotweintrauben (→ Rotwein) bei 2–3 Tagen.

Makrokonidien die größeren, häufig vielzelligen → Konidien eines Pilzes (→ Pilze), der auch → Mikrokonidien besitzt (z.B. → Fusarium spp.) (Abb. Makrokonidien); eher selten, allgemeine Bezeichnung für sehr große Konidien

Makromyceten „Großpilze", z.B. → Ascomycota (Schlauchpilze), vor allem aber → Basidiomycota (Ständerpilze)

Makropilze (Syn.: Makromyceten)

Malformine → Mykotoxine (zyklische Pentapeptide mit einer Disulfidbrücke zwischen 2 Cysteinresten) von → Aspergillus spp. (z.B. → Aspergillus niger van Tieghem) mit einer stark toxischen Wir-

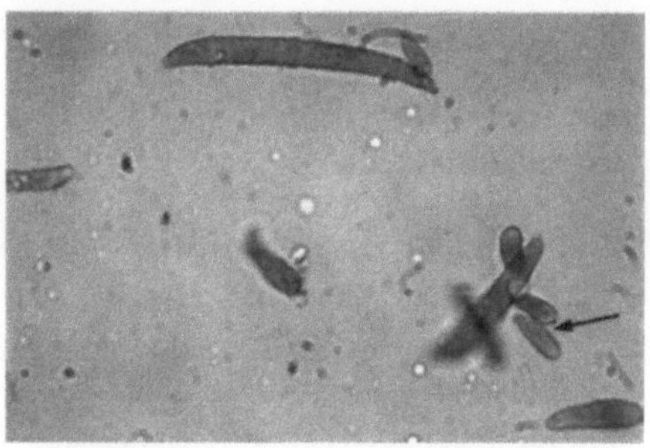

Makrokonidien. Makrokonidie (oben, liegend) und Mikrokonidien (Pfeil) von *Fusarium oxysporum*

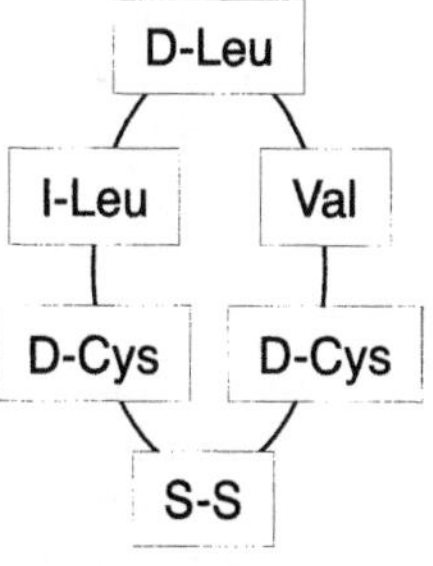

Malformine. Malformin A

kung für Vertebraten; geschädigt werden Leber, Nieren, Gastrointestinaltrakt Abb. Malformine. Die → LD_{50} liegt bei 3 mg pro kg Maus.

Maltase (Syn.: α-Glucosidase) Enzym, das → Maltose in Glucose spaltet → Stärke

Maltose Disaccharid, das aus zwei Glucosemolekülen besteht und durch → Maltase zu Glucose hydrolisiert wird → Glucane

Maltoserast Die Maltoserast folgt der → Eiweißrast als zweite Phase während des Maischens beim Bierbrauen (→ Bier). Hierbei wird korneigene → Stärke bevorzugt durch β-Amylasen (→ Amylasen) zu → Amylose und diese zu → Maltose, weiterhin → Amylopektin zu Maltose und Dextrinen (→ Dextrine) abgebaut. Die Temperatur der → Maische liegt bei ca. 65 °C. → Dextrinrast

Maltotriose Trisaccharid, das aus 3 Glucosemolekülen besteht

Malz Unter Malz versteht man künstlich zum Keimen gebrachtes Getreide für die Bierherstellung (→ Bier). Verwendet wird stärkereiches, eiweißarmes Gerstenmalz und für Sepzialbiere, wie Weizenbier, Weizenmalz. Für die Herstellung müssen die Körner auf Wassergehalte von 44–48 % bei Temperaturen von 12–18 °C und ausreichender Sauerstoffzufuhr eingeweicht werden (Bildung/Aktivierung von α- und β-Amylase). → Grünmalz ist durch die Bildung des Wurzelkeimes und des grünen Blattkeimes gekennzeichnet. Durch Trocknung (bis 40 °C) und Erhitzung/Röstung (70–85 °C) auf Darren entsteht das Darrmalz (→ Darren) als Endprodukt des Mälzens. Darrmalz wird zur Entfernung der Malzkeime geputzt und zur Brauerei gebracht. Verarbeitet werden

primär helle oder Pilsener Gerstenmalze, in geringerem Umfang Weizenmalz, Münchner- und dunkle Malze und ferner Spezialmalze wie Karamalz, Farbmalz, Spitzmalz, Rauchmalz und Sauermalz. → Mälzen

Malzarbeiter-Krankheit Ursache sind → Sporangiosporen von → Rhizopus stolonifer (Ehrenb.) Lind sowie → Konidien von → Aspergillus spp. (z.B. → Aspergillus clavatus Desm., → Aspergillus fumigatus Fres.); diese u.a. → Schimmelpilze lassen sich von verschimmelter Malzgerste isolieren.

Mälzen bezeichnet den Vorgang der Malzherstellung (→ Malz) aus zweizeiliger Sommergerste oder bestimmten Brauweizensorten, seltener aus Wintergerste; nach dem Weichen der Körner auf einen Wassergehalt von 40 % erfolgt die Keimung (Enzymbildung, insbesondere → Amylasen und Proteasen) der Körner auf Tennen, in entsprechenden Kästen oder Trommeln. Die → Stärke und Proteine werden dabei zu Kohlenhydraten und Aminosäuren abgebaut. An das Mälzen schließt sich das → Darren an. Das Darrmalz dient zur Herstellung der → Würze.

Malzherstellung (Syn.: → Mälzen)

Mannan Homopolymer mit 1,6-, 1,2- und 1,3-glycosidischen Bindungen der → D-Mannose; Mannane sind Bestandteil der Hefezellwände (Abb. Mannan). → Hefen, → Zellwand

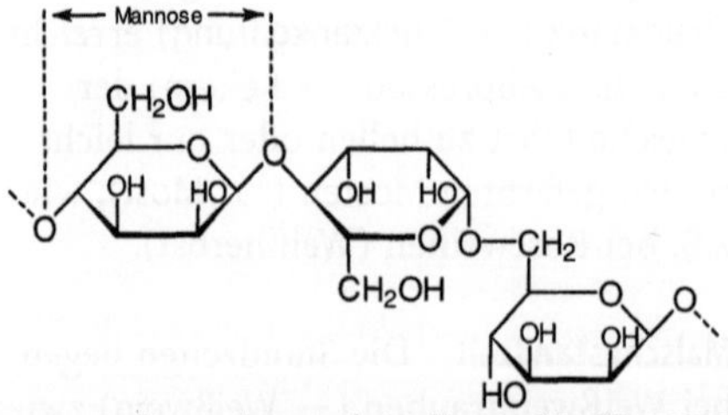

Mannan (verändert nach Müller und Löffler 1992)

D-Mannose   eine Hexose, → Mannan

Marssonina   (Syn.: → Gloeosporium)

Märzen   → untergäriges Bier, → Vollbier

Mäuseln   Weinfehler, der sich in einem
mäuseharnähnlichen Geruch äußert; der
→ Wein zeigt einen langanhaltenden
Nachgeschmack, verkostet sich oxidiert,
unsauber, manchmal stichig. Entspre-
chender Wein enthielt 2-Acetyltetrahy-
dropyridin, das mikrobiell aus Lysin und
→ Ethanol gebildet wird. In südlich gele-
genen Weinbaugebieten ist die Gattung
→ Brettanomyces häufig der Verursacher,
in gemäßigten Klimaten sind es Milchsäurebakterien. Stark mäuselnde Weine
eignen sich nur noch zur Destillation
oder zur Essigherstellung. Leichtes Mäuseln kann durch → Schwefeln, Hefeschö-
nung oder Umgärung mit frischem
→ Most behoben werden.
→ Schönung

Mazeration   (lat. maceratio (Erweichung))
Gewebeaufweichung oder Zerfall eines
Gewebes

Meiose   Reife- oder Reduktionsteilung,
bei der die Chromosomen des Zellkernes
auf ihre ursprüngliche (→ haploid) Zahl,
z.B. vor der Ascosporenbildung (→ Ascosporen), reduziert werden; die Meiose ist
die letzte der drei Phasen der sexuellen
Vermehrung (→ sexuelle Vermehrung),
die weiterhin durch → Plasmogamie und
→ Karyogamie gekennzeichnet ist.

Meiosporangium   → Sporangium, in dem
die Sporenbildung (→ Spore) durch
meiotische Kernteilung (→ Meiose) stattgefunden hat

Meiosporen   durch → Meiose entstandene Sporen (→ Spore), z.B. → Ascosporen, → Basidiosporen

Melanconiales   veraltete Bezeichnung für
eine Ordnung (→ Acervulus-bildend), die
zu den → Coelomycetes gehört

Melanconidaceae   gehört zur Ordnung
→ Diaporthales

Melanin   (gr. melas (schwarz)) Derivat
der aromatischen Aminosäure Tyrosin;
Melanine sind unlösliche amorphe Poly-
merisate, die oft mit Proteinen verbunden sind und braune oder schwarze Pigmente darstellen. Sie werden z.B. von Pilzen (→ Pilze) und Tieren gebildet und
kommen bei einigen Pilzen, wie
→ Aureobasidium spp., → Cladosporium
spp., in der → Zellwand vor.

Melibiase   Enzym untergäriger Hefen
(→ untergärige Hefen), das → Melibiose
in Galactose und Glucose spaltet

Melibiose   Disaccharid, das aus Galactose
und Glucose besteht; enyzmatische Spaltung durch → Melibiase,
→ Raffinose

Merosporangium   (gr. meros (Teil), spora
(Same), aggeion (Gefäß)) (Syn.: Pseudo-
phialide) zylindrisches → Sporangium
ohne → Columella der Gattung → Syncephalastrum; die Sporenbildung (→ Spore)
erfolgt in knospenartigen zylindrischen

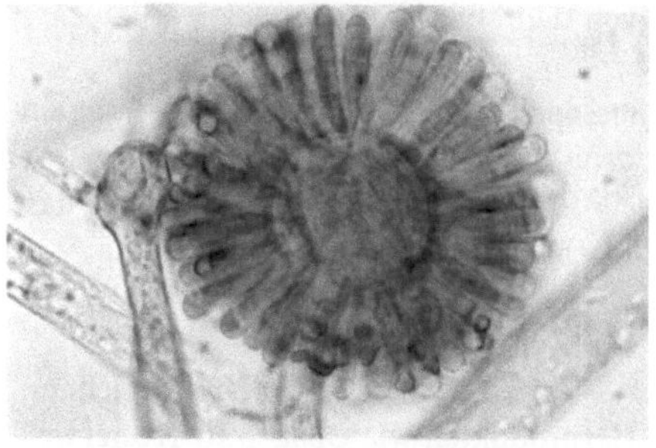

Merosporangium. Merosporangium von *Syncephalastrum racemosum*

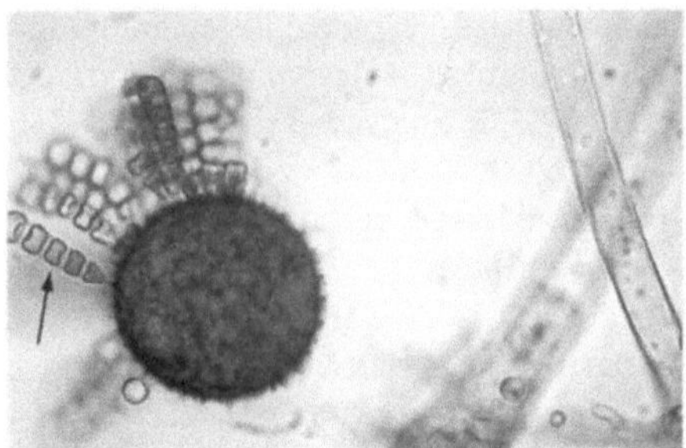

Merosporen. Merosporen von *Syncephalastrum racemosum*

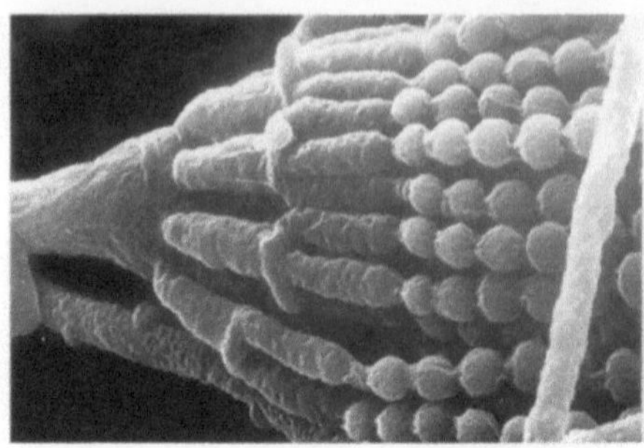

Metula. Metulae und Phialiden von *Aspergillus terreus*

Auswüchsen aus dem angeschwollenen Ende eines Sporangienträgers (→ Sporangienträger). Im Merosporangium werden asexuelle → Merosporen (→ asexuell) in einer Reihe hintereinander gebildet (Abb. Merosporangium).

Merosporen (gr. meros (Teil)) → asexuell gebildete Sporen (→ Spore), die in einem → Merosporangium durch zytoplasmatische Teilung gebildet werden; das zylindrische → Sporangium bricht in eine kleine Kette von Merosporen auf (Abb. Merosporen).

Mesokonidien (gr. mesos (mittel-, mitten)) finden sich in der Gattung → Fusarium; Mesokonidien nehmen eine Zwischenstellung zwischen → Mikrokonidien und → Makrokonidien ein. Sie sind häufig ein- bis mehrzellig, aber kleiner und morphologisch deutlich unterscheidbar von den Makrokonidien.

mesophil Mikroorganismen (→ Mikroorganismus), die bei Temperaturen zwischen 10–40 °C wachsen; das Optimum für das Wachstum liegt zwischen 20–35 °C.

Methanol Spaltprodukt des Pektins (→ Pektine) vor allem in pektinreichen Gärprodukten wie Obst- und Tresterweinen, → Trester

Methylketone entstehen z.B. bei der Metabolisierung freier → Fettsäuren (β-Oxidation), → Blauschimmelkäse

Metschnikowiaceae gehört zur Ordnung → Saccharomycetales

Metula (gr. metula (kleine Pyramide)) apikaler Seitenast eines Konidienträgers (→ Konidienträger), z.B. → Penicillium spp., bzw. die untere Zellreihe auf einem → Vesikel, z.B. → Aspergillus spp., der/dem die Phialiden (→ Phialide) anhaften (Abb. Metula)

Microascaceae gehört zur Ordnung → Microascales

Microascales gehört zur Abteilung → Ascomycota

Microascus gehört zur Familie → Microascaceae

mikroaerophil Mikroorganismen (→ Mikroorganismus), die höchste Wachstumsraten bei geringer Sauerstoffkonzentration erreichen (Milchsäurebakterien)

Mikrobiota Bezeichnung für alle Mikroorganismen (wie z.B. Algen, Bakterien, Protozoen, → Pilze), die in einem definierten Gebiet, → Substrat etc. vorhanden sind (→ Mikroorganismus)

Mikroflora nicht ganz korrekte Bezeichnung für → Mikrobiota, → Pilze

Mikrokonidien die kleineren → Konidien eines Pilzes (→ Pilze), der auch → Makrokonidien besitzt, z.B. → Fusarium spp.; Mikrokonidien besitzen in Pyknidien (→ Pyknidium) als Gameten (→ Gamet) Spermatienfunktion (→ Spermatien).

Mikromyceten die Gesamheit der → Schimmelpilze und → Hefen (z.B. viele → Ascomycota, → mitosporenbildende Pilze, → Zygomycota); gemeinsames Kennzeichen sind kleine, nur unter dem Mikroskop erkennbare Strukturen, wie → Konidien, → Konidienträger oder → Ascosporen.

Mikroorganismus der einem Reich zugehörige Organismus, dem zahlreiche, i.d.R. nicht mit dem bloßen Auge wahrnehmbare Vertreter (z.B. Bakterien, → Mikropilze, Viren) angehören in Abgrenzung zum Tier- und Pflanzenreich

Mikropilze (Syn.: → Mikromyceten)

Milchkwas in der ehem. UdSSR verbreitetes Getränk aus Molke, das mit → Saccharomyces cerevisiae Meyen ex Hansen unter Zusatz von Zucker, Zuckerkaramel und Aromastoffen hergestellt wird

Milchsäure entsteht beim anaeroben Abbau (→ anaerob) von Kohlenhydraten durch Milchsäurebakterien; Milchsäure (Malat) wird während der Weingärung auch von → Saccharomyces cerevisiae Meyen ex Hansen in einer Konzentration von 100–200 g / l gebildet (→ Wein).

Milchschimmel (Syn.: → Geotrichum *candidum*) sehr häufig an der Reifung verschiedener Milchprodukte, wie → Weichkäse, → Sauermilchkäse, → Edelpilzkäse,

beteiligt; bei → Frischkäse ist *G. candidum* dagegen ein Verderbniserreger.

Miso Tou-china (China), Doenjang (Korea), Tau-cho (Indonesien) bzw. Miso (Japan) ist ein asiatisches → Lebensmittel, bei dem Sojabohnen, mitunter auch Reis oder Getreide mit → Aspergillus oryzae (Ahlburg) Cohn, → Zygosaccharomyces *rouxii* und dem Bakterium *Tetragenococcus halophilus* unter Zusatz von Salz und Wasser fermentiert werden (Abb. Miso). Es wird als würzige, mit Proteinen und Vitaminen angereicherte Paste in Suppen oder als Würzemittel mit Fleischextraktnote für Fisch, Fleisch und Gemüse verwendet.

Mitose identische Reduplikation des genetischen Materials durch Längsspaltung und Verdoppelung der Chromosomen; Verteilung je eines vollständigen Chromosomensatzes auf jeden Tochterkern

Mitosporangium → Sporangium, in dem die Sporenbildung (→ Spore) nur durch

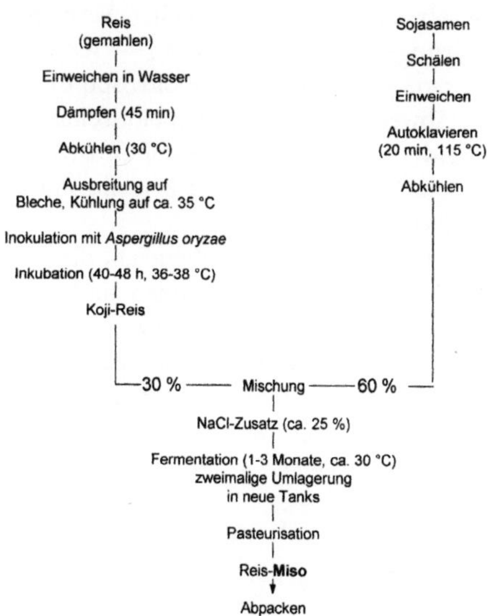

Miso. Herstellung von Miso

mitotische Kernteilungen (→ Mitose)
stattgefunden hat,
→ Meiosporangium

Mitosporen (gr. mitos (Faden, Schlinge))
(Syn.: → Konidien) durch → Mitose entstanden und exogen gebildet; man unterscheidet → Haplomitosporen, → Diplomitosporen oder → Dikaryomitosporen.

mitosporenbildende Pilze (Syn.: Deuteromycotina, Fungi imperfecti, asexuelle Pilze) umfassen 2.600 Gattungen (+ 1.500 Synonyme) mit 15.000 spp.; diese künstliche Unterabteilung enthält die „Reste" (> 95 %) der bekannten mitosporenbildenden Pilze, die nicht einem meiotischen Stadium (→ Meiose) zugeordnet werden können. Mitosporenbildende Pilze mit einer → Hauptfruchtform, die den → Ascomycota oder → Basidiomycota zugeordnet wird, werden als anamorphe Stadien (→ anamorph) dieser Gruppen bezeichnet. Für die Mehrheit der Ascomycota und Basidiomycota sind keine anamorphen Formen bekannt, für die übrigen sind sie bislang noch nicht entdeckt bzw. beschrieben worden. Charakteristika sind
- Abwesenheit eines sexuellen Vermehrungsstadiums (→ Ascus / → Ascosporen, → Basidium / → Basidiospore),
- Abwesenheit jedweder meiotischer oder mitotischer Reproduktionstrukturen (→ Agonomycetes, Myzelia sterilia),
- Anwesenheit von → Konidien, die durch → Mitose entstanden sind.
Die mitosporenbildenden Pilze wurden früher auch als Deuteromycotina bezeichnet, deren traditionelle Unterteilung unter anderem in drei Klassen erfolgte, in → Hyphomycetes, → Agonomycetes und → Coelomycetes.

Monascaceae gehört zur Ordnung → Eurotiales

Es werden Cleistothecien (→ Cleistothecium) gebildet, die in ihnen enthaltenen → Ascosporen sind → hyalin, nicht septiert (→ Septum), ellipsoid und dickwandig. Wichtiger Vertreter im anamorphen Stadium (→ anamorph) ist → Basipetospora.

Monascus gehört zur Familie → Monascaceae

VERWENDUNG IN LEBENSMITTELN
Lebensmittelrelevante Species ist *Monascus purpureus* bei der Herstellung von → Ang-kak und anderer asiatischer Fermentationsprodukte (→ Fermentation).

Monilia gehört zu den mitosporenbildenden Pilzen (→ mitosporenbildende Pilze), teleomorphes Stadium (→ teleomorph): → Neurospora
Monilia spp., führt zu Fruchtfäulen und Blütendürre an Kern- und Steinobst → Monilia-Fäule

Moniliaceae veraltete Bezeichnung für eine Familie, die jetzt zu den mitosporenbildenden Pilzen (→ mitosporenbildende Pilze) gehört; die Moniliaceae besitzen → hyalin oder blaß gefärbte → Hyphen und/oder → Konidien.
→ Hyphomyceten

Monilia-Fäule (Syn.: Polsterschimmel, *Monilia*-Schwarzfäule) Verursacher sind → Monilia *fructigena* (Kernobst) und *M. laxa* (Steinobst), Symptome sind polsterartige Myzelien (→ Myzel) auf der Fruchtoberfläche in mehr oder minder konzentrischen Ringen (beim Apfel unterbleibt die Polsterbildung), Geweebeerweichung und Braunfärbung, Schale lederartig fest, braun-schwarz, Mumifizierung

Moniliales (Syn.: für → Blastomycetes und → Hyphomycetes)

Moniliformin

Moniliella   gehört zu den mitosporenbildenden Pilzen (→ mitosporenbildende Pilze)

Moniliformin   Mykotoxin (3-Hydroxycyclobut-3-en-1,2-dion), das von wenigstens 15 verschiedenen → Fusarium-Species (z.B. *F. avenaceum*, *F. culmorum*, *F. proliferatum*, *F. subglutinans*) gebildet wird (→ Mykotoxine); erstmals 1973 als toxischer Metabolit von *F. moniliforme* isoliert (Abb. Moniliformin). Es existieren keine Grenz- oder Richtwerte.

SCHÄDEN / FOLGEN
Die → LD_{50} liegt bei 4-5 mg pro kg Küken (peroral). In Tierversuchen traten u.a. Ödeme (→ Ödem) im Darmtrakt, Blutungen in Eingeweiden sowie Herzmuskeldegeneration auf.

BEFALLENE LEBENSMITTEL
Getreide, z.B. Mais, Gerste, Durumweizen

monoblastisch   konidienbildende Zelle (→ Konidien), die nur eine → Blastokonidie an einer bestimmten Stelle abschnürt, → polyblastisch

monoverticillat   Verzweigungsstufe von → Penicillium spp., bei der der → Penicillus nur aus Phialiden (→ Phialide) besteht und deshalb keine Verzweigung aufweist → Aspergilloides

Moromi   → Maische der → Shoyu-Herstellung, die bis zu einem Jahr lang reift

Mortierella   gehört zur Familie → Mortierellaceae

Mortierellaceae   gehört zur Ordnung → Mucorales

Most   das beim → Keltern anfallende Filtrat (Traubensaft); Moste (→ Most) mit geringen Zuckergehalten gären schnell an und weitgehend durch, während sehr hohe Zuckergehalte (→ Beerenauslese- und → Trockenbeerenauslese-Moste) nur zögernd und unvollständig gären. Ursache ist der niedrige → a_w-Wert solcher Moste. Der Wasserentzug hemmt den Stoffwechsel und damit die Vermehrung der → Hefen.
→ Wein

Mostbehandlung   Dem → Most werden schweflige Säure (H_2SO_3) oder SO_2 bildende Verbindungen zugesetzt. Das → Schwefeln hemmt das unerwünschte Wachstum von → Apiculatus-Hefen, → Kahmhefen, Schimmelpilzen (→ Schimmelpilze) und Bakterien, insbesondere Essigsäurebakterien, verringert die Braunfärbung (Oxidationsreaktionen) und führt zur Absenkung des Redoxpotentials, wodurch die → Gärung gefördert wird.
Der Most darf einmal entsäuert werden, z.B. durch Calciumcarbonat ($CaCO_3$) oder durch die → biologische Entsäuerung. Die Anreicherung des Ethanolgehaltes (→ Ethanol) durch Saccharosezusatz ist in Deutschland bei Qualitätsweinen mit Prädikat (→ Qualitätswein) nicht erlaubt.
→ Entsäuerung

Moste nach Landesbrauch   werden durch Verdünnung von Kernobstweinen (→ Kernobstweine) mit Wasser hergestellt; sie müssen mindestens 31,7 g / l bzw. 4° Alkohol (→ Ethanol) enthalten.
→ Wein

Mosterhitzung   Kurzzeiterhitzung, → Pasteurisation (30 sec bis 2 min bei 87 °C) von Mosten (→ Most) in Plattenerhitzern und Rückkühlung auf 15 °C zur Entkeimung hochbelasteter Moste

Mostglycerin das schon insbesondere in Auslese-Mosten enthaltene → Glycerin, das durch → Botrytis *cinerea* gebildet wird,
→ Beerenauslese, → Gärungsglycerin,
→ Trockenbeerenauslese

Mostklärung Im Anschluß an die → Hauptgärung muß der → Jungwein (→ Wein) vom → Hefetrub (→ Hefen) getrennt werden, um sensorische Beeinträchtigungen (→ Hefeböckser) zu vermeiden; dieser → Abstich ist meist mit einer frühzeitigen Mostklärung verbunden. Hierzu werden entweder die Kieselgurfiltration oder ein Separator mit einem nachgeschalteten Schichten- bzw. Kieselgurfilter eingesetzt.

Mostvorklärung bedeutet das Absetzen aller festen und flockigen Trubteilchen (Entschleimung); die Trennung des Mostes (→ Most) vom Trub erfolgt durch Ablassen nach einer Standzeit von 12–24 h. Faulem Lesegut sollten primär zur Unterdrückung von Essigsäurebakterien und → Hefen bis zu 50 mg schweflige Säure / l zugesetzt werden (→ Schwefeln). Zusatz von Aktivkohle entfernt unerwünschte Geschmacks- und Geruchsstoffe. → Bentonit (z.B. 150–200 g / hl) dient zur Eiweißstabilisierung. Im Vergleich zum Absetzenlassen verbessert der Einsatz selbstaustragender Klärschleudern (Separatoren) den Klärerfolg.

Mostwaage (Syn.: Senkwaage, Spindel, Aräometer) dient zur Bestimmung der → Oechslegrade im → Most bei 20 °C; entsprechend dem spezifischen Gewicht taucht die Mostwaage unterschiedlich tief in den Most ein. Ein °Oe entspricht einer Erhöhung des spezifischen Gewichtes um 0,001 und damit einer Zuckermenge, aus der → Saccharomyces cerevisiae Meyen ex Hansen ca. 1 g → Ethanol bildet.

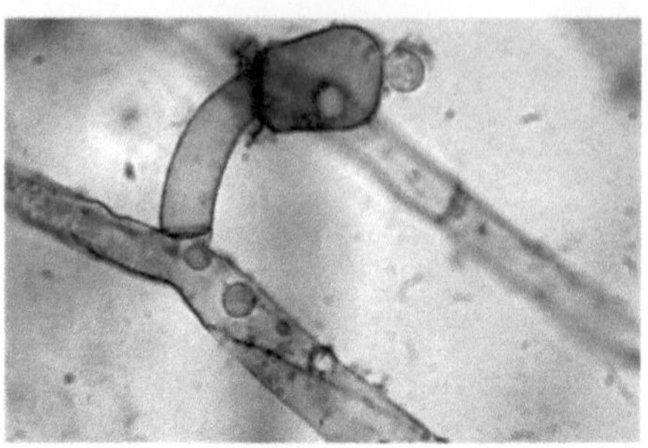

Mucor. Mucor circinelloides

Mucor gehört zur Familie → Mucoraceae
Lebensmittelrelevante Species sind *Mucor circinelloides* (Abb. *Mucor*), *M. hiemalis*, *M. plumbeus*, *M. racemosus*.

BIOLOGIE
hochwachsendes, lockeres, grau oder gelbbraunes → Luftmyzel, wenig → Substratmyzel, schnell wachsend, unseptiert (→ Septum), → Chlamydosporen vorhanden, → Sporangienträger ≤ 4 cm, säulenartige, kugelförmige oder zylindrische → Columella, → Sporangiosporen kugelförmig bis elliptisch, → hyalin oder dunkel, der Sporangienwand (→ Sporangium) sitzen nadelförmige Kristalle (Calciumoxalat) auf, beim Aufplatzen bleibt ein „Kragen" übrig, → Gametongiogamie selten; → Zygosporen sind glatt bis warzig, werden auf sich einander gegenüberstehenden → Suspensoren gebildet

Mucoraceae gehören zur Ordnung → Mucorales

Mucorales (Syn.: Köpfchenschimmel) gehört zur Klasse → Zygomycetes
→ asexuelle Vermehrung über häufig vielsporige Sporangien (→ Sporangium),
→ sexuelle Vermehrung über → Zygosporen, kosmopolitische Saprophyten (→ saprophytisch)
Lebensmittelrelevante Familien sind → Mortierellaceae, → Mucoraceae, → Syncephalastraceae und → Thamnidiaceae.

Mucor-Fäule tritt eher selten bei gelagerten Äpfeln und Birnen auf, Symptome sind Fruchtfleischerweichung, hellbraune Verfärbungen, Austritt von Zellsaft

Mucor-Mykose → Systemmykose von Mensch oder Tier, die von Vertretern der → Mucorales, wie z.B. → Absidia *corymbifera*, → Mortierella spp., → Mucor spp., → Rhizopus spp., hervorgerufen wird

Mufftöne (Syn.: Schimmeltöne) haben in → Wein nicht selten ihre Ursache in der Schimmelpilzkontamination (→ Schimmelpilze) der Rohware (Weintrauben); die Geruchsstoffe (ein Sesquiterpen) sind qualitätsmindernd und werden von → Penicillium roquefortii Thom sowie → Trichothecium und verschiedenen → Mucoraceae gebildet.

mutagen (lat. mutare (abändern, verwandeln)) wirkt ein chemisches oder physikalisches Agens, das eine Erhöhung der Mutationsrate, d.h. der Änderung der genetischen Information einer Zelle, bewirkt

Mutterkorn *Secale cornutum,* Dauerformen (→ Sklerotien) von → Claviceps *purpurea*, die nach der Ascosporeninfektion (→ Ascosporen) von Gramineenblüten hauptsächlich an Roggen gebildet werden (Abb. Mutterkorn); Mutterkorn enthält

Mutterkorn. Mutterkorn in Roggen

ca. 0,25 % an Mutterkorn-Alkaloiden (→ Mykotoxine). 5–10 g Mutterkorn können für einen Erwachsenen tödlich sein. → Ergotismus

Mutterkorn-Alkaloide sind in den → Sklerotien des Mutterkornpilzes (→ Mutterkornpilz) → Claviceps *purpurea* enthalten, der häufiger Roggen, seltener Weizen befällt
→ Ergotalkaloide, → Ergotisums

Mutterkornpilz (Syn.: → Claviceps *purpurea*)

Mycocentrospora gehört zu den mitosporenbildenden Pilzen (→ mitosporenbildende Pilze)

Mycocentrospora-Lagerfäule tritt primär an gelagerten Karotten auf und wird durch → Mycocentrospora *acerina* hervorgerufen; schwer von einer → Schwarzfäule zu unterscheiden; Symptome sind leicht eingesunkene schwarze Flecken, deutlich abgegrenzt. → Lagerfäule

Mycophenolsäure Mykotoxin [6-4-Hydroxy-6-methoxy-7-methyl-3-oxo-5-phthalanyl)-4-methyl-4-hexenoicsäure), das 1896 erstmalig aus → Penicillium brevicompactum Dierckx isoliert wurde (→ Mykotoxine); Mycophenolsäure wird darüber hinaus von *Penicillium roquefortii* → Thom Chemotyp I und II und *P. raciborskii*.gebildet. Es existerien keine Grenz- oder Richtwerte.

SCHÄDEN / FOLGEN
Die → LD_{50} liegt bei 2.500 mg pro kg Maus (peroral). Mycophenolsäure induziert Mutationen und Chromosomen-Aberrationen bei Mäusen und besitzt gleichzeitig eine antibiotische und antitumor Wirkung; als vielversprechendes Mittel gegen Psoriaris getestet.

BEFALLENE LEBENSMITTEL
→ Roquefortkäse scheint von Blauschimmelkäsen (→ Blauschimmelkäse) am

Mycophenolsäure

stärksten belastet zu sein (Abb. Mycophenolsäure).

Mycosphaerella gehört zur Familie → Mycosphaerellaceae

Mycospherellaceae gehört zur Ordnung → Dothideales

Mykoallergose allergische Reaktion auf einen Kontakt mit Schimmelpilzen (→ Schimmelpilze); Niesanfälle, Schnupfen, Husten, Durchfall, Erbrechen sind die Folgen, asthmoide Bronchitis und → Asthma bronchiale ist möglich.

Mykobiota Gesamtheit aller → Pilze, die in einem Gebiet, → Substrat etc. vorhanden sind

Mykoflora veraltete Bezeichnung für → Pilze und Flechten; nach der aktuellen Systematik werden die Pilze nicht den Pflanzen zugerechnet; die heute übliche Bezeichnung ist → Mykobiota.

Mykologie Wissenschaft von den Pilzen (→ Pilze), Pilzkunde

Mykoprotein pilzliches Eiweiß, (Handelsname Quorn), das aus dem → Myzel eines apathogenen Stammes von → Fusarium *graminearum* A35 für den menschlichen Verzehr hergestellt wird; der Schimmelpilz (→ Schimmelpilze) wird auf Weizen- oder Maisstärke in Fermentern (→ Fermentation) angezogen.

Mykose Pilzerkrankung von Mensch oder Tier, seltener von Pflanzen (z.B. Tracheomykose); nach der Besiedlung des Wirtes kommt es durch die Vermehrung des Pilzes (→ Pilze) zu einer Infektion.

Mykosin stickstoffhaltige Substanz, ähnlich dem tierischen → Chitin, die in der → Zellwand von Pilzen (→ Pilze) enthalten ist

Mykostasis Hemmung des pilzlichen Wachstums → Fungistasis, → Sporostasis

Mykostatin (Syn.: → Nystatin)

Mykota (gr. mykes) Bezeichnung für → Pilze

Mykotoxikose Intoxikationen von Mensch oder Tier, die durch die von Schimmelpilzen (→ Schimmelpilze) synthetisierten Stoffwechselprodukte ausgelöst werden; eine Mykotoxikose ist folgendermaßen gekennzeichnet:
- nicht übertragbar
- Arzneimittel zeigen bei der Symptombehandlung nur geringe Wirkung
- Auslösung meist durch ein kontaminiertes Nahrungsmittel
Man unterscheidet zwischen der exogenen Mykotoxikose, die nach Aufnahme kontaminierter → Lebensmittel oder nach Inhalation mykotoxinhaltiger Schimmelpilzsporen (→ Konidien, → Mykotoxine) auftritt, und der endogenen Mykotoxikose. Bei letzterer findet die Toxinbildung in-situ, d.h. im infiltrierten Gewebe statt. Endogene Mykotoxikosen sind bisher nur in Form einer → Aflatoxikose sowie → Gliotoxikose bekannt. Schutzmaßnahmen gegen Mykotoxikosen sind Sortierung, Höchstmengenbegrenzungen, Entgiftung, Prophylaxe von Urproduktion über die Lebensmittelverarbeitung bis

hin zur Aufbewahrung der Nahrungsmittel im Haushalt.

Mykotoxinbildner Schätzungen gehen davon aus, daß ca. 350 Schimmelpilz-Species (→ Schimmelpilze) → Mykotoxine synthetisieren. Dabei handelt es sich vorwiegend um Vertreter der Gattungen → Aspergillus, → Fusarium und → Penicillium als → mitosporenbildende Pilze. Seltener sind Mykotoxinbildner bei den Pilzen zu finden, die sich durch eine geschlechtliche Vermehrung (→ sexuelle Vermehrung) fortpflanzen, wie → Mucor spp. oder → Claviceps *purpurea*. → Mutterkorn, → Mykotoxine

Mykotoxinbildung Die Mykotoxinbildung (→ Mykotoxine) ist von verschiedenen Faktoren abhängig (Tabelle Mykotoxinbildung). Kohlenhydrate, wie Glucose und Saccharose, und Aminosäuren, wie Glycin und Asparagin, nehmen bei der Mykotoxinbildung eine Schlüsselstellung ein. Kohlenhydratreiche Substrate (→ Substrat) (z.B. Getreidesamen) unterliegen eher einer Mykotoxinkontamination als proteinreiche (z.B. Fleisch). Primärkontamination heißt, daß z.B. Getreidesamen durch → Feldpilze befallen werden; es erfolgt eine Mykotoxinkontamination, das Endprodukt (z.B. Brot) ist mit Mykotoxinen kontaminiert, ohne einen

Schimmelpilzbefall aufzuweisen. Sekundärkontamination heißt, daß das Endprodukt selbst durch → Schimmelpilze befallen wird, gefolgt von einer Mykotoxinkontamination. → Carry over

Mykotoxine niedermolekulare, aromatische, seltener aliphatische Verbindungen der → Mikropilze (→ Schimmelpilze), die während der → Idiophase in das jeweilige → Substrat ausgeschieden werden; der Verzehr kann zu einer Beeinträchtigung der Gesundheit führen, da Mykotoxine Störungen im Kohlenhydrat-, Protein-, und Lipidstoffwechsel, der mitochondrialen Atmung oder der Nukleinsäuresynthese hervorrufen. Zur Zeit sind knapp 400 Mykotoxine bekannt, z.B. → Alternaria-Toxine, → Byssochlaminsäure, → Citreoviridin, → Cyclopiazonsäure, → Gliotoxin, → Islanditoxin, → Luteoskyrin, → Lysergsäure, → Penicillinsäure, → Penitrem A, → Rubratoxin, → Satratoxine, → Sterigmatocystin, → tremorgene Mykotoxine. Im Lebensmittelbereich dürften wahrscheinlich sieben Mykotoxine bzw. Mykotoxingruppen relevant sein: → Aflatoxine, → Citrinin, → Fumonisine, → Ochratoxin A, → Patulin, → Trichothecene und → Zearalenon. Schätzungen gehen davon aus, daß ca. 25 % aller weltweit produzierten Nahrungsmittel mit Mykotoxinen kontaminiert sind. → Myzetismus

Mykotoxinbildung. Einflußfaktoren auf die Biosynthese von Mykotoxinen durch Schimmelpilze (nach Reiß 1998)

Physikalische Faktoren	Chemische Faktoren	Biologische Faktoren
Feuchtigkeit	Atmosphäre	Inokulumpotential
a_w-Wert	CO_2	
Trocknungsgeschwindigkeit	O_2	Pflanzenstress
Wiederanfeuchtung		
relative Luftfeuchte	Substratzusammensetzung	Pflanzenresistenz
Temperatur	Pestizide	genetisches Potential der Pilze
mechanische Beschädigung	Konservierungsstoffe	mikrobielle Interaktionen
Zeit	Düngung	

Mykotoxinnachweis Verschiedene Nachweisverfahren sind möglich:
- biologische Nachweisverfahren, z.B. Kaninchenhauttest (intrakutan, Hautreaktionen), Hühnerembryotest (Applikation in Hühnereiern, Absterben der Embryonen), Pollentest (Auskeimungsverhalten), Fütterungsversuche (Applikation in Futter von Versuchstieren)
- physiko-chemische Verfahren, wie Dünnschicht-, Gas-, Gasflüssigkeits- sowie Hochdruckflüssigkeits-Chromatographie, Massenspektroskopie und Infrarotspektroskopie; die Gas-Chromatographie eignet sich primär zum Nachweis der flüchtigen → Trichothecene
- immunochemische Verfahren, z.B. ELISA-Test (Enzyme-Linked Immunosorbent Assay) und RIA-Test (Radio Immuno Assay)

Mykotoxinprophylaxe geeignete Maßnahmen sind: Produktion und Verarbeitung von Rohprodukten mit geringer Pilzbelastung, → Pasteurisation bzw. Sterilisation von Zwischen- und Endprodukten, geeignete Verpackung, Einsatz von Konservierungsmitteln (→ Konservierungsmittel), Kühlen, Tiefgefrieren, Trocknen, → CA-Lager, Verwendung toxinfreier Futtermittel, Einsatz nichttoxigener → Starterkulturen bei der Herstellung von schimmelgereiften Erzeugnissen (→ fermentierte Lebensmittel)

Mykoviren auch als Virus-Like-Particles (VLP) bezeichnet; sie finden sich im → Myzel und in Sporen (→ Spore) von mitosporenbildenden Pilzen (→ mitosporenbildende Pilze), → Ascomycota, → Basidiomycota; Übertragung nur durch Kopulation und Protoplastenfusion, fehl-

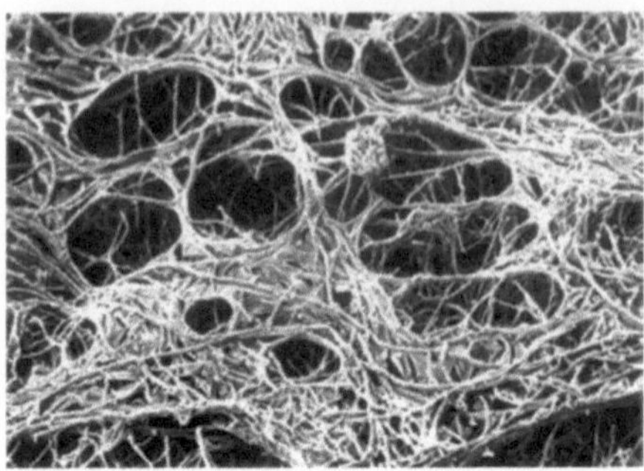

Myzel. Myzel von *Aspergillus flavus*

ende Infektiösität und meist keine Lysis der Wirtszellen, → Killerfaktoren, → Killerhefen

Myrothecium gehört zu den mitosporenbildenden Pilzen (→ mitosporenbildende Pilze)

Myxomycota (Syn.: Echte Schleimpilze) (gr. myxa (Schleim)) Der Entwicklungsgang ist durch die Bildung eines Plasmodiums (→ Plasmodium) gekennzeichnet.

Myzel Gesamtheit aller vegetativen → Hyphen, das Pilzgeflecht eines fädigen → Thallus; es dient der Haftung, Ausbreitung und Nährstoffaufnahme (→ Substratmyzel) und kann verschiedene Strukturen, z.B. → Fruchtkörper, hervorbringen (Abb. Myzel). Zellverbände, die nicht aus → Hyphen, sondern durch → Sprossung entstanden sind, bezeichnet man als → Pseudomyzel.

Myzelia sterilia (Syn.: → Agonomycetes)

Myzetismus Pilzvergiftung durch Aufnahme eines Giftpilzes (→ Makropilze), dessen Gifte im → Fruchtkörper gespeichert sind und nicht in das umgebende → Substrat abgegeben werden

N

Nachgärung Die Nachgärung durch Kaltlagerung (Reifung) dauert bei untergärigem Bier 1-3 Monate (→ untergäriges Bier), bei obergärigem Bier 7–21 Tage (→ obergäriges Bier). Die restlichen Zukker werden vergoren. Dies führt zur gewünschten → Kohlendioxid-Anreicherung (von 0,25 auf 0,40 %) und zur Bildung zusätzlicher Geschmacks- und Bukettstoffe. Durch CO_2-Wäsche lassen sich unerwünschte Aromastoffe entfernen. Die Nachgärung bei → Wein ist durch die Sedimentation der → Hefen gekennzeichnet, die nur noch geringe Mengen → Ethanol und CO_2 bilden. Gleichzeitig kann ein kontrollierter → biologischer Säureabbau durchgeführt werden.

Nachgärzucker ist die → Maltotriose; ihre Konzentration in der Bierwürze liegt bei 11 % (→ Bier, → Würze)

Nährboden enthält verschiedenste Inhaltsstoffe, die die Mikroorganismen (→ Mikroorganismus) für das Wachstum benötigen; die Ingredenzien werden in g pro l dem destillierten Wasser zugesetzt und anschließend für 15 min bei 121 °C autoklaviert (→ Autoklav). Nährböden für lebensmittelrelevante → Schimmelpilze sind im folgenden aufgeführt (siehe auch Tabelle Nährboden).

- AFPA (Selektiv-Medium für → Aspergillus flavus Link und → Aspergillus parasiticus Speare)

Pepton	10,0
Hefeextrakt	20,0
Eisen-Ammonium-Citrat	0,5
Dichloran*	0,002
Chloramphenicol*	0,1
→ Agar	15,0
pH 6,3 ± 0,2	

* können vor dem Autoklavieren zugesetzt werden

- Kirsch-Dekoktions-Agar (Cherry-Decoction Agar)

Nährboden. Ausgewählte Nährmedien zur Identifizierung lebensmittelrelevanter Schimmelpilze (verändert nach Samson et al., 1998; verändert nach Ainsworth und Hawksworth 1995)

Schimmelpilz	Nährmedium
Acremonium	CMA, MEA, OA
Alternaria	HAY, MEA, PCA
Aspergillus xerophile Species	CYA, Cz, MEA M40Y, Cz20S
Aureobasidium	MEA
Botrytis	HAY, MEA, PCA
Byssochlamys	MEA, OA
Chrysonilia	OA
Cladosporium	MEA, OA, PCA
Emericella	MEA, OA
Epicoccum	MEA, OA, PCA, SNA
Eurotium	Cz oder MEA + 20 oder 40 % Saccharose, M40Y
Fusarium	CLA, PCA, PDA, SNA, YES
Geotrichum	MEA
Monascus	MEA, OA
Moniliella	MEA, PCA
Mucorales Zygosporenbildung	MEA (4 %) CH (*Mucor*), MYA (*Absidia*)
Neosartorya	MEA, OA
Paecilomyces	MEA, OA
Penicillium	Cz, MEA, MEGA, CYA, YES
Phialophora	MEA, OA
Phoma	MEA, OA
Scopulariopsis	MEA, OA
Stachybotrys	MEA, OA
Talaromyces	CMA, MEA, OA, YES
Trichoderma	MEA, OA
Trichothecium	MEA
Ulocladium	HAY, MEA, PCA
Verticillium	MEA
Wallemia	MEA + 20 % oder 40 % Saccharose, M40 Y

CH = Cherry Decoction agar, CLA = Carnation Leaf Agar, CMA = Cornmeal Agar, CYA = Czapek Yeast extract Agar + 20 % sucrose, Cz = Czapek agar, Cz20S = Czapek agar + 20 % Sucrose, DG 18 = Dichloran Glycerol agar, HAY = Hay Infusion Agar, MEA = Malt Extract Agar, MEGA = Malt Extract Glucose Agar, M40Y = MEA + 40 % sucrose, OA = Oatmeal Agar, PCA = Potato Carrot Agar, PDA = Potato Dextrose Agar, SNA = Synthetischer Nährboden, YES = Yeast Extract Sucrose agar.

1 kg Kirschen (ohne Steine und Stiele) werden in einem Liter Wasser bis zum Kochen erhitzt und 2 h leicht gesimmert, anschließend durch ein Tuch gegeben und bei 110 °C (= 0,5 atm) 30 min autoklaviert. 15 g Agar werden dann in 800 ml Wasser gelöst und bei 121 °C 15 min autoklaviert. Nach dem Zusatz von 200 ml Kirschextrakt wird der Kirschsud mit dem Agar gut gemischt. Daran schließt sich ein nochmaliges Autoklavieren für 5 min bei 102 °C (= 0,1 atm) an. End-pH 3,8-4,6. Kirsch-Dekoktions-Agar eignet sich zur Identifizierung von → Mucor spp. (Zygosporenbildung, → Zygospore).

– Nelkenblatt-Agar (Carnation Leaf Agar, CLA)
Nelkenblätter werden in Stückchen geschnitten, vorsichtig getrocknet und mit χ-Strahlung oder Propylenoxid-Behandlung sterilisiert. Einige Blattstückchen können jetzt auf Wasser-Agar (1,5–2 %) ausgelegt werden.

– Czapek-Agar (Cz)

Saccharose	30,0
$NaNO_3$	3,0
K_2HPO_4	1,0
KCl	0,5
$MgSO_47H_2O$	0,5
$FeSO_47H_2O$	0,01
Agar	15,0
pH 6,2 ± 0,2	

– Cz20S
Czapek-Agar, der 200 g (20 %) Saccharose enthält

– Czapek-Hefeautolysat-Agar (CYA)

Saccharose	30,0
Hefeextrakt	5,0
$NaNO_3$	3,0
K_2HPO_4	1,0
KCl	0,5
$MgSO_47H_2O$	0,5
$FeSO_47H_2O$	0,01
Agar	20,0
pH 6,2 ± 0,2	

– Dichloran 18 % Glycerin-Agar (DG 18)

Glucose	10,0
Pepton	5,0
KH_2PO_4	1,0
$MgSO_4$ 7 H_2O	0,5
Agar	15,0

Zugabe der Ingredienzien in ca. 800 ml destilliertes Wasser, erhitzen, bis sich der Agar löst, dann mit Aqua dest. auf 1 l auffüllen; nach dem Zusatz von 220 g → Glycerin und 2 mg Dichloran autoklavieren, → a_w-Wert = 0,955; eignet sich zur Untersuchung von AWR-Lebensmitteln (→ AWR-Lebensmittel)

– Dichloran-Bengalrot-Chloramphenicol-Agar (DRBC)

Pepton	5,0
Glucose	10,0
KH_2PO_4	1,0
$MgSO_47H_2O$	0,5
Dichloran*	0,002
Bengalrot	0,025
Chloramphenciol	0,1
Agar	15,0
pH 5,6 ± 0,2	

– Heu-Infusions-Agar
autoklavieren von 50 g Heu in 1 l Wasser bei 121 °C für 30 min, abpressen durch ein Tuch und auffüllen auf 1 l; pH mit K_2HPO_4 auf 6,2 einstellen, zu 1.000 ml 15 g Agar zugeben und autoklavieren

– Maismehl-Agar (Cornmeal Agar, CMA)

Maismehlextrakt	2,0
Agar	15,0

– Malzextrakt-Agar (MEA*)

Malzextrakt	30,0
Pepton	5,0
Agar	15,0
pH 5,4 ± 0,2	

10 min bei 115 °C autoklavieren
* Je nach Hersteller variiert die Zusammensetzung.

– Malzextrakt-Glucose-Agar (MEGA)

Malzextrakt	20,0
Pepton	1,0
Glucose	20,0
Agar	15,0
pH $5,4 \pm 0,2$	

– Malz-Hefe 40 % Saccharose-Agar (M40Y)

Malzextrakt	20,0
Hefeextrakt	5,0
Saccharose	400,0
Agar	15,0

– Malz-Salz-Agar (MSA)

Malzextrakt	20,0
NaCl	75,0
Agar	20,0

– Malzextrakt-Hefeextrakt-Chloramphenicol-Ketoconazol-Agar (MYCK)

Malzextrakt	20
Hefeextrakt	2
Chloramphenicol	0,5
Agar	15
pH 5,6	

50 mg Ketoconazol (gelöst in 95 % Vol. Ethanol, sterilfiltriert, 1 %ige Lösung) sind dem Nährboden pro l nach dem Autoklavieren zuzusetzen

– Hafermehl-Agar (Oatmeal agar, OA) 30 g Haferflocken werden in 1 l Wasser bis zum Kochen erhitzt und anschließend 2 h leicht gesimmert. Der Brei muß durch ein Tuch abgepreßt und auf 1 l aufgefüllt werden. Nach der Zugabe von 15 g Agar autoklavieren.

– Kartoffel-Karotten-Agar (Potato-Carrot Agar, PCA) 40 g Karotten und 40 g Kartoffeln werden separat gewaschen, geschält, gestückelt und in 1 l Wasser 5 min gekocht und abfiltriert. Für 500 ml Aqua dest. werden 250 ml Kartoffel- und 250 ml Karottenextrakt sowie 15 g

Agar benötigt; anschließend autoklavieren.

– Synthetischer Nährstoffarmer-Agar (SNA)

KH_2PO_4	1,0
KNO_3	1,0
$MgSO_47H_2O$	0,5
Glucose	0,2
Saccharose	0,2
Agar	20,0

Stücke sterilen Filterpapiers können auf den Agar gelegt werden.

– Hefeextrakt-Saccharose-Agar

Hefeextrakt	20,0
Saccharose	150,0
Agar	20,0

Im folgenden sind einige Nährböden für lebensmittelrelevante → Hefen aufgeführt:

– Acetat-Agar

Natriumazetat	1,0
→ Raffinose	0,2 oder
Glucose	0,4
Agar	20,0
pH 5,8	

– Essigsäure-Agar

Glucose	100,0
Trypton	10,0
Hefeextrakt	10,0
Agar	20,0

Das geschmolzene Medium wird auf ca. 45 °C abgekühlt, Eisessigsäure in einer Konzentration von 1 % zugefügt, schnell vermischt und anschließend in Petrischalen ausgegossen. Dient zur Prüfung der Hefen auf Resistenz gegen → Essigsäure.

– Glucose-Pepton-Hefeextrakt (GP)

Glucose	40,0
Pepton	10,0
Hefeextrakt	5,0
Agar	20,0

– Gorodkwa's-Agar

Glucose	1,0
Neopepton	10,0
NaCl	5,0
Agar	30,0

– Hefe-Malzextrakt-Agar

Malzextrakt	3,0
Hefeextrakt	3,0
Pepton	5,0
Glucose	10,0
Agar	20,0

– Hefe-Malz-Agar

Malzextrakt	3,0
Hefeextrakt	3,0
Pepton	5,0
Glucose	10,0
Agar	20,0

– Tryptone-Glucose-Hefeextrakt-Agar
(TGYA)

Glucose	100,0
Trypton	5,0
Hefeextrakt	5,0
Agar	15,0

Dem Nährboden sollten entweder
100 mg / l Chloramphenicol oder
100 mg / l Oxytetracyclin zugesetzt
werden. TGYA eignet sich zur Untersuchung von Lebensmitteln
(→ Lebensmittel), in denen keine
→ Schimmelpilze vorkommen.

Naringinase   Enyzm von → Aspergillus
niger van Tieghem, das die Spaltung von
Naringin in Naringenin und Rutinose
bewirkt; Naringinase wird zur Entbitte-
rung von Grapefruitsaft eingesetzt.

Naßfäule   wird häufig durch → Rhizopus
stolonifer (Ehrenb.) Lind und verwandte
Species verursacht; führt zur Auflösung
des Zellgewebes durch → Pektinasen (z.B.

Erdbeeren); Symptome sind Gewebeaufweichung, Sekundärinfektionen

Natamycin   (Syn.: → Pimaricin)

Natrium-orthophenylphenolat   → Orthophenylphenol, → Fungizide

Nebenfruchtform   → anamorph, bezeichnet die vegetative, ungeschlechtliche Vermehrungsform (→ asexuelle Vermehrung)
von Pilzen (→ Pilze), die auf eine mitotische Teilung (→ Mitose) zurückgeht, z.B.
die → asexuell gebildeten → Konidien der
Gattung → Penicillium
→ mitosporenbildende Pilze

Nectria   gehört zur Familie → Hypocreaceae

Neosartorya   gehört zur Familie → Tri-
chocomaceae, anamorphes Stadium
(→ anamorph): → Aspergillus *fumigatus*
Gruppe
Neosartorya besitzt hitzeresistente
→ Ascosporen, → Hitzeresistenz
BEFALLENE LEBENSMITTEL
Verderb von erhitzten Fruchtsäften,
Obstkonserven, Marmeladen und Konfi-
türen

Nephropathie   degenerative Veränderung
des Nierengewebes
→ Endemische Balkan-Nephropathie

Nephrotoxin   Mykotoxin, das das Nieren-
gewebe schädigt (→ Mykotoxine)

Neurospora   gehört zur Familie → Sordariaceae
Lebensmittelrelevante Species, sporadisch
auftretend, sind *Neurospora crassa*, *N.
sitophila*, *N. intermedia*, Verursacher des
„Roten Brot- oder Bäckerschimmels".
→ Bäckerasthma

Neurotoxin Gift, das das Nervensystem angreift

nichtgärfähige Atmungshefen → Atmungshefen

niedere Pilze hierzu gehören z.B. die Chytridiomycota, die Hypochytriomycota und die → Oomycota; diese Bezeichnung stellt keine Abstammungsgemeischaft dar. Da der Name ein Taxon vortäuscht, wird er vermieden. → höhere Pilze

Nigrospora gehört zu den mitosporenbildenden Pilzen (→ mitosporenbildende Pilze) , anamorphes Stadium (→ anamorph) der Ordnung → Trichosphaeriales, teleomorphes Stadium (→ teleomorph): → Khuskia

Nipa-Ester (Syn.: → PHB-Ester)

3-Nitropropionsäure (Syn.: β-Nitropropionsäure, Bovinocidin) Mykotoxin (→ Myotoxine), das von → Arthrinium spp. (*A. sacchari, A. saccharicola*), sowie von einigen Stämmen von → Aspergillus oryzae (Ahlburg) Cohn sowie → Aspergillus parasiticus Speare und möglicherweise auch von → Aspergillus flavus Link sowie → Penicillium spp. (z.B. *P. atrovenetum*) gebildet wird; es existieren keine Grenz- oder Richtwerte.

Schäden / Folgen
Die → LD_{50} liegt bei 110 bzw. 68,1 mg pro kg männlicher bzw. weiblicher Maus (peroral).

Nivalenol

Befallene Lebensmittel
Mit 3-Nitropropiosäure kontaminierte Nahrungsmittel (Zuckerrohr) haben in China zu schwerwiegenden Lebensmittelvergiftungen geführt. Daher resultiert auch die Bezeichnung → Arthrinium-Zukkerrohrvergiftung.

Nivalenol Mykotoxin ($3\alpha,4\beta,7\alpha,15$-Tetrahydroxy-12,13-epoxythrichothec-9-en-8-on), das von → Fusarium spp. (z.B. *F. equiseti, F. graminearum, F. sporotrichioides*) gebildet wird (→ Mykotoxine); Nivalenol wurde erstmalig 1982 beschrieben (Abb. Nivalenol). Es existieren keine Grenz- oder Richtwerte.

Schäden / Folgen
Die → LD_{50} liegt bei 3,0 mg pro kg Maus. Nivalenol wirkt dermatotoxisch und inhibiert die Proteinbiosynthese an den Ribosomen.

Befallene Lebensmittel
Getreide, wie Weizen, Gerste, Hafer, Roggen, Reis und Mais. Es tritt häufig in Verbindung mit → Deoxynivalenol.

Normaltriebhefen besitzen im Gegensatz zu → Starktriebhefen eine geringere → Triebkraft

O

Oberflächenmyzel (Syn.: → Luftmyzel)

obergärige Hefen → Staubhefen, die sparrige Sproßverbände bilden und an die Oberfläche des Gärgutes steigen (Deckenbildung); zum Ende der → Gärung kommt es nicht wie bei den → Bruchhefen zur Flockung oder Bruchbildung. Zu den obergärigen Hefen werden alle Rassen der Brennerei- und Backhefen sowie die zur Herstellung obergäriger Biere (→ obergäriges Bier) eingesetzten → Hefen gerechnet.

BIOLOGIE
Raffinosevergärung 33,3 %, d.h. durch → Invertase wird von → Raffinose nur Fructose abgespalten, Galactose und Glucose bleiben als → Melibiose zurück, da keine → Melibiase vorhanden ist; → Sporulation 48 h, Cytochromspektrum 4 Banden, Vermehrungsoptimum 25 °C, Katalase-Optimum 15 °C, pH 6,5–6,8 Gärungstechnologie: → Hauptgärung 3 Tage, 15–25 °C, obergärige Hefen können bis zu 150 mal geführt werden, → Nachgärung meist → Flaschengärung bei 8–20 °C für 2–3 Wochen (→ untergärige Hefen)

obergäriges Bier die → Würze wird auf 16–20 °C gekühlt und mit → Anstellhefe beimpft, die Gärzeit beträgt aufgrund der relativ hohen Temperatur 2–3 Tage; Abfüllung direkt oder nach kurzer Lagerdauer (3–21 Tage) bei Temperaturen von 16–20 °C; typische obergärige Biere sind Ale, Alt, Berliner Weißbier, Kölsch, Porterbiere, Stout, Weizen.
→ Bier, → untergäriges Bier, → Vollbier

obligat Ein obligater Parasit kann sich nur vom lebenden → Substrat ernähren und entwickeln.
→ fakultativ, → saprophytisch

Ochratoxikose in erster Linie durch → Ochratoxin A verursacht, das hauptsächlich von der → Aspergillus ochraceus Gruppe und → Penicillium *verrucosum* gebildet wird; die Bildungsbedingungen für Ochratoxin A sind nicht nur in Nordeuropa, sondern auch in Mitteleuropa gegeben. Neben kontaminierten Schlachtschweinen und kontaminiertem Geflügel (→ Carry over) kann eine primäre Intoxikation durch den Verzehr von toxinhaltigen Getreide- und Maisprodukten sowie toxinhaltigem → Bier auftreten.
→ Endemische Balkan-Nephropathie

Ochratoxin A → Ochratoxine → Mykotoxine (Isocumarine) der → Aspergillus ochraceus Gruppe (Tropen), → Penicillium *verrucosum* (gemäßigte Breiten) sowie → Petromyces *alliaceus* Wichtigster und giftigster Vertreter von sechs Analogen ist Ochratoxin A (Abk. OTA, 7-Carboxy-5-chloro-8-hydroxy-3,4-dihydro-3*R*-methylisocoumarin-7-L-β-phenylalanin), das erstmals 1965 aus Kulturen von → Aspergillus *ochraceus* Wilhelm isoliert wurde. Ochratoxin B ist das chlorfreie Derivat von OTA und wird nur sehr selten in Lebensmitteln (→ Lebensmittel) gefunden (Abb. Ochratoxine). Grenz- oder Richtwerte einzelner EU-Mitgliedsstaaten betragen 0,03–25 µg pro kg Lebensmittel (vorwiegend Getreide, Schweinenieren).

SCHÄDEN / FOLGEN
OTA ist ein starkes Nierengift und an der Entstehung der → Nephrotoxikose (→ Nephrotoxin), unter anderem bei Schweinen, Kühen und Schafen sowie der Endemischen Balkan-Nephropathie (→ Endemische Balkan-Nephropathie) beteiligt. Ca. 50 % der auch in der Bundesrepublik Deutschland untersuchten Humanblutseren weisen 0,1–1,0 µg OTA / l auf. Wirkung: nephrotoxisch, → teratogen (?), immunsuppressiv (→ Immunsuppression), kanzerogen,

Ochratoxin A: R = Cl
Ochratoxin B: R = H

Ochratoxine. Ochratoxin A und B

hohe akute Toxizität mit einer LD_{50} von
20–22 mg pro kg Ratte (peroral); auf zel-
lulärer Ebene Störung der Aminoacylie-
rung von tRNA

BEFALLENE LEBENSMITTEL
Vorkommen vermehrt in pflanzlichen
Lebensmitteln wie Getreide, Getreideer-
zeugnissen, → Malz, Gemüse, → Kaffee
(häufig), → Carry over in Fleisch möglich
Das Maischen (→ Maische) und
→ Brauen OTA-haltiger Malzgerste führt
nur zu einer teilweisen Zerstörung von
OTA, bis zu 39 % des Mykotoxins können
in das fertige → Bier übergehen. Höchst-
mengen in Lebensmitteln von 2–4 µg / kg
werden diskutiert. OTA ist hitzestabil,
Inaktivierung in Futtermitteln durch
Ammoniak (NH_3) ist möglich, häufig
kommt es vergesellschaftet mit → Citrinin
vor. Eine Bestrahlung mit $\leq$ 10 kGy
(→ Gray) förderte die OTA-Synthese bei
A. ochraceus.

Ödem   (gr. Oidema (Schwellung)) starke
Anreicherung von Gewebeflüssigkeit im
interzellularen Raum

Oechslegrade   (Syn.: Mostgewicht) geben
den Gehalt an Zucker und anderen
Extraktstoffen wie Säuren, Mineralstoffe,
Proteine, → Pektine etc. des Mostes
(→ Most) an; die Bestimmung erfolgt mit
einer → Mostwaage.

Ogi   ein auf der Basis von Mais in Nige-
ria und Benin durch → Fermentation mit

verschiedensten Schimmelpilzen
(→ Schimmelpilze) (→ Aspergillus spp.,
→ Penicillium spp., → Rhizopus spp.,
→ Cephalosporium spp.) und → Hefen
(z.B. → Saccharomyces cerevisiae Meyen
ex Hansen, → Candida spp., → Rhodotorula spp.) hergestellter „Kuchen", der
gekocht verzehrt wird

Oidium
- → Spermatium, das auf Hyphenver-
  zweigungen (→ Hyphen), insbesondere
  von heterothallischen (→ heterothallisch) Basidiomycota gebildet wird
- zylindrische, rechteckige Arthrokoni-
  die (→ Arthrokonidien = Gliederspore),
  die durch den Zerfall von stark septierten Hyphenenden (→ Hyphen) entsteht, z.B. → Geotrichum *candidum*
- *Oidium*
  gehört zu den mitosporenbildenden
  Pilzen (→ mitosporenbildende Pilze);
  die Bezeichnung *Oidium* wurde früher
  auch als Gattungsname für verschiedene imperfekte Pilzgattungen
  (→ imperfektes Stadium) verwendet.

Oncom merah (Oncom hitah)   mit → Neurospora *sitophila* und → Rhizopus *oligosporus* fermentierte, javanesische Soja-
bohnenprodukte

Ontjom   (Syn.: Oncom) indonesisches
Fermentationsprodukt (→ Fermentation),
das aus Erdnußpreßkuchen hergestellt
wird; dazu muß die Substratoberfläche
mit → Neuropora *sitophila*, seltener mit
→ Rhizopus *microsporus*, beimpft werden.
Das Fermentationsprodukt wird geröstet
oder in Öl frittiert und dient als Fleischersatz (Abb. Ontjom).

Onyalai   eine in Afrika vorkommende,
endemische Blutkrankheit (→ endemisch) bei Bantu-Stämmen; Symptome
sind hämorrhagische (→ Hämorrhagie)

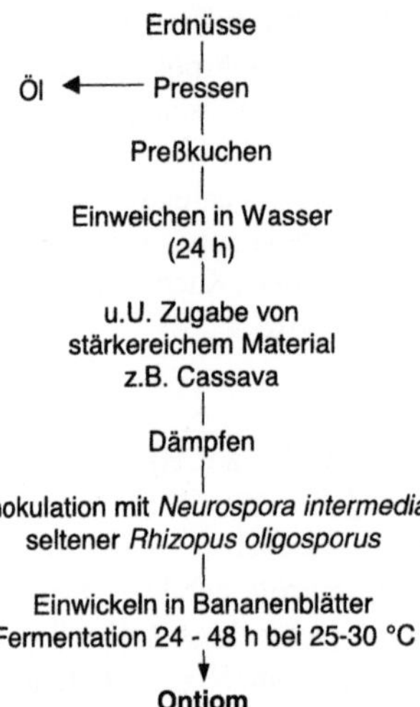

Ontjom. Herstellung von Ontjom

Anschwellungen der Mundschleimhaut, Thrombozytopenie, Anämie.
In Verbindung mit Onyalai wiesen verdächtige Hirseproben einen erhöhten Befall mit → Phoma *sorgina* auf. Dieser Pilz bildet Magnesium- und Calciumsalze der → Tenuazonsäure, ein Mykotoxin (→ Mykotoxine), das auch von → Alternaria spp. synthetisiert wird.
→ Alternaria-Toxine

Onygenaceae gehört zur Ordnung → Onygenales

Onygenales gehört zur Abteilung → Ascomycota

Oogonium weibliches → Gametangium von Vertretern der → Zygomycota und → Oomycota, das zu den → Heterogameten gerechnet wird und in dem weibliche Gameten (→ Gamet) entstehen
→ Antheridium

Oomycota (gr. oion (Ei)) gehören zum Reich der → Straminipila; charakteristisch ist die Bildung von sexuellen Oosporen. Die → asexuelle Vermehrung erfolgt über → Zoosporen, → Sporangiosporen oder → Konidien; haben keine Bedeutung im Lebensmittelbereich.

Oospora (Syn.: → Odium)

Orthophenylphenol (Syn.: o-Phenylphenol) neben Natrium-orthophenylphenolat (E 232) ein Konservierungsstoff (E 231), der zur Haltbarkeitsverlängerung von Zitrusfrüchten und getrockneten Zitrusfruchtschalen eingesetzt werden darf; die erlaubten Höchstwerte reichen von 0,012–0,015 mg / kg.
→ Diphenyl

osmophil (Syn.: → xerophil) sind Mikroorganismen (Mikroorganismus), für deren Wachstum hohe osmotische Drucke erforderlich sind, d.h., die bei geringen a_w-Werten (→ a_w-Wert) wachsen können, z.B. → Xeromyces spp., → Zygosaccharomyces spp.

osmotolerant (Syn.: → xerophil)

Ostiolum (lat. ostium (Eingang, Öffnung)) schnabel- oder halsartige Öffnung eines Peritheciums (→ Perithecium), das mit sterilen → Hyphen (→ Periphysen) ausgekleidet ist und aus der die Sporen (→ Spore) freigesetzt werden

OTA → Ochratoxin A

P

Paarkernphase (Syn.: → Dikaroyphase)

Paecilomyces gehört zu den mitosporen-bildenden Pilzen (→ mitosporenbildende Pilze), anamorphes Stadium (→ ana-morph) der → Trichocomaceae, teleomor-phe Stadien (→ teleomorph): → Bysso-chlamys, → Talaromyces etc.

BEFALLENE LEBENSMITTEL
Paecilomyces variotii ist ein wichtiger → Patulinbildner (→ Patulin) in Obst und Obsterzeugnissen (Abb. *Paecilomyces*). → Paecilomycose

Paecilomycose eine durch → Paecilomy-ces spp. hervorgerufene Erkrankung der Atmungsorgane

Paprikaspalterlunge bei Paprikaspalterin-nen in Ungarn aufgetretene allergische Erkrankung, die durch → Rhizopus stolo-nifer (Ehrenb.) Lind und → Penicillium spp. hervorgerufen wird; Symptome sind all-gemeine Abgeschlagenheit, Appetitlosig-keit, Kopfschmerzen, Gewichtsverlust und Atemnot.

Parabene (Syn.: → PHB-Ester)

para-Hydroxybenzoesäureester (Syn.: → PHB-Ester)

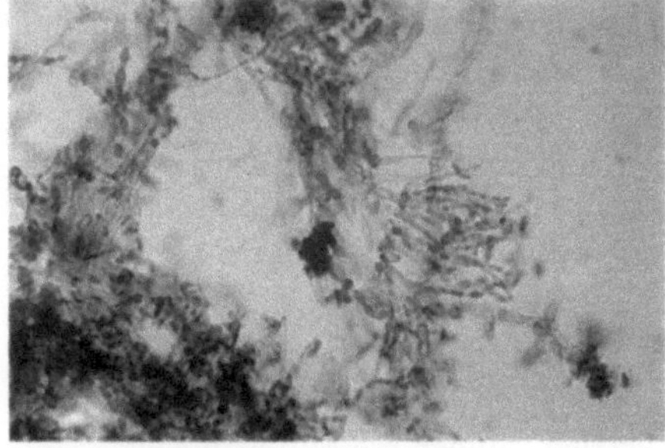

Paecilomyces. Paecilomyces variotii

Paraphysen sterile → Hyphen des haploiden, → Ascogon-tragenden Myzels (→ haploid, → Myzel), die sich zwischen den Asci (→ Ascus) entwickeln

parasexueller Zyklus Vermehrungsform, bei der es durch die Vereinigung von Protoplasten (→ Protoplast) mit verschie-denen Kerntypen zur → Heterokaryose kommt, wobei das primäre → Myzel meist → homokaryotisch ist

Parasiticol (Syn.: Aflatoxin B₃.) → Aflato-xine

Pasteur-Effekt Phänomen, daß → Hefen bei reichlicher Sauerstoffversorgung (→ aerob) atmen (Zellvermehrung), bei Sauerstoffmangel (→ anaerob) hingegen gären (Bildung von → Ethanol)

Pasteurisation Dauererhitzung (ca. 65 °C bis 30 min), Kurzzeiterhitzung (71–75 °C, 5–10 min) oder Hocherhit-zung (85 °C, Sekundenbereich) von Lebensmitteln (→ Lebensmittel) zur Eli-minierung pathogener Mikroorganismen (→ Mikroorganismus)

Patulin (Syn.: z.B. Clavicin, Clavitin, Claviformin, Expansin, Leucopin, Mycoin, Penicidin, Tercinin) Mykotoxin (4-Hydro-xy-4*H*-furo[3,2-*c*]pyran-2(6*H*)-on), das von einer Vielzahl von Schimmelpilzen (→ Schimmelpilze), z.B. → Aspergillus cla-vatus Desm., → Penicillium griseofulvum Dierckx, *P. claviforme*, → Penicillium expansum Link (wichtigster Patulinbild-ner), *Byssochlamys* spp. sowie *Eupenicil-lium* spp. gebildet wird (→ Mykotoxine); der Prozentsatz der Patulinbildner auf Mehl oder Rohwurst liegt unter 1,5 %, bei Äpfeln hingegen bei knapp 70 % (Abb. Patulin).
Patulin wurde erstmals 1941 aus → Peni-cillium *patulum* (jetzt *P. griseofulvum*) bei der Suche nach neuen Antibiotika iso-liert; wirkt antibakteriell (u.a. auch gegen

Mycobacterium tuberculosum) und → antifungal und wurde deshalb anfangs als Antibiotikum (→ Antibiotika) getestet. Die hohe Toxizität in Tierversuchen verhinderte den therapeutischen Einsatz. Die Patulinbildung erfolgt in einem Temperaturbereich von 0–31 °C mit einem Temperaturoptimum von 20–25 °C. Der minimale → a_w-Wert beträgt 0,95, der optimale pH-Bereich für Patulinbildung von *P. expansum* liegt zwischen 3–6,5.

15 kGy (→ Gray) förderten die Patulinsynthese von *P. griseofulvum*. Basierend auf dem „No Effect Level" (NOEL) wird eine provisorische, maximal tolerierbare tägliche Aufnahmemenge von 0,4 µg Patulin pro kg Körpergewicht und Tag vorgeschlagen. Grenz- oder Richtwerte einzelner EU-Mitgliedsstaaten sind 50 µg pro kg Lebensmittel (Apfelsaft, Apfelerzeugnisse, Obstsäfte).

SCHÄDEN / FOLGEN

Patulin hat eine hohe Warmblüter-Toxizität und verursacht z.B. Schwellungen, Blutungen und Vereiterungen. Es wirkt antibiotisch, antifungal, → teratogen (?) und → mutagen. Die kanzerogene Aktivität ist nicht eindeutig geklärt. Die → LD_{50} beträgt 35 mg pro kg Körpergewicht Maus (peroral). Bei Rindern löst Patulin eine → Neurotoxikose aus.

BEFALLENE LEBENSMITTEL

Patulin findet sich vorwiegend in Obst, speziell in braunfaulen Äpfeln und Fruchtsäften, insbesondere Apfelsaft. Obwohl ein hoher Kontaminationsgrad der entsprechenden Erzeugnisse möglich ist, liegt die Patulinkonzentration meist unter 100 µg / l (Spitzenwert 45 mg / l Apfelsaft). Die Patulinsynthese läßt sich in einem gekühlten → CA-Lager deutlich reduzieren. Bei der Auslagerung kommt es allerdings in den Braunstellen (*P. expansum*) zu einer extrem schnellen Patulinanreicherung. In „schweren" Früchten, wie Birnen, Pfirsichen, Tomaten, diffundiert Patulin, in interzellular-

Patulin

reichen Äpfeln (→ interzellular) dagegen nicht. Eine Patulinkontamination von Futtermitteln ist bislang nicht aufgetreten, so daß mit einer Anreicherung in tierischen Produkten nicht zu rechnen ist. Sulfhydrylhaltige Verbindungen (z.B. Cystein, Glutathion, Methionin) verhindern in bestimmten Lebensmitteln (z.B. Fleisch, Käse) eine Anreicherung durch die Bildung von Additionsverbindungen (→ Penicillinsäure). Darüber hinaus wurde Patulin auch im Boden mit einer Konzentration von 1,5 mg / kg gefunden. Entgiftung durch Aktivkohle, Asbestfilter, SO_2, Vitamin C, Vergärung (Abbau von Patulin in → Cidre > 99 %); Temperaturen von bis zu 80 °C führen nur zu einer unvollständigen Inaktivierung bei einer maximalen Hitzestabilität im sauren pH-Bereich (pH 3,5–5,5).

Pektinasen   Enyzme (Endo-Polygalakturonasen) von z.B. → Aspergillus niger van Tieghem, → Penicillium italicum Wehmer, → Botrytis *cinerea*, die zur Hydrolyse von Polygalakturonsäuren und ihrer Ester führen: durch die Aufspaltung der α-1,4-galakturonosidischen Bindungen im Inneren der → Pektine entstehen Oligogalakturonide, die weiter in Galakturonsäure gespalten werden. Pektin-Methylesterasen katalysieren die Abspaltung von → Methanol. Pektinasen werden zur Hydrolyse von Pektinen bei der Klärung von Fruchtsäften und Weinen sowie zur Beschleunigung der Entsaftung und zur Erhöhung der Saftausbeute bei der Obstpressung eingesetzt.

Pektine   bilden die Mittellamellen pflanzlicher Gewebe und sind → intrazel-

Pektine. Pektinkette

lular in löslicher Form, besonders in Beeren-, Stein- und Kernobst enthalten; es handelt sich um → Polygalakturonide aus α-1,4-glycosidisch verknüpften Galakturonsäuren, die z.T. mit → Methanol verestert sind (Abb. Pektine).

Penicidin   (Syn.: → Patulin)

Penicilline   gehören zu einer Antibiotikagruppe (→ Antibiotika), deren gemeinsame Grundstruktur die 6-Aminopenicillansäure ist; Penicillin G, das von → Penicillium chrysogenum Thom synthetisiert wird und vorwiegend gegen gram-positive aber auch gram-negative Bakterien wirkt, wurde 1928 von A. Fleming entdeckt. Ein Abbau ist durch Penicillinase möglich (Abb. Penicilline). Das Vorkommen in → Rohwurst wird diskutiert.
→ Penicillium nalgiovense Laxa

Penicillinsäure   Mykotoxin (3-Methoxy-5-methyl-4-oxo-2,5-hexadiensäure), das von

→ Penicillium spp. (z.B. → Penicillium aurantiogriseum Dierckx, *P. puberulum*) und → Aspergillus spp. gebildet wird; erstmals 1913 aus *P. puberulum* isoliert, aber wahrscheinlich schon 1896 als toxischer, pilzlicher Metabolit erkannt. Penicillinsäure reagiert ebenso wie → Patulin mit sulfhydrylhaltigen Verbindungen (z.B. Cystein, Glutathion, Methionin) zu Additionsverbindungen (Abb. Penicillinsäure). Beide → Mykotoxine sind auf Dauer z.B. in Fleisch, Käse, Brot und Säften nicht mehr nachweisbar. Neben einer synergistischen Wirkung von Penicillinsäure und Patulin wurde eine Potenzierung des nephrotoxischen Effektes (→ Nephrotoxin) von → Ochratoxin A beobachtet. Es existieren keine Grenz- oder Richtwerte.

SCHÄDEN / FOLGEN
Bei Bakterien und Warmblütern wirkt Penicillinsäure nephrotoxisch und kanzerogen. → LD_{50} beträgt 35–600 mg pro kg Maus (peroral).

BEFALLENE LEBENSMITTEL
Penicillinsäure wurde aus amerikanischem Mais isoliert. Nach der Vermahlung verlief der Nachweis negativ. Die Haltbarkeit in Weizenmehl ist sehr begrenzt. Eine Kontamination kann auch bei verschimmeltem Käse und getrockneten Bohnen auftreten.

Penicilline. Penicillin G

Penicillinsäure. Inaktivierung von Penicillinsäure durch sulfhydrylhaltige Aminosäuren (GSH = Glutathion, CSH = Cystein) (verändert nach Ciegler et al 1972)

R = G—S oder C—S

Penicilliose eine durch → Penicillium spp. verursachte Pilzerkrankung; die Penicilliose tritt eher selten auf, da die optimale Wachstumstemperatur der meisten *Penicillium*-Species unter 30 °C liegt.

Penicillium (Syn.: Pinselschimmel) gehört zu den mitosporenbildenden Pilzen (→ mitosporenbildende Pilze), anamorphes Stadium (→ anamorph) der → Trichocomaceae, teleomorphe Stadien (→ teleomorph): → Eupenicillium, → Talaromyces etc. (= Cleistothecienbildner (→ Cleistothecium)) (Abb. *Penicillium* 1)

BIOLOGIE
mehr oder minder lange → Konidienträger, einzeln oder als Synnemata (→ Synnema) angeordnet, zur Spitze hin unterschiedlich stark in ein Büschel von Ästen (→ Penicillus) verzweigt (ein-, zwei-, drei- oder vierfach entspr. → monoverticillat, → biverticillat, → terverticillat oder → quaterverticillat); anhand des Verzweigungsgrades, der Anordnung und Form des → Penicillus erfolgt eine Einteilung in die Untergattungen → Aspergilloides, → Furcatum, → Biverticillium, → Penicillium. Phialiden (→ Phialide) sind schlank bis amphorenartig, → Konidien mehr oder minder grün gefärbt, von unterschiedlicher Form und Oberflächenstruktur, abgeschnürt in langen Ketten, → basipetal.

BEFALLENE LEBENSMITTEL
Penicillium spp. ist ubiquitär verbreitet, vorwiegend aber in den gemäßigten Klimaten zu finden. Verschiedenste → Lebensmittel, z.B. Getreide, Fleisch, Käse etc., werden befallen, als Folge können Mykotoxinkontaminationen auftreten. Nach Schätzungen sind ca. 80 % aller *Penicillium* spp. → Mykotoxinbildner. Lebensmittelrelevante → Mykotoxine, siehe einzelne Species
Penicillium-Species sind potentielle Auslöser der Endemischen Balkan-Nephropathie (→ Endemische Balkan-Nephropathie)

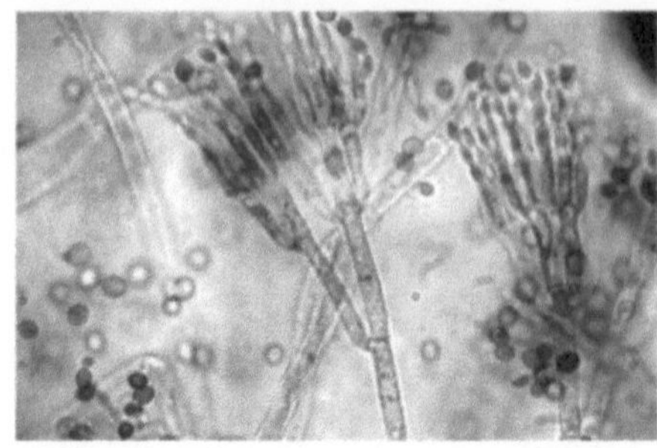

Penicillium 1. *Penicillium expansum*

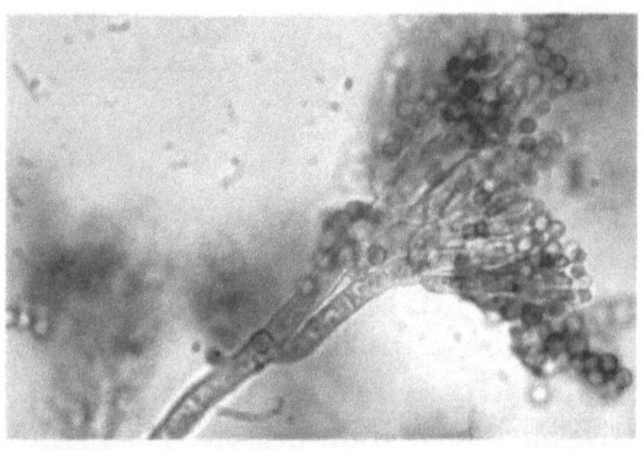

Penicillium 2. Ter- (links) und quaterverticillater (rechts) Penicillus von *Penicillium chrysogenum*, Untergattung Penicillium

sowie von Mykoallergosen (→ Mykoallergose), z.B. → Asthma bronchiale.

VERWENDUNG IN LEBENSMITTELN
Nutzung bestimmter Species zur Herstellung von → Blauschimmelkäse und → Weißschimmelkäse sowie zur Rohwurststreifung (→ Rohwurst)

Penicillium Untergattung innerhalb der Gattung *Penicillium*
Der → Penicillus ist zumeist → terverticillat oder → quaterverticillat (Abb. *Penicillium* 2) (→ Aspergilloides, → Biverticillium, → Furcatum).

Penicillium aurantiogriseum Dierckx Koloniefärbung dunkelgrün bis → glaucus blaugrün, minimaler → a_w-Wert 0,79–0,85, → Mykotoxine: → Penicillinsäure, → Viomellein, Viridicatin, → Xanthomegnin

Befallene Lebensmittel
Häufiger betroffene → Lebensmittel sind
Getreide, Getreideerzeugnisse, Mandeln,
Haselnüsse

Penicillium brevicompactum Dierckx   Kolo-
niefärbung dunkelgrün, minimaler
→ a_w-Wert 0,78–0,82, → Mykotoxine:
Botryodiploidin, → Mycophenolsäure

Befallene Lebensmittel
Häufiger kontaminierte → Lebensmittel
sind Mais, Weizen, Haferflocken, Erdnüsse, Cashewkerne, Früchte, Fruchtsäfte

Penicillium camembertii Thom   (Syn.: z.B.
Penicillium candidum, P. caseicolum)
Koloniefärbung weiß bis gelblich, pink-
farben bis grünlichgrau, → Mykotoxine:
→ Cyclopiazonsäure

Befallene Lebensmittel
Kontaminant von Weichkäse und Fleisch

Verwendung in Lebensmitteln
P. camembertii wird zur Herstellung von
→ Weißschimmelkäse, wie Camembert
oder Brie, eingesetzt.

Penicillium chrysogenum Thom   Kolonie-
färbung gelbgrün bis schwach grünblau,
charakteristisches gelbes, tropfenförmiges
→ Exsudat wird gebildet, Temperaturopti-
mum 25–28 °C, -minimum –4 °C,
-maximum 32–33 °C, minimaler
→ a_w-Wert 0,78–0,81, → Mykotoxine:
Meleagrin, → PR-Toxin, → Roquefortin C;
P. chrysogenum synthetisiert Penicillin G
(→ Penicilline).

Befallene Lebensmittel
Häufiger betroffene → Lebensmittel sind
diverse Nahrungsmitel, z.B. Mehl, Getrei-
deflocken, Cashewkerne.

Penicillium citrinum Thom   Koloniefärbung blaugrün, minimaler → a_w-Wert
0,80–0,82, → Mykotoxine: → Citrinin

Befallene Lebensmittel
Häufiger betroffene → Lebensmittel sind
Getreide und Gewürze.

Penicillium digitatum Sacc.   Koloniefärbung gelb bis bräunlichgrün; Temperaturoptimum 20–25 °C, -minimum –3 °C,
-maximum 32–35 °C, minimaler
→ a_w-Wert 0,90, → Mykotoxine: Tryptoquivaline

Befallene Lebensmittel
Häufiger betroffene → Lebensmittel sind
Zitrusfrüchte, Mais, Reis, Fruchtsäfte,
Fleisch.

Penicillium expansum Link   Koloniefärbung gelb- bis blaugrün, Temperaturoptimum 25–26 °C, -minimum –3 °C, -maxi-
mum 33–35 °C, minimaler → a_w-Wert
0,82–0,85, → Mykotoxine: Chaetoglobosin
C, → Citrinin, Communesine, → Patulin,
→ Roquefortin C

Befallene Lebensmittel
Häufiger betroffene → Lebensmittel sind
Obst sowie Nüsse.

Penicillium glabrum (Wehmer) Westling
Koloniefärbung graugrün, → Mykotoxine:
Citromycetin

Befallene Lebensmittel
Häufiger kontaminierte → Lebensmittel
sind Getreide, Nüsse, Mandeln, gefrorener Kuchen, Trockenfrüchte, Früchte und
Fruchtsäfte.

Penicillium griseofulvum Dierckx   Koloniefärbung graugrün bis gelbgrün, → Mykotoxine: → Cyclopiazonsäure, → Griseofulvin, → Patulin, → Roquefortin C

Befallene Lebensmittel
Häufiger kontaminierte → Lebensmittel
sind Getreidesamen.

Penicillium islandicum Sopp   Koloniefärbung blaugrün, zum Zentrum hin
orange-kupferfarben, minimaler

→ a_w-Wert 0,83–0,86, → Mykotoxine: Cyclochlorotin, Emodin, Erythroskyrin, → Islanditoxin, → Luteoskyrin, → Rugulosin, Simatoxin; Verursacher der → Yellow Rice Disease

BEFALLENE LEBENSMITTEL
Häufiger betroffene → Lebensmittel sind Getreiderzeugnissse, Obstsäfte und Nüsse.

Penicillium italicum Wehmer Koloniefärbung graugrün, Temperaturoptimum 22–24 °C, -minimum –3 °C, -maximum 32–34 °C, minimaler → a_w-Wert 0,87, → Mykotoxine: Deoxybrevianamid E

BEFALLENE LEBENSMITTEL
Häufiger betroffene → Lebensmittel sind Zitrufrüchte und Fruchtsäfte.

Penicillium nalgiovense Laxa Koloniefärbung schwach grau

BEFALLENE LEBENSMITTEL
Häufiger betroffene → Lebensmittel sind Käse und Salami.

VERWENDUNG IN LEBENSMITTELN
P. nalgiovense wird als Starterkultur (→ Starterkulturen) zur Rohwurstreifung eingesetzt. Sekundärmetabolit ist Penicillin (→ Penicilline).

Penicillium roquefortii Thom Koloniefärbung blaugrün, später dunkler, Temperaturoptimum 23–24 °C, minimaler → a_w-Wert 0,83, toleriert hohe Konzentration von → Essigsäure und → Propionsäure sowie hohe CO_2- bzw. niedrige O_2-Konzentrationen, → Mykotoxine: Botryodiploidin, → Mycophenolsäure, → Patulin, → Penicillinsäure, → PR-Toxin, → Roquefortin A, B, → Roquefortin C

BEFALLENE LEBENSMITTEL
Häufiger betroffene → Lebensmittel sind kühl gelagerte Produkte, wie Fleisch und Fleischerzeugnisse sowie Brot.

VERWENDUNG IN LEBENSMITTELN
P. roquefortii wird zur Herstellung von → Blauschimmelkäse eingesetzt.

Penicillium viridicatum Westling Koloniefärbung grün, minimaler → a_w-Wert 0,81, → Mykotoxine: Brevianamid A & B, → Penicillinsäure, → Viomellein, Viridamin, Viridicatin, Viridinsäure, → Xanthomegnin

BEFALLENE LEBENSMITTEL
Häufiger betroffen sind diverse → Lebensmittel, z.B. Haferflocken, Cornflakes, Mandeln, Haselnüsse.

Penicillus Büschel von Ästen, bürsten- oder pinselförmig angeordnet, in dem der → Konidienträger von → Penicillium spp. terminal endet

Penitrem A (Syn.: Tremortin A) Mykotoxin (Indolderivat), das von der Gattung → Penicillium spp. (*Penicillium crustosum*, → Penicillium viridicatum Westling) auch bei Kühlschranktemperaturen gebildet wird (→ Mykotoxine); es existieren keine Grenz- oder Richtwerte (Abb. Penitrem A).

SCHÄDEN / FOLGEN
Die Penitreme A, B und C, von denen Penitrem A das toxischste ist, wirken in erster Linie als tremorgene Neurotoxine (→ Neurotoxin, → tremorgen, → tremorgene Mykotoxine), indem sie das Nervensystem schädigen. Penitrem A und B lösen bei Versuchstieren Krämpfe und Zittern aus; die → LD_{50} von Penitrem A beträgt 1,05, die von Penitrem B 5,8 mg pro kg Maus.

Penitrem A

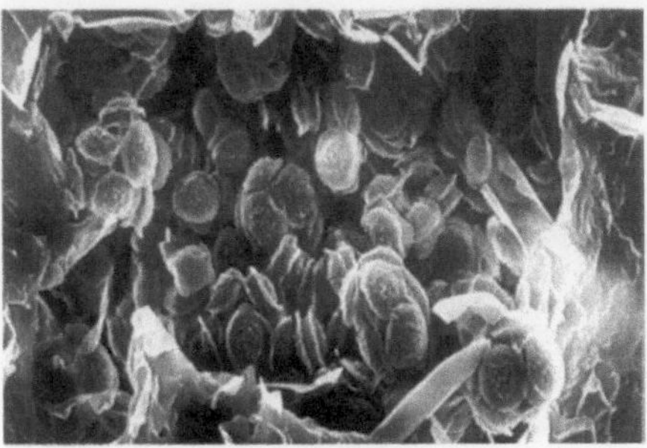

Peridie. Aufgebrochene Peridie und freiliegende Ascosporen von *Eurotium chevalieri*

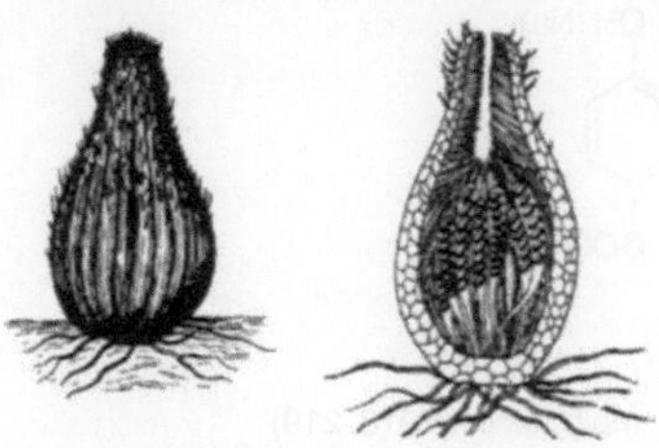

Perithecium. Habitusbild und Querschnitt (verändert nach Schlegel 1992)

BEFALLENE LEBENSMITTEL
Penitrem A wurde aus Käsecreme und Walnüssen isoliert.

perfektes Stadium   (Syn.: → Hauptfruchtform, → teleomorph) gekennzeichnet durch die → sexuelle Vermehrung,
→ Ascomycota
→ imperfektes Stadium

Peridie   Bezeichnung für die Fruchtkörperhülle, z.B. von einem → Cleistothecium, die häufig in eine Endo- und eine Exoperidie gegliedert ist (Abb. Peridie)

Periphysen   (gr. peri (ringsum), phyein (wachsen)) sterile → Hyphen, die die Öffnung (→ Ostiolum) eines Peritheciums (→ Perithecium) auskleiden

Perithecium   (gr. peri (ringsum), thekion (kleiner Behälter)) zumeist flaschen- oder kolbenförmiger → Fruchtkörper, an dessen Spitze sich eine Öffnung (→ Ostiolum) befindet (Abb. Perithecium); typisch für die → Pyrenomycetes
→ Ascomata

Perlwein   ohne zweite → Gärung hergestellter, mit → Kohlendioxid übersättigter → Wein, der bestimmte Qualitätsanforderungen erfüllen muß; Mindestalkoholgehalt 7,0 % Vol. (→ Ethanol), Kohlendioxid-

überdruck (CO_2) bei 20 °C > 1,0 < 2,5 bar, gesamte schweflige Säure (= SO_2) in Abhängigkeit vom Restzuckergehalt max. 210 mg bzw. 260 mg/l; diabetikergeeignete Erzeugnisse dürfen max. 150 mg gesamte schweflige Säure (= SO_2) bzw. max. 40 mg freie schweflige Säure / l enthalten.
→ Grundwein, → Qualitätsschaumwein,
→ Schaumwein

Peronospora   gehört zur Familie → Peronosporaceae

Peronosporaceae   gehört zur Ordnung
→ Peronosporales

Peronosporales   gehört zur Abteilung
→ Oomycota

Petromyces   gehört zur Familie → Trichocomaceae, anamorphes Stadium (→ anamorph): → Aspergillus ochraceus Gruppe

PHB-Ester   para-Hydroxybenzoesäure-Ester (E 214-218)
(Syn.: Parabene, Nipa-Ester) vorwiegend fungistatisch wirkende → Konservierungsstoffe, die weitgehend unabhängig vom pH-Wert des Lebensmittels (→ Lebensmittel) wirken; Methyl-, Ethyl- und Propylester besitzen eine der Kettenlänge der Alkoholkomponente proportionale Aktivität (Abb. PHB-Ester).

R=–CH$_3$ methylester (E218, 219)

R=–C$_2$H$_5$ ethylester (E214, 215)

R=–C$_3$H$_7$ n-propylester (E216, 217)

PHB-Ester. p-Hydroxybenzoesäure-Ester

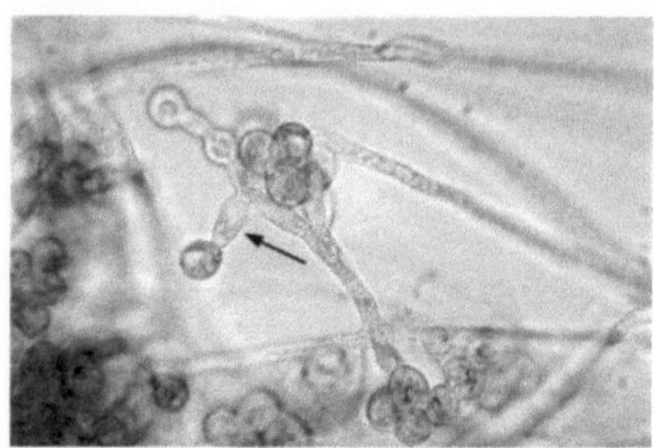

Phialide. Phialide von *Fusarium poae*

VERWENDUNG IN LEBENSMITTELN
Verwendung häufig zur Haltbarkeitsverlängerung von Fischprodukten und Süß-
warenfüllungen (Tabelle PHB-Ester),
→ ADI = 10 mg pro kg Körpergewicht
und Tag

Phialide (gr. phia (Kessel, Schale)) konidienbildende Zelle von meist flaschenförmiger Gestalt (Abb. Phialide), die häufig
terminal einem → Konidienträger
(z.B. → Aspergillus, → Penicillium) anhaf-
tet; durch Ausdehnung des Protoplasmas,
das dann von neuem Wandmaterial
umgeben wird, werden in basipetaler
Folge (→ basipetal) aus der Öffnung die
→ Konidien in Ketten abgeschnürt (=
→ monoblastisch). Eine traubenförmige
Anordnung ist möglich, wenn an der

konidiogenen Zelle mehrere Stellen
(Loci) für die Konidienbildung vorhanden sind (=→ polyblastisch).
→ Metula, siehe auch Abb. → Abschnürung

Phialokonidien (Syn.: → Blastokonidien)

Philophora (Syn.: → Rhizopus)

Phoma gehört zu den mitosporenbildenden Pilzen (→ mitosporenbildende Pilze),
anamorphes Stadium (→ anamorph) der
→ Pleosporaceae, teleomorphes Stadium
(→ teleomorph): → Pleospora

Phomopsis gehört zu den mitosporenbildenden Pilzen (→ mitosporenbildende
Pilze), anamorphes Stadium (→ ana-

PHB-Ester. Antifungale Wirksamkeit der PHB-Ester

Mikroorganismus	minimale Hemmkonzentration (ppm)	
	Ethylester	Propylester
Hefen		
Saccharomyces cerevisiae	800	400
Candida sp.	200–800	500
Saccharomycopsis lipolytica	600	300
Schimmelpilze		
Aspergillus niger	500–1.000	100–500
Aspergillus oryzae	200–500	100–200
Mucor racemosus	200–500	100–500
Penicillium sp.	200–800	200–500
Rhizopus stolonifer	200–500	200–500

morph) der → Valsaceae, teleomorphes
Stadium (→ teleomorph): → Diaporthe

Phototaxis (gr. phos (Licht), taxis
(Anordnung)) Bewegung, deren Richtung
durch das Licht vorgegeben wird, wie z.B.
bei → Zoosporen

Phyllachoraceae gehört zur Ordnung
→ Phyllacorales

Phyllacorales gehört zur Abteilung
→ Ascomycota

Phytoalexine (gr. phyton (Pflanze), ale-
xin (Abwehrstoff)) niedermolekulare phe-
nolhaltige Moleküle, die nach Stressein-
wirkung von bestimmten Pflanzen synthetisiert werden; Induktion z.B. nach
einer mikrobiellen (pilzlichen) Infektion,
die durch die Phytoalexine gestoppt werden kann
Phytoalexine sind z.B. Glyceollin (*Glycine
max*), Ipomearon (*Ipomoea batatas*), Kie-
viton und Phaseolin (*Phaseolus vulgaris*),
Pisatin (*Pisum sativum*), Rishitin (*Sola-
num tuberosum*), Wyeron (*Vicia faba*).
Kontakt mit diesen Substanzen bzw. der
Verzehr kontaminierter Pflanzen kann zu
Erkrankungen des Menschen führen.

Phytophthora gehört zur Familie
→ Pythiaceae

BEFALLENE LEBENSMITTEL
Phytophthora cactorum verursacht vor
allem bei Kernobst als Lagerkrankheit die
Phytophthora-Fruchtfäule. *P. infestans*
tritt bei gelagerten Kartoffeln als der
Erreger der Kraut- und Knollenfäule
(→ Krautfäule) auf. *P. cinnamomi* ruft bei
Ananas als Nacherntekrankheit eine
Weichfäule hervor (→ Lagerfäule). Von
getrockneten, angefaulten Tabakblättern
ließ sich *P. parasitica* var. *nicotianae* iso-
lieren.

Pichia gehört zur Familie → Saccharomycetaceae
Viele Species der Gattung *Hansenula* werden derzeit zur Gattung *Pichia* gerechnet.
BIOLOGIE
runde, ovale, langzylindrische Zellen,
multilaterale → Sprossung, → Pseudomyzel selten, echtes → Myzel selten, Asci
(→ Ascus) enthalten 1–8 glatte, kugelförmige, saturnförmige oder hutförmige
→ Ascosporen; zumeist → aerob, sporadisch Gärvermögen vorhanden, keine
Nitratverwertung, keine Nitratassimilation

Pigmente werden von einer Vielzahl von
Pilzen (→ Pilze) produziert und erleich-
tern z.T. deren Identifizierung
→ Eurotium spp. bildet z.B. Erythroglau-
cin (rot), das in Verbindung mit Auro-
glaucin eine orange und mit Flavoglaucin
eine gelbe Färbung ergibt. → Fusarium
culmorum synthetisiert Aurofusarin
(orangegelb) und Rubrofusarin. Gelbe
Pigmente, wie Citromycetin, Chryso-
genin, → Citrinin oder Fulvinsäure finden
sich in der Gattung → Penicillium. Darüber hinaus enthalten viele → Mykotoxine
von → Aspergillus spp. und → Penicillium
spp. Pigmente, siehe Citrinin.

pikieren Zur Förderung des Wachstums
von → Penicillium roquefortii Thom im
Käseinneren von → Blauschimmelkäse
wird der Kaiselaib mit Nadeln durchsto-
chen; dies dient zur Sicherstellung der
O_2-Versorgung und dem Entweichen von
CO_2.

Pilsenerbiere → untergäriges Bier,
→ Vollbier

Pilze (Syn.: echte Pilze, → Eumycota,
→ Fungi, → Mykota)

Pilzgeflecht (Syn.: → Myzel)

Pilzgifte   Unter dem Begriff Pilzgifte versteht man die Gifte der → Makropilze, die den → Myzetismus verursachen. Die → Mykotoxine sind die Gifte der → Mikropilze (→ Schimmelpilze). Diese verusachen die → Mykotoxikose.

Pilzreis   (Syn.: → Koji)

Pimaricin   (Syn.: Natamycin, Myprozine, A 5283) Antibiotikum (→ Antibiotikia), das → Schimmelpilze und → Hefen hemmt, indem es einen Komplex mit → Ergosterol bildet; dies führt zu einer erhöhten Durchlässigkeit der Zellmembran. Pimaricin wird von *Streptomyces natalensis*, *S. gilvosporus* und *S. chattanoogensis* synthetisiert und industriell produziert. Pimaricin ist in Deutschland nur zur Oberflächenbehandlung von Hartkäsen (→ Hartkäse) zugelassen (2 mg Pimaricin dm^{-2} bei einer max. Eindringtiefe von 5 mm). Pimaricin ist 10–500 mal aktiver als → Sorbinsäure, relativ pH-unempfindlich und wasserunlöslich. Die Grenzhemmkonzentration vieler → Pilze liegt bei 5–10 ppm. Eine Resistenzbildung ist bei einigen Pilzen bekannt. Handelsnamen sind Delcovid, Delvopos, Delvocoat etc. (Abb. Pimaricin).

Pinselschimmel   (Syn.: → Penicillium)

Plasmalemma   äußere Membran des Protoplasten (→ Protoplast), die aus Phospholipiden und Proteinen besteht; das Plasmalemma reguliert den Stoffaustausch mit dem Umgebungsmedium. Auch als Zell-, Zytoplasma- oder Plasmamembran bezeichnet.

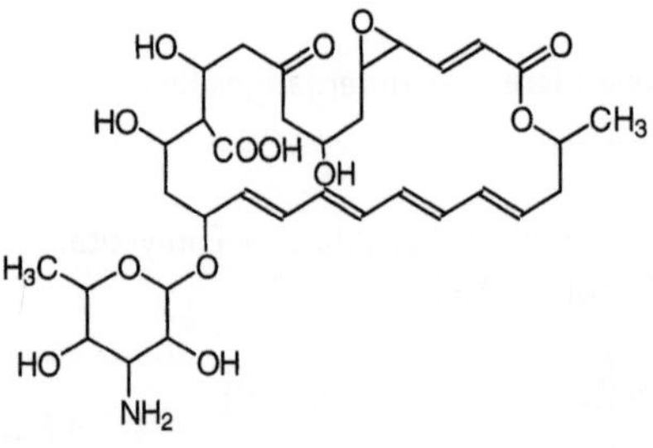

Plasmamembran   (Syn.: → Plasmalemma)

Plasmaverschmelzung   (Syn.: → Plasmogamie)

Plasmodien   zellwandlose, in der Regel vielkernige Protoplasmamassen (→ Protoplasma) der echten Schleimpilze (→ Myxomycota); sie sind von unbestimmter und veränderlicher Form. Aus den Plasmodien gehen die Sporangien (→ Sporangium) oder → Fruchtkörper hervor.

Plasmogamie   (Syn.: Plasmaverschmelzung) plasmatische Vereinigung zweier kompatibler, verschiedengeschlechtlicher Gameten (→ Gamet) oder Zellen ohne → Karyogamie (Kernverschmelzung) oder die Vorstufe zur Karyogamie; die beiden geschlechtlich differenzierten Kerne lagern sich dabei in einer Zelle nebeneinander.
→ Meiose, → sexuelle Vermehrung

Plasmopara   gehört zur Familie → Peronosporaceae
Plasmopara viticola verursacht den Falschen Mehltau an → Wein.

Plectomycetes   gehört zur Abteilung → Ascomycota
Diese Klasse der Ascomycota besitzt runde → Ascomata ohne → Ostiolum; Bezeichnung Plectomycetes früher häufig für Elaphomycetales, → Erysiphales, → Eurotiales, Meliolales, → Microsascales und → Onygenales verwendet

Plektenchyme   (lat. plectere (flechten), gr. chymos (Saft)) sind mehr oder weniger eng verflochtene Hyphenstrukturen

Pimaricin

(→ Hyphen), wie → Stromata oder
→ Sklerotien, der höheren Pilze
(→ höhere Pilze)

Pleomorphismus   (gr. pleon (mehr), morphe (Gestalt)) steht für die Vertreter der
→ Ascomycota und der → Basidiomycota,
die in jedem der morphologisch verschiedenen Stadien (→ anamorph/→ teleomorph) unterschiedliche Sporenarten
(z.B. → Konidien/→ Ascosporen) hervorbringen (→ Spore)

Pleospora   gehört zur Familie → Pleosporaceae

Pleosporaceae   gehört zur Ordnung
→ Dothideales

Polsterschimmel   (Syn.: → Monilia-Fäule)

polyblastisch   (gr. polys (viel), plassein
(gestalten)) konidienbildende Zelle
(→ Konidien), die an mehreren Stellen
(Loci) synchron oder asynchron → Blastokonidien abschnürt; in der Folge
kommt es zu einer traubenförmigen
Anordnung der → Blastokonidien.
→ monoblastisch

Polyene   Kohlenwasserstoffe, deren Molekül mehrere Doppelbindungen enthält

Polygalakturonide   → Pektine

Polygalakturonsäure   → Pektine

Polyole   (Syn.: Polyalkohole) mehrwer-
tige Alkohole, wie Arabit, Erythrit, → Glycerin, Mannit, Ribit oder → Trehalose
Mögliche Funktionen in der pilzlichen
Zelle sind Transportform von Kohlenstoff
sowie die Regulation von Reduktionskräf-
ten, der Energieführung, der osmotischen
Verhältnisse, des Reservestoffhaushalts
und des Wachstums. Bei den → Ascomycota und den mitosporenbildenden Pilzen

(→ mitosporenbildende Pilze) ist Mannit
die Hauptpolyolkomponente. Dieses
Polyol ist bei den → Zygomycota kaum
oder gar nicht vorhanden. Die o.g. Zuk-
keralkohole, die von Gärungshefen
(→ Gärung, → Hefen) gebildet werden,
tragen zur geschmacklichen Fülle von
→ Wein bei.

Polypaecilum   gehört zu den mitosporenbildenden Pilzen (→ mitosporenbildende
Pilze)

Polyphialiden   Zellen, die aus mehreren
Öffnungen in basipetaler Reihenfolge
(→ basipetal) → Konidien abschnüren

polyploid   Polyploide Zellen besitzen
einen mehrfachen Chromosomensatz.
→ haploid, → diploid

Polysaccharide   Polymere von Hexosen,
Pentosen, Uronsäuren, Zuckeralkoholen
etc.
Häufig in Pilzen (→ Pilze) vorkommende
Polysaccharide sind → Glucane, → Mannane, → Galactane, → Polygalakturonsäuren, → Chitosan und → Chitin.

Pombe-Bier   Hirsebier (→ Bier), das in
Afrika unter Verwendung verschiedener
Mikroorganismen (→ Mikroorganismus),
u.a. → Schizzosaccharomyces *pombe*, hergestellt wird

Porterbier   englisches, → obergäriges
Bier

Preßhefe   (Syn.: Frischbackhefe) kommt
als Frischbackhefe mit einem Trocken-
substanzgehalt von 27–30 % (ca. 70 %
Restwasser, → intrazellular gebunden) in
den Handel; der → Hefesahne wird das
Extrazellularwasser entweder mittels
Kammer-Filterpressen oder durch konti-
nuierlich arbeitende Vakuumdrehfilter
entzogen (heute übliches Verfahren). Die
Backfähigkeit bleibt bei Kühllagerung (4–

Preßhefe

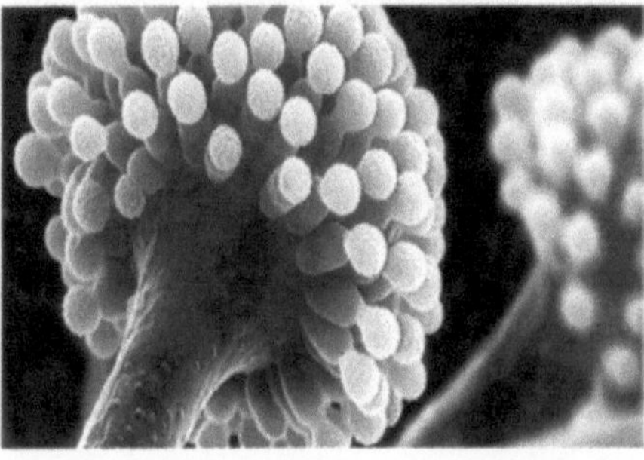

Primärbesiedler. Typischer Primärbesiedler von gelagertem Getreide, *Eurotium chevalieri*

6 °C) ca. 6 Wochen, bei Raumtemperatur etwa 10 Tage erhalten (Abb. Preßhefe).

Primärbesiedler → Schimmelpilze, die sich auf gelagerten Samen, z.B. Getreide, bei Kornfeuchten von 12–14 % entwickeln können, z.B. → Aspergillus restrictus G. Sm. , → Eurotium spp. (Abb. Primärbesiedler)

Primärkontamination → Mykotoxinbildung

Propionsäure $CH_3\text{-}CH_2\text{-}COOH$
Propionsäure (E 280) und ihre Derivate (Na-, Ca-, K-Propionat; E 281, 282, 283) sind → Konservierungsstoffe und dienen primär zur Kontrolle von Schimmelpilzen (→ Schimmelpilze) auf Backwaren, z.B. auf abgepacktem, geschnittenem Brot, Roggenbrot, Feinen Backwaren. Die

erlaubte Höchstmenge reicht von 0,1– 0,3 %. Für den → ADI gibt es kein Limit).

Proteasen in Verbindung mit → Amylasen und → Cellulasen von → Aspergillus niger van Tieghem, → Aspergillus oryzae (Ahlburg) Cohn, → Mucor *miehei, M. pussilus* bewirken sie die Beseitigung von Eiweißtrübungen in → Bier und → Wein; pilzliche Proteasen sind darüber hinaus für die Herstellung von → Miso, → Shoyu und Worcestersoße notwendig.

Protoascomycetes (Syn.: → Hemiascomycetes)

Protoplast Bezeichnung für das Zytoplasma und den Kern einer Zelle

PR Toxin (Syn.: *Penicillium roquefortii* Toxin) Mykotoxin (Sesquiterpen), das erstmals 1973 von → Penicillium roquefortii Thom isoliert wurde (→ Mykotoxine); es existieren keine Grenz- oder Richtwerte.

SCHÄDEN / FOLGEN
PR Toxin verursacht degenerative Veränderungen in der Leber und den Nieren von Ratten, indem es die RNA- und Protein-Synthese inhibiert. Die → LD_{50} liegt bei 58–100 mg pro kg Maus (peroral).

BEFALLENE LEBENSMITTEL
→ Blauschimmelkäse, der aber bei einer sachgerechten Produktionstechnik keine Kontamination aufweist. PR Toxin reagiert mit neutralen und basischen Aminosäuren zu PR-Iminen. Die Toxizität der PR-Imine ist sehr viel geringer als die von PR Toxin. Ein weiteres Abbauprodukt von PR Toxin ist PR-Amid. Weitere verwandte Metaboliten sind die Eremofor-

PR Toxin

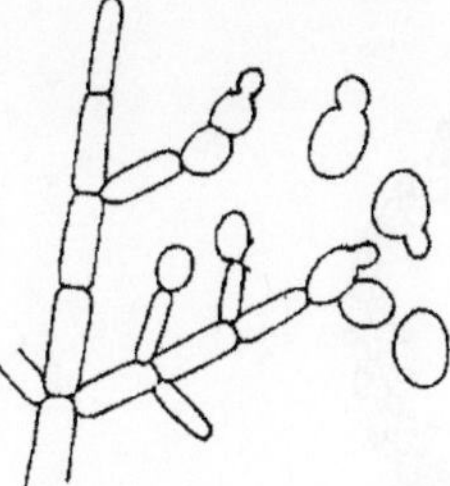

Pseudohyphen. Pseudohyphen von *Candida* sp.
(verändert nach Schlegel 1992)

tine A, B, C, die wahrscheinlich nicht
toxisch sind.

Pseudohyphen verlängerte → Sproßzellen
von → Hefen, die selbst wieder sprossen,
sich jedoch nicht trennen; die erste Zelle
ist kürzer als die nachfolgenden Zellen.
Statt eines Septums (→ Septum) entsteht
an der Verbindungsstelle der Einzellen
eine Einschnürung, z.B. → Candida *albi-*
cans (Abb. Pseudohyphen). Unter Septenbildung ist aber der Übergang zu echtem
Hyphenwachstum (→ Hyphen), u.U. mit
Ausbildung von Seitenzweigen, möglich.
→ Pseudomyzel

Pseudomonilia (Syn.: → Candida)

Pseudomyzel (Syn.: Sproßmyzel, Sproßketten) durch → Sprossung bei verschiedenen → Hefen, wie → Candida spp. oder
→ Brettanomyces spp., gebildete Zellverbände, die aus langgestreckten, fadenför-
migen Zellen bestehen und äußerlich
Ähnlichkeit mit echtem → Myzel aufweisen; dagegen besitzen sie keine nachträg-
lich eingezogenen Querwände (→ Septum). Diese werden durch die an den
Sproßnarben wieder geschlossenen Zellwänden (→ Zellwand) nur vorgetäuscht.
Ursache der Pseudomyzelbildung ist ein
rasches Wachstum der Hefen, bei dem
die Tochtersprosse an der Mutterzelle
eine Zeitlang haften bleiben.
→ Pseudohyphen

Pseudoparenchym besteht aus zu Ketten
von blasigen oder polyedrischen Zellen
modifizierten → Hyphen; die Zellen des
Pseudoparenchyms sind von geringerer
Größe, interzelluläre Zwischenräume
(→ interzellular) fehlen mitunter, die
Wände können Auflagerungen besitzen,
sind häufig bei → Sklerotien und Fruchtkörpern (→ Fruchtkörper) zu finden.

Pseudosaccharomyces (Syn.: → Kloeckera)

Pseudothecium (gr. pseudos (Lüge), thekion (kleiner Behälter)) kissenförmige
Struktur, aus der sich Asci (→ Ascus)
entwickeln können

psychrophil Mikroorganismen (→ Mikroorganismus), die bei Temperaturen unter
10° C wachsen; das Wachstumsoptimum
liegt unter 20° C.

psychrotolerant → psychrophil

Pullulan Exopolysaccharid (β-1,6-glyko-
sidisch verknüpfte → Maltotriose-Grup-
pen) von → Aureobasidium *pullulans*
VERWENDUNG IN LEBENSMITTELN
Es gibt vielfältige Verwendungsmöglich-
keiten, z.B. als Verdickungs- und Gelier-
mittel, Aromastabilisierungsmittel, Emul-
sions- und Trübungsstabilisator speziell
für Soßen, Salatmayonnaisen und Pud-
dings oder auch als Zusatz zu energiere-
duzierten Lebensmitteln (→ Lebensmittel).

Pullularia (Syn.: → Aureobasidium)

Pulque Mexikanisches Alkoholgetränk
(ca. 5 % → Ethanol), das durch Hefefer-
mentation (→ Fermentation, → Hefen)
aus dem Saft der Agave spp. hergestellt
wird; *Lactobacillus* und *Leuconostoc* spp.
beeinflussen die Säurekonzentration (ca.
0,5 % → Milchsäure) und die Viskosität.
Zur Herstellung von Tequila wird Pulque
destilliert.

Pycnothyriales veraltete Bezeichnung für eine Ordnung mit Konidienbildung (→ Konidien) in → Conidiomata), die zu den → Coelomycetes gehört

Pyknidiospore → Spore (Konidie), die in einem → Pyknidium gebildet worden ist (→ Conidiomata, → Fruchtkörper, → Konidien)

Pyknidium (gr. pyknos (dicht, gedrungen)) ein häufig mehr oder minder flaschenförmiger → Konidienbehälter (→ Konidien) mit einem kreisförmigen oder länglichen → Ostiolum (Abb. Pyknidium); die innnere Oberfläche ist mit einer Schicht konidienbildender Zellen ausgestattet, die die Pyknidiosporen (Schleimsporen) bilden. → Pyknidiospore

Pyreniopsis (Syn.: → Trichoderma)

Pyrenomycetes gehört zur Abteilung → Ascomycota; Begriff häufig für → Pilze mit perithecienartigen Fruchtkörpern (→ Fruchtkörper, → Perithecium), wie → Sordariales oder → Hypocreales, verwendet

Pyrenophora gehört zur Familie → Pleosporaceae

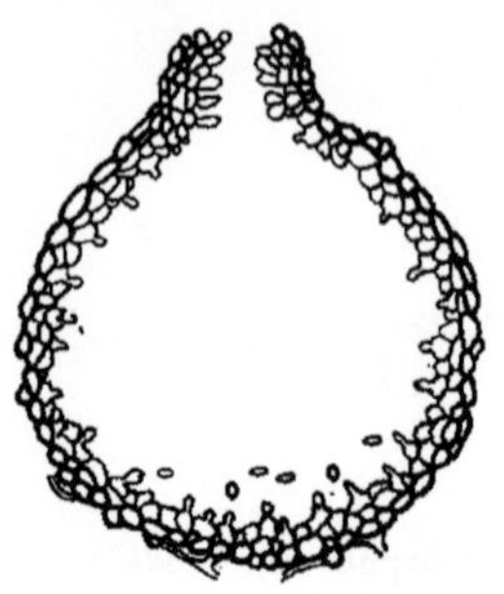

Pyknidium (verändert nach Müller und Löffler 1992)

Pyricularia gehört zu den mitosporenbildenden Pilzen (→ mitosporenbildende Pilze), anamorphes Stadium (→ anamorph) der → Magnaporthaceae, teleomorphes Stadium (→ teleomorph): → Magnaporthe

Pythiaceae gehört zur Ordnung → Pythiales

Pythiales gehört zur Abteilung → Oomycota

Pythium gehört zur Familie → Pythiaceae; *Pythium ultimum* verursacht die wäßrige Wundfäule an Kartoffeln.

Q

Qualitätsschaumwein (Syn.: Sekt) wird aus bereits vergorenem → Wein hergestellt; die zweite → Gärung wird nach Verschneiden verschiedener Grundweine (→ Cuveé, → Grundwein) durch Zusatz von 1–3 % Saccharose und → Reinzuchthefen eingeleitet.

Qualitätsschaumwein muß bestimmte Qualitätsanforderungen, wie Mindestalkoholgehalt 10,0 % Vol. (→ Ethanol), Kohlendioxidüberdruck (CO_2) bei 20 °C 3,5 bar (→ Kohlendioxid), gesamte schweflige Säure (= SO_2) max. 185 mg/l bzw. freie schweflige Säure max. 35 mg/l erfüllen. Diabetikergeeignete Erzeugnisse dürfen max. 185 mg gesamte schweflige Säure (= SO_2)/l bzw. max. 25 mg freie schweflige Säure / l enthalten. Die Lagerzeit auf der Hefe („Nichttrennung") beträgt bei der Gärung im Cuvéefaß (= Tank) mit Rührwerk mindestens 30 Tage, ohne Rührwerk 80 Tage und bei der

→ Flaschengärung 60 Tage (Abb. Qualitätsschaumwein). Die gesamte Herstellungsdauer beläuft sich bei der Gärung im Tank auf mindestens 6, bei der Flaschengärung auf mindestens 8 Monate. → Champagner, → Hefen, → Perlwein, → Schaumwein

Qualitätsschaumwein bestimmter Anbaugebiete muß dieselben Qualitätsanforderungen wie ein → Qualitätsschaumwein erfüllen; darüber hinaus müssen bei dessen Herstellung die Auswahl der Weine sowie alle technologischen Maßnahmen dem Ziel dienen, die gebietstypische Art des verwendeten Grundweines (→ Grundwein) gleichbleibend deutlich erkennen zu lassen.

Der → Wein muß nicht nur aus dem „bestimmten Anbaugebiet" stammen, sondern auch hier hergestellt worden sein. Im Gegensatz zum Markensekt müssen hinsichtlich des Markencharakters und des Markentyps etwas größere Toleranzen zugestanden werden, da die lokale Beschränkung die Möglichkeit des Ausgleichs von Jahrgangsunterschieden merklich einengt.

Qualitätswein Für die Einstufung eines Weines als Qualitätswein ist die „Qualität im Glase" entscheidend. Dazu wird der → Wein von einer amtlichen Prüfstelle

Qualitätsschaumwein. Flaschengärung in gestapelten Sektflaschen (Firma Kupferberg, Mainz)

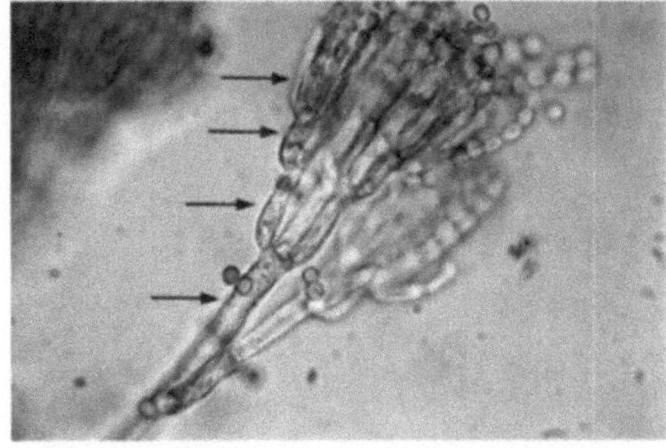

Quaterverticillat. Quaterverticillater Penicillius von *Penicillium viridicatum*, Untergattung Penicillium

sensorisch auf Fehler in Aussehen, Geruch und Geschmack geprüft. Bei Angabe einer Rebsorte müssen die dafür charakteristischen Eigenschaften vorliegen. Grundvoraussetzung ist ein Mindestalkoholgehalt von 7 % Vol., entspricht 57 °Oe. (→ Ethanol, → Oechselgrad)

quaterverticillat Verzweigungsstufe von → Penicillium spp., bei der sich der → Penicillus in 4 aufeinanderfolgende Äste (Pfeile) gliedert (Abb. Quaterverticillat)
→ Ramus

Quorn → Mykoprotein

R

Raffinose Trisaccharid, das sich aus je
einem Molekül Galactose, Glucose und
Fructose zusammensetzt (Abb. Raffinose)
(→ obergärige Hefen, → untergärige
Hefen)

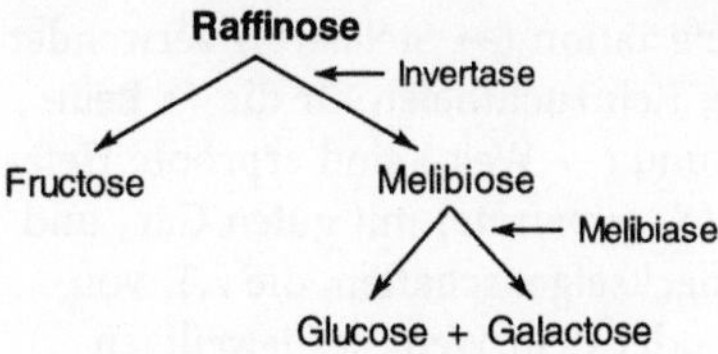

Raffinose. Raffinosevergärung

Ragi ostasiatische, proteinreiche Starterkultur (→ Starterkulturen) für die Arrak-
herstellung (Arrak = Branntwein aus
Reis), die aus kleinen Reismehlbällchen
besteht und diverse Mikroorganismen
(→ Mikroorganismus), wie→ Mucor spp.,
→ Rhizopus spp., → Hefen (→ Hansenula
anomala, → Saccharomyces cerevisiae
Meyen ex Hansen) und Bakterien enthält

Ramokonidie kurzer Seitenzweig eines
Konidienträgers (→ Konidienträger), der
sich später abtrennt und als Konidie
(→ Konidien) fungiert, z.B. → Cladosporium

Ramulus Seitenzweig des → Penicillus,
der sich in ein Wirtel (Büschel) von
Metulae (→ Metula) und Phialiden
(→ Phialide) aufgliedert; der entsprechende Seitenzweig ist → terverticillat.

Ramus (lat. ramus (Ast, Zweig)) Seiten-
zweig des → Penicillus, der sich in einen
→ Ramulus, ein Wirtel (Büschel) von
Metulae (→ Metula) und Phialiden
(→ Phialide) aufgliedert; der entspre-
chende Seitenzweig ist → quaterverticillat.

RCA-Lagerung, Rapid Controlled Atmosphere Die Lagerbedingungen können
im Obst- oder Gemüselager innerhalb
von 24 h eingestellt werden, d.h. die Temperatur beträgt in 48 h ca. 5 °C, die O_2-
Konzentration ca. 3 %.

Reinhefegärung (Syn.: Reingärung)
Dabei wird dem → Most eine physiologische Rasse von → Saccharomyces cerevisiae Meyen ex Hansen in hoher Zellzahl

zugesetzt. → Fremdhefen werden unter-
drückt, die → Gärung läuft normalerweise ungestört und schneller als bei der
→ Spontangärung ab. Der Gehalt an
unvergorenen Zuckern ist bei diesen Weinen (→ Wein) geringer, der Alkoholgehalt (→ Ethanol) höher. Daraus resultiert
eine geringere Verderbanfälligkeit gegenüber Milchsäurebakterien. Gleichzeitig
liegt der SO_2-Bedarf dieser Weine um bis
zu 40 % niedriger. Durch eine Reinhefegärung lassen sich reintönigere Weine
herstellen, die den sensorischen Charakter einer bestimmten Rebsorte deutlicher
zum Ausdruck bringen.
→ relative Reingärung

Reinheitsgebot Nach dem bis 1987 in
der Bundesrepublik Deutschland gelten-
den Reinheitsgebot (§ 9 Biersteuergesetz)
durften zur Herstellung untergäriger
Biere (→ untergäriges Bier) nur Gerstenmalz, → Hopfen und Wasser unter Verwendung von Hefe (→ Hefen) eingesetzt
werden. 1516 gab es einen ersten diesbe-
züglichen Erlaß im Landtag von Ingol-
stadt durch Bayernherzog Wilhelm IV.
Seit 1987 darf in Deutschland auch untergäriges → Bier in Verkehr gebracht werden, das nicht nach dem Reinheitsgebot
gebraut wurde.

Reinzuchthefen Rein- oder Ausgangskul-
turen (→ Saccharomyces cerevisiae Meyen
ex Hansen) für die Backhefenherstellung
(→ Backhefen), die in Erlenmeyer-, Pas-
teur-, Carlsbergkolben und dann in einer
Hefereinzuchtanlage vermehrt und zum
→ Anstellen (Beimpfen) der ersten Stufe

(Stellhefestation (→ Stellhefe)) verwendet werden; Reinzuchthefen für die → Reinhefegärung (→ Wein) sind erprobte Heferassen (*S. cerevisiae*) mit guten Gär- und Geschmackseigenschaften, die z.T. von Beeren oder dem Wein des jeweiligen Anbaugebietes isoliert werden. Reinzuchthefen für die Bierherstellung (→ Bier) sind häufig firmenspezifische Stämme (*S. cerevisiae*) mit unterschiedlichen physiologischen Eigenschaften, die Gäraktivität, Flockungsvermögen, Geschmacks-, Geruchsstoff- und Schaumbildung betreffen

Reiswein   (Syn.: → Sake)

relative Luftfeuchte   prozentualer Wassergehalt der Luft bei einer bestimmten Temperatur

relative Reingärung   Der → Most wird mit einem Anteil eines bereits gärenden Mostesversetzt, in dem naturgemäß → Saccharomyces cervisiae Meyen ex Hansen dominiert.
→ Reinhefegärung, → Spontangärung

Rennin   von Mikroorganismen (→ Mikroorganismus), wie → Mucor spp., produziertes → Lab

retrogressiv   (lat. retro (rückwärts, zurück), gressus (gegangen)) Unter retrogressiv versteht man die Bildung von → Blastokonidien unter Verkürzung des Konidienträgers (→ Konidienträger), z.B. → Monascus *purpureus* (Abb. retrogressiv).

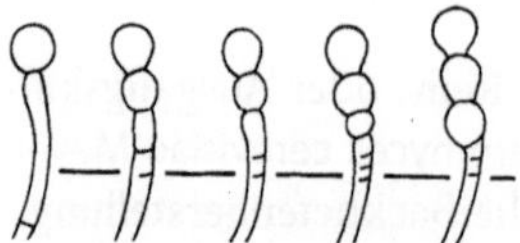

Retrogressiv. Retrogressive Konidienbildung; Trägerverkürzung während der Konidienbildung bei *Monascus purpureus* (verändert nach Müller und Löffler 1992)

Rettichschwärze   durch → Aphanomyces *raphani* hervorgerufen; Symptome: bandförmige, dunkle Befallsstellen erst außen, später im Rettich, Radieschen

Reye's Syndrom   → Aflatoxikose
Bei Kleinkindern kommt es zu Enzephalopathien und einer fettigen Degeneration der Organe, primär der Leber. Leber und Blut erkrankter Kinder enthielten Aflatoxin B_1 (→ Aflatoxine). Man geht davon aus, daß nach einer Vorschädigung der Leber (Gifte, Viren) der Verzehr AFB_1-kontaminierter Nahrungsmittel zum Reye's Syndrom führt.

Rhizoctonia   gehört zu den mitosporenbildenden Pilzen (→ mitosporenbildende Pilze), anamorphes Stadium (→ anamorph) verschiedener Familien, teleomorphe Stadien (→ teleomorph): verschiedene

Rhizoctonia-Kraterfäule   tritt im Lager primär an Karotten auf und wird durch → Rhizoctonia *carotae* hervorgerufen

Rhizoide   (gr. rhiza (Wurzel)) wurzelartige Auswüchse von → Hyphen oder Hyphenwurzeln (speziell bei → Rhizopus), mit denen die → Stolonen dem → Substrat anhaften (Abb. Rhizoide)

Rhizomorphe   (gr. rhiza (Wurzel), morphe (Gestalt)) Bündel parallel gelagerter

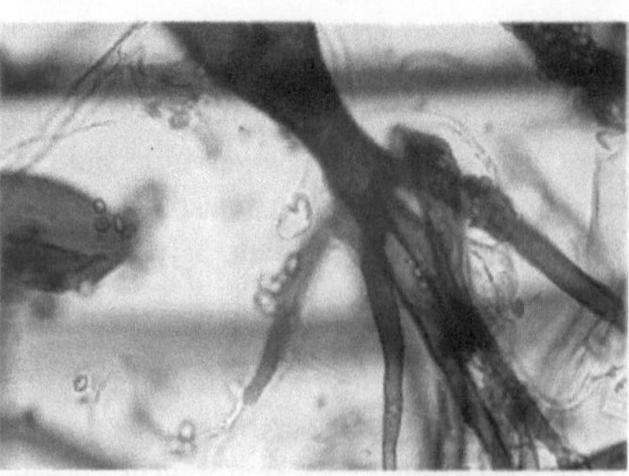

Rhizoide. Rhizoide *von Rhizopus stolonifer*

→ Hyphen, die dem Stofftransport bestimmter → Pilze, wie Hausschwamm oder Hallimasch, dienen

Rhizomucor gehört zur Familie → Mucoraceae; *Rhizomucor* ist eng verwandt mit der Gattung → Mucor. *Rhizomucor pusillus* und *R. miehei* sind thermophile Species (→ thermophil).
→ Systemmykosen

Rhizopus gehört zur Familie → Mucoraceae

BIOLOGIE
besitzt → Rhizoide, von denen aus → Sporangienträger gebildet werden, kugelförmige Sporangien (→ Sporangium), hyalin-dunkel gefärbt, aus denen → Sporangiosporen freisetzt werden; → Columella nach Zerplatzen der Hülle regenschirmartig umgeklappt (Abb. *Rhizopus*), bildet → Stolonen

BEFALLENE LEBENSMITTEL
siehe → Rhizopus-Fäule

VERWENDUNG IN LEBENSMITTELN
Rhizopus microsporus, R. oligosporus, R. oryzae sind häufig an der → Fermentation verschiedener fernöstlicher Nahrungsmittel, wie → Ontjom oder → Tempeh, beteiligt.

Rhizopus-Fäule tritt häufig an Obst und Gemüse mit leichten Verletzungen bei

kurzfristiger Lagerung auf; Symptome: anfangs wäßrig, zeigen sich Schadstellen unter der Fruchtschale, später ist die ganze Frucht von → Myzel überzogen; die *Rhizopus*-Fäule endet in einer Weichfäule (→ Weichfäulen).

Rhizopus nigricans (Syn.: → Rhizopus stolonifer (Ehrenb.) Lind)

Rhizopus stolonifer (Ehrenb.) Lind (Syn.: *Rhizopus nigricans*) Koloniefärbung graubraun, Temperaturoptimum 25–26 °C, -minimum ca. 5 °C, -maximum 32–33 °C, minimaler → a$_w$-Wert 0,93

SCHÄDEN / FOLGEN
verursacht Mykoallergosen (→ Mykoallergose), wie → Asthma bronchiale, → Malzarbeiter-Krankheit, → Paprikaspalter-Krankheit und Mykosen (→ Mykose), wie Phycomykosen

BEFALLENE LEBENSMITTEL
R. stolonifer ist als Weichfäuleerreger (stark pektinolytisch) ein wichtiger Saprophyt (→ saprophytisch) und fakultativer Parasit (→ fakultativ) von gelagertem Obst und Gemüse. Weitere betroffene → Lebensmittel sind z.B. Getreidesamen und Nüsse (→ Weichfäulen).

Rhodospiridium gehört zur Familie → Sporidiobolaceae

Rhodotorula gehört zu den mitosporenbildenden Pilzen (→ mitosporenbildende Pilze), teleomorphes Stadium (→ teleomorph) einiger *Rhodotorula*-Species ist → Rhodosporidium; enge Verwandschaft mit den → Basidiomycota

BIOLOGIE
runde, ovale, seltener längliche Zellen, multilaterale → Sprossung, selten primitives → Pseudomyzel, Kolonien mitunter schleimig; *Rhodotorula* ist eine aufgrund von Karotinoiden orange bis rötlich gefärbte Hefegattung (→ Hefen), in Flüssigkeiten treten rötlicher Bodensatz,

Rhizopus. Regenschirmartig eingefallene Collumella von *Rhizopus stolonifer*

Ringe, Inseln oder Häute auf, „→ Rote Hefen"; kein Gärvermögen (→ Atmungshefen), teilweise Nitratverwertung, Harnstoffhydrolyse

Betroffene → Lebensmittel sind Früchte, Sauerkraut, Backwaren. *Rhodotorula glutinis* ist sehr häufig ein Latenzkeim alkoholfreier Getränke und gilt als Hygieneindikator in Betrieben der Lebensmittelindustrie.
→ Fremdhefen

Rohschinken Produkte aus Südeuropa und den USA, wie Südtiroler Bauernspeck oder Knochenschinken („Country Cured Ham"), werden häufig unter Verwendung von Schimmelpilzen gereift (Abb. Rohschinken). → Fermentation, → Schimmelpilze

Rohwurst Luftgetrocknete Rohwürste werden wahlweise zu Reifungsbeginn gezielt mit Schimmelpilzen (→ Schimmelpilze) beimpft (→ Penicillium nalgiovense Laxa) oder spontan besiedelt (Abb. Rohwurst). Diese Reifungsform (→ Fermentation) wirkt sich positiv auf das Aussehen, das Aroma und die Textur aus. Gleichzeitig verringert sich das Risiko der → Trokkenrandbildung, das Schmierigwerden der Wurstoberfläche sowie die rasche Fettoxidation. Die Haltbarkeitsdauer ver-

Rohschinken. Schimmelgereifte Rohschinken südtiroler Herkunft

Rohwurst. Schimmelgereifte Rohwurst korsischer Herkunft

längert sich, die gleichmäßige Reifung reduziert die Gewichtsverluste um bis zu 7 %. Diese Reifungsverfahren werden vorwiegend im Süden und Südosten Europas angewendet.

Rohwurstfehler Durch → Schimmelpilze verursachte Rohwurstfehler sind Hüllendefekte sowie ein dumpfer Geruch und Geschmack.

Roquefortin A, B (Syn.: Isofumigaclavin A, B)

Roquefortin C (Syn.: Roquefortin) Mykotoxin 10β-(1,1-Dimethyl-2-propenyl)-3-(imidazol-4-ylmethylen)-5α,10β,11,11α-tetrahydro-2*H*-pyrazinol[1′,2′:1,5]pyrrolo[2,3-*b*]indol-1,4-(3*H*,6*H*)-dion, das erstmals im Jahre 1975 von → Penicillium roquefortii Thom Chemotyp I und II isoliert wurde (→ Mykotoxine); darüber hinaus wird es von verschiedenen weiteren *Penicillium* spp., wie → Penicillium chrysogenum Thom, → Penicillium expansum Link, gebildet (Abb. Roquefortin C). Es existieren keine Grenz- oder Richtwerte.

Die → LD$_{50}$ liegt bei 15–189 mg pro kg Maus (intraperitoneal).

Roquefortin C

Befallene Lebensmittel
→ Blauschimmelkäse, eine Gefährdung
des Verbrauchers durch Verzehr dieses
Käses ist aber auszuschließen

Roquefortkäse   → Blauschimmelkäse aus
Frankreich
darf nur dann so bezeichnet werden,
wenn der Käse in den Kalksteinhöhlen
von Roquefort (8–9 °C) gereift ist

Rosafäule   (Syn.: Rosaschimmelfäule) an
Weintrauben durch → Trichothecium
roseum verursacht: neben einem Muffton
(→ Mufftöne) synthetisiert *T. roseum* das
Mykotoxin → Trichothecin (→ Mykotoxine), das in Trauben sporadisch vorkommt. *T. roseum* kann auch Kernobst
befallen, das aber in gekühlten Lagern
gut geschützt ist. Die Rosafäule tritt häufig in Verbindung mit → Lagerschorf auf.
Symptome sind kleine Faulstellen mit
flockigem, rosafarbenem Pilzmyzel
(→ Myzel), Fruchtfleisch trockenfaul,
bräunlich verfärbt.

Roséwein   wird aus hell gekeltertem
→ Most von Rotweintrauben (→ Anthocyane) hergestellt; dabei muß die → Maische ohne Vorbehandlung, d.h. ohne
Maischegärung oder Erwärmung auf ca.
50 °C, sofort abgepreßt werden.
→ Rotwein, → Wein

rote Hefen   enthalten rötliche Pigmente
(Karotinoide) und gehören zu den Gattungen → Rhodotorula und → Rhodosporidium

roter Brotschimmel   → Neurospora

roter Reis   (Syn.: → Ang-kak)

Rotwein   wird aus roten Trauben hergestellt; die in den Beerenhülsen eingelager-
ten Farbstoffe (→ Anthocyane) können
entweder dadurch gewonnen werden, daß
man die Trauben auf der → Maische bei
Temperaturen von 20–24 °C vor Abtrennung des Tresters (→ Trester) gären läßt
(→ Gärung), das entstandene → Ethanol
laugt dabei die Farbstoffe aus den Schalen aus, oder durch eine Erwärmung der
Maische auf ca. 50 °C, die zur Farbstof-
fextraktion führt.
→ Wein

Rubratoxin   (Syn.: → Rubratoxin B)

Rubratoxin B   (Syn.: Rubratoxin) Mykotoxin (Ungesättiges Lacton), das von *Penicillium puberulum* und *P. purpurogenum*
synthetisiert wird; darüber hinaus wird
von beiden Species das weniger bedeut-
same Rubratoxin A mit ähnlicher Molekülstruktur gebildet. Beide → Mykotoxine
werden von *P. puberulum* metabolisiert.
Möglicherweise besitzt Rubratoxin eine
synergistische Wirkung auf Aflatoxin B_1
(→ Aflatoxine). Es existieren keine Grenz-
oder Richtwerte.

Schäden / Folgen
fötotoxisch, → teratogen, nephrotoxisch
(bei Hunden) (→ Nephrotoxin), leber-
schädigend; die → LD_{50} beträgt 120 mg

Rubratoxin B

pro kg Maus (peroral). Gewichtsverluste bei Geflügel treten ab Konzentrationen von 500 mg / kg auf. Rubratoxin B gilt bei Hunden als Auslöser der Hepatitis X. Die bei Schweinen, Rindern und Geflügel auftretende „Moldy Corn Toxicosis" wird auf Rubratoxin B zurückgeführt.

BEFALLENE LEBENSMITTEL
Getreide

Rugulosin   (Syn.: Redicalisin) Mykotoxin (2,2′,4,4′,5,5′-Hexahydroxy-2,2′,3,3′-tetrahydro-7,7′-dimethyl-1,1′-bianthrachinon), das von *Penicillium* spp. (z.B. *Penicillium islandicum*) und *Talaromyces wortmanii* gebildet wird (→ Mykotoxine); durch Zerfall unter Hitzeeinwirkung entsteht Emodin (Mykotoxin) und Chrysophanol (Abb. Rugulosin). Es existieren keine Grenz- oder Richtwerte.

Rugulosin

SCHÄDEN / FOLGEN
hepatotoxisch, kanzerogen; pathologische Symptome sind mit denen von → Luteoskyrin fast identisch; die → LD_{50} für Mäuse beträgt 83 mg pro kg (intraperitoneal).

BEFALLENE LEBENSMITTEL
Rugulosin findet sich vorwiegend in Getreide und daraus hergestellten Erzeugnissen sowie verschimmelten Fleischprodukten.

S

Saccharomyces gehört zur Familie
→ Saccharomycetaceae; wichtigste Species ist → Saccharomyces cerevisiae
Meyen ex Hansen mit über 100 Synonymen (Abb. *Saccharomyces*).

BIOLOGIE
heterogene Zellformen, multilaterale
→ Sprossung, Pseudomyzelbildung möglich (→ Pseudomyzel), Asci (→ Ascus)
enthalten meist 1–4 runde oder ovale
→ Ascosporen, keine Hautbildung auf
Flüssigkeiten; sehr gutes Gärvermögen
(Glucose und andere Zuckerarten) vorhanden, keine Nitratverwertung, keine
Harnstoffhydrolyse

Saccharomyces carlsbergensis eine nach
der aktuellen Systematik nicht gültige
Bezeichnung für die untergärige Bierhefe
(→ untergärige Hefen) als einer Varietät
von → Saccharomyces cerevisiae Meyen ex
Hansen (→ Bier)

Saccharomyces cerevisiae Meyen ex Hansen hat entscheidende Bedeutung für
die → alkoholische Gärung

BIOLOGIE
Vergärung von Glucose und Fructose, die
unter erleichterter Diffusion in die Zelle
gelangen (Abb. *Saccharomyces cerevisiae*

Meyen ex Hansen.), sowie Saccharose;
zumeist auch D(+)-Galactose, → Maltose,
Melezitose, → Raffinose und → Trehalose;
→ Cellobiose und → Lactose werden
nicht fermentiert (→ Fermentation). Kein
Wachstum erfolgt, wenn L(-)-Sorbose,
Pentosen, Salicin oder → Citronensäure
als einzige C-Quellen vorhanden sind,
keine Assimilation von Nitrat und Harnstoff.

BEFALLENE LEBENSMITTEL
S. cerevisiae zählt zu den häufigsten und
gefährlichsten Getränkeschädlingen von
alkoholfreien Erfrischungsgetränken.
Ursachen sind Unempfindlichkeit gegen
hohe Säurekonzentrationen, geringe
Nährstoffansprüche, geringer O_2-Bedarf,
Wachstum auch bei niedrigen Temperaturen. Als Folge des Wachstums treten z.B.
Geruchs- und Geschmacksfehler sowie
Bombagen (massive Gärungen), unter
Umständen mit Glasbruch, auf.

VERWENDUNG IN LEBENSMITTELN
S. cerevisiae wird zur Herstellung von
→ Bier, → Wein und Backwaren eingesetzt. Auch → Brot wird unter Verwendung von *S. cerevisiae* hergestellt. Alle
Back-, Bier-, Spiritus- und Weinrassen
werden unter der Bezeichnung *S. cerevisiae* zusammengefaßt. Es werden 25 Rassen unterschieden. Wichtige Synonyme
sind → Saccharomyces carlsbergensis, *S.
cheresiensis, S. ellipsoideus, S. fructuum,
S. italicus, S. hispanica, S. ovoformis, S.
oxidans, S. pastorianus, S. uvarum, S. pro-*

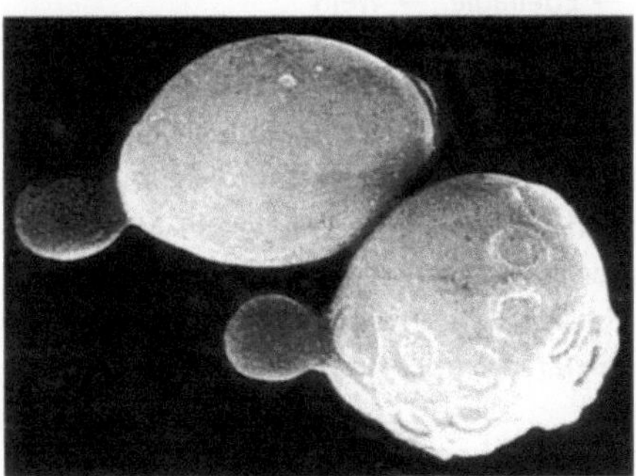

Saccharomyces. Zellen von *Saccharomyces cerevisiae*
mit Sproßnarben und Tochterzellen (Weber 1993)

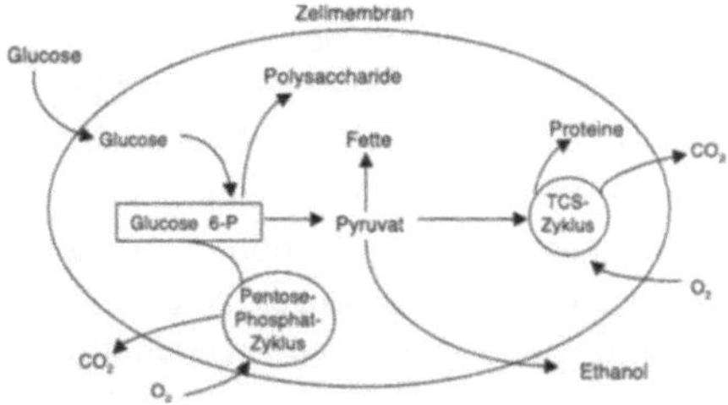

Saccharomyces cerevisiae Meyen ex Hansen. Glucose-Metabolismus in einer Hefezelle (Modell)

stoserdovii, S. sake, S. steineri, S. vini.
Weitere Synonyme finden sich bei Kreger-van Rij (1984).

Saccharomycetaceae gehört zur Ordnung → Saccharomycetales

Saccharomycetales gehören zur Abteilung → Ascomycota; wichtige Familien im Lebensmittelbereich (→ Lebensmittel) sind → Endomycetaceae, → Metschnikowiaceae, → Saccharomycetaceae, → Saccharomycodaceae, → Saccharomycopsidaceae.

Saccharomycetes veraltete Bezeichnung, die für viele hefeartige → Pilze verwendet wurde

Saccharomycodaceae gehören zur Ordnung → Saccharomycetales; ubiquitär vorkommend

Saccharomycodes gehört zur Familie → Saccharomycodaceae

Saccharomycopsidaceae gehören zur Ordnung → Saccharomycetales

Saccharomycopsis gehört zur Familie → Saccharomycopsidaceae; lebensmittelrelevante Species sind z.B. *Saccharomycopsis fibuligera* und *S. lipolytica.*

Sake (Syn.: Reiswein) bierähnliches Getränk (→ Bier) mit 4–14 % Vol. → Ethanol, bei dem die → Stärke der mit → Koji beimpften Reismaische (→ Maische) erst verzuckert werden muß; der Ethanolgehalt der aus der → Fermentation resultierenden, hoch viskosen Flüssigkeit (Moto) kann durch Spontangärung oder durch die Verwendung von → Saccharomyces *sake* erhöht werden. Der leicht saure Geschmack ist das Ergebnis der milchsauren Fermentation.

Saltation tritt sporadisch in Form keilförmiger Sektoren oder Flecken mit verändertem Wachstumsverhalten und veränderter Oberflächenstruktur bei Schimmelpilzkolonien (→ Schimmelpilze) auf, die auf einem festen → Nährboden angezogen werden; Ursache können heterokaryotische Thalli (→ heterokaryotisch, → Thallus) oder morphologische Anzeichen einer Mutation sein.

Saprolegniaceae gehört zur Ordnung → Saprolegniales.

Saprolegniales gehört zur Abteilung → Oomycota; saprophytisch ist ein Organismus, der kein lebendes Gewebe befällt, sondern sich von abgestorbenem, organischem → Substrat ernährt; saprophytische → Pilze werden auch als Fäulnisbewohner bezeichnet.

Satratoxine → Mykotoxine von → Stachybotrys *atra* (syn. *Stachybotrys alternans*); verursacht die → Stachybotrys-Toxikose bei Menschen und Rindern

Satzhefe Fortzüchtung einer gärkräftigen Brennereihefe während längerer Zeit in einer aus der Hauptmaische abgezweigten Teilmaische, → Hefen, → Maische

Sauerfäule (Syn.: Graufäule) verursacht den Befall unreifer Weinbeeren mit → Botrytis *cinerea*, der mit einem Zuckerabbau und Säurebildung verbunden ist, → Edelfäule, → Wein

Sauermilchkäse Herstellung unter Verwendung von → Geotrichum *candidum* und → Hefen, die die von *Streptococcus* und *Lactobacillus* gebildete → Milchsäure verstoffwechseln und damit die zweite Reifungsphase (Entwicklung von *Brevibacterium linens*, Mikrokokken) einleiten

Sauermilchprodukte Joghurt, Dickmilch, saure Sahne, Crème fraîche; werden unter Zusatz von → Starterkulturen (Milchsäu-

rebakterien und → Hefen) hergestellt,
→ Kefir, → Kumys

Sauerteig   Um die Quellfähigkeit (Wasserbindung) verschiedener → Polysaccharide (z.B. Pentosane) zu steigern, muß Roggenmehl zum Verbacken auf pH 4,2–4,3 angesäuert werden. Das Mischen von Mehl und Wasser führt zur Entwicklung von Milchsäurebakterien (z.B. *Lactobacillus*) und säuretoleranten → Hefen, wie → Saccharomyces cerevisiae Meyen ex Hansen, → Candida *krusei, C. holmii,* → Pichia *saitoi.* Neben der Teiglockerung (CO$_2$-Bildung) bilden sie wichtige Aroma- und Geschmackskomponenten. → Brot

Schankbier   wird mit einem → Stammwürzegehalt von 7–8 (9) Gewichtsprozent vergoren, z.B. Karamelbier (hergestellt unter Verwendung von Karamelmalz), Berliner Weiße
(→ Biergattungen)

Schaumwein   aus → Wein durch eine zweite → Gärung mit → Sekthefen hergestellt; zur Herstellung wird der zu Beginn der Traubenpressung anfallende Vorlauf verwendet. Daraus hergestellter Wein (max. 10–11 % Vol. → Ethanol, max. 0,8 g → Essigsäure / l, optimaler Säuregehalt 7–10 g / l, gesamte schweflige Säure (H$_2$SO$_3$) möglichst ≤ 70–80 mg / l sowie wenig Eisen und andere Metallionen) wird mit einer → Fülldosage versetzt. Die zweite Gärung erhöht leicht den Alkoholgehalt. Schaumwein muß bestimme Qualitätsanforderungen erfüllen: Mindestalkoholgehalt: 9,5 % Vol., Kohlendioxidüberdruck (CO$_2$) bei 20 °C: 3,0 bar (→ Kohlendioxid), gesamte schweflige Säure (= SO$_2$) max. 235 mg / l bzw. freie schweflige Säure max. 50 mg / l (Stand Sommer 1994). Diabetikergeeignete Erzeugnisse dürfen max. 200 mg gesamte schweflige Säure (=SO$_2$) / l bzw. max. 25 mg freie schweflige Säure / l enthalten. Anhand des Restzuckergehaltes wird unterschieden in extra brut/extra

herb (0–6 g Zucker/l), brut/herb (<15 g/l), extra dry/extra seco/extra trocken (12–20 g / l), dry/seco/trocken (17–35 g / l), medium dry/semi seco/halbtrocken (33–50 g / l) und dolce sweet/dolce/mild (50 g / l). Bei Schaumwein mit der Bezeichnung „Schaumwein mit zugesetzter Kohlensäure" (→ Perlwein) ist der CO$_2$-Zusatz erlaubt.
→ Champagner, → Grundwein, → Qualitätsschaumwein

Schimmelpilze   umgangssprachliche Bezeichnung für → Mikropilze, die sich in Lebensmitteln (→ Lebensmittel) entwikkeln und zu deren Verderb führen; nach wissenschaftlicher Definition zeichnen sich Schimmelpilze aus durch
- eine ruderale Lebensstrategie,
- filamentöse Wuchsform (→ filamentös),
- hohe Wachstumgeschwindigkeit,
- hohe Sporulationsfähigkeit (→ Sporulation),
- überwiegend → vegetative Vermehrung,
- einen parasexuellen Zyklus (→ parasexueller Zyklus),
- Empfindlichkeit gegenüber → Bodenfungistasis,
- ubiquitäres Vorkommen,
- universelle geographische Verbreitung und
- ausgeprägte Metabolitbildung (→ Mykotoxine).

Schimmeltöne   (Syn.: → Mufftöne)

Schinken   → Rohschinken

Schizosaccharomyces   (Syn.: Spalthefen) gehört zur Familie → Schizosaccharomycetaceae

BIOLOGIE
zylindrische, ovale, runde Zellen, keine → Sprossung, sondern Spaltung (Querteilung) einer Zelle, indem durch Septenbildung (→ Septum) gleich große haploide Tochterzellen (→ haploid) entstehen,

deren Konjugation führt zur Ascosporenbildung; echtes → Myzel vorhanden, zer-
fällt in → Arthrosporen; Asci (→ Ascus)
enthalten 1-4 runde oder ovale → Ascosporen

VERWENDUNG IN LEBENSMITTELN
Lebensmittelrelevante Species sind *Schi-
zosaccharomyces pombe* in Hirsebier, als
Kontaminant von Rohrzucker, Früchten,
S. octosporus auf getrockneten Früchten.

Schizosaccharomycetaceae gehört zur
Ordnung → Schizosaccharomycetales

Schizosaccharomycetales gehört zur
Abteilung → Ascomycota

Schlauchen Nach der → Hauptgärung
wird das → Jungbier für die Reifung
(→ Nachgärung) in Lagergefäße umge-
pumpt (geschlaucht).

Schlauchpilze (Syn.: → Ascomycota)

Schmutzflecken-Krankheit wird an Zwiebeln durch → Colletotrichum *dematium* f.
sp. *circinans* hervorgerufen; Symptome:
kleine dunkelgrüne bis schwarze Infekti-
onsstellen, konzentrisch angeordnet

Schneeschimmel Als Schneeschimmel
wird das Wachstum von → Fusarium
nivale an Getreide bezeichnet; dies hat
phytopathologische Bedeutung, da
Schneeschimmel das Auswintern von
Getreide verusacht.
→ ATA, → Mykotoxine

Schönung → Wein wird mit Klärhilfs-
mitteln, wie Kaliumhexacyanoferrat
($K_4[Fe(CN)_6]$) (Blauschönung), Fischbla-
sen (1–2 g Hausenblase / 100 l Wein),
→ Bentonit (50–150 g / 100 l Wein), Aktivkohle (2–6 g / 100 l Wein), Kupfersulfat
(20 mg / l), zur Beseitigung von feinen
Schweb- und Trubstoffen, Geschmacks-,
Geruchs- und Farbfehlern behandelt.

Diese Stoffe werden anschließend wieder
vollständig entfernt.
→ Weinausbau

schwarze „Hefen" sprossende Entwick-
lungszustände der Gattungen → Aureobasidium, → Cladosporium etc., wobei die
→ Sproßzellen beim Reifen durch Melanineinlagerungen (→ Melanin) in die Zellwände nachdunkeln (→ Zellwand); die
Bezeichnung → Hefen ist nicht korrekt,
da *Aureobasidium* und *Cladosporium* zu
den Schimmelpilzen (→ Schimmelpilze)
gerechnet werden.

Schwärzepilze umgangssprachlich für
→ Pilze, die durch ihr Wachstum auf
Getreidekörnern, Obst oder Gemüse
dunkle (schwärzliche) Verfärbung hervorrufen, z.B. → Cladosporium spp., → Alternaria spp., (→ Dematiaceae), → Phoma
spp., → Didymella spp. oder → Aureobasidium spp.
→ Melanin

Schwarzfäule kommt an Tomaten und
Paprika vor; wird durch die → Schwärzepilze → Alternaria spp., → Pleospora spp.,
→ Didymella *lycopersici* oder → Phoma
destructiva verusacht; Symptome sind
schwarze Flecken auf der Epidermis und
schwarzer Kern.

Schwefeln Beim → Wein führt das
Schwefeln - in Form von schwefliger
Säure (H_2SO_3) oder Schwefeldioxid (SO_2;
E 220) entwickelnden Substanzen
(50 mg / l) im → Most - zu einer Hemmung unerwünschter → Apiculatus-Hefen,
→ Kahmhefen, Schimmelpilzen
(→ Schimmelpilze) und Bakterien, inbe-
sondere Essigsäurebakterien (mikrobieller Verderb). → Saccharomyces cerevisiae
Meyen ex Hansen wird hingegen kaum
beeinträchtigt. Die Reaktion von SO_2 mit
dem Sauerstoff des Mostes zu Sulfat ver-
langsamt Oxidationsreaktionen (Braun-

Schwefeln. Höchstgehalt an Schwefeldioxid in Weinen (VO (EWG) Nr. 822/87) und Schaumweinen (VO (EWG) 2332/92)

Restzuckergehalt	min. 5 g/l		max. 5 g/l	
	Rotwein	Weißwein Roséwein	Rotwein	Weißwein Roséwein
	max. 210*	max. 260*	max. 160*	max. 210*
Spätlese	max. 300*			
Auslese	max. 350*			
Beerenauslese	max. 400*			
Trockenbeerenauslese	max. 400*			
Eiswein	max. 400*			
Schaumwein	max. 235*		max. 50**	
Qualitätsschaumwein / Q.b.A.	max. 185*		max. 35**	
Qualitätsschaumwein / Q.b.A. (aromat.)	max. 185*			
Schaumwein (diabetikergeeignet)	max. 200*		max. 25**	
Qualitätsschaumwein / Q.b.A. (diabetikergeeignet)	max. 185*		max. 25**	

* gesamtschweflige Säure mg/l   ** freie SO_2 mg/l

färbungen), das Redoxpotential wird gesenkt und überschüssiges → Acetaldehyd gebunden.
Schwefeln bedeutet auch den Einsatz von H_2SO_3 oder den Sulfitsalzen (E 221-228) als Konservierungsmittel z.B. bei Wein (Tabelle Schwefeln), Trockenobst ($\leq$ 0,02 %) oder Trockengemüse (0,005 %). → ADI, gemessen als SO_2, beträgt 0,7 mg pro kg Körpergewicht.

Scirpene   veraltete Bezeichnung für die → Trichothecene

Sclerotinia   gehört zur Familie → Sclerotiniaceae; die anamorphen Stadien (→ anamorph) sind als Verderbniserreger häufig wichtiger, da sie → saprophytisch an verschiedenen Pflanzenteilen, insbesondere Samen und Früchten, auftreten; ubiquitär vorkommend.

BIOLOGIE
→ Stromata als → Sklerotien oder mumifiziertes Wirtsgewebe vorhanden, → Fruchtkörper sind Apothecien (→ Apothecium), oft auf langen Stielen, häufig braun, becherförmig, ohne Haare, Stiele oft dunkler gefärbt; → Ascosporen variieren in der Größe, ellipsoid, normalerweise nicht septiert, → hyalin bis blaß braun, oft mehr oder minder länglich symmetrisch

Sclerotiniaceae   gehört zur Ordnung → Leotiales

Sclerotinia-Fäule   (Syn.: → Weißfäule)

Scopulariopsis   gehört zu den mitosporenbildenden Pilzen (→ mitosporenbildende Pilze), anamorphes Stadium

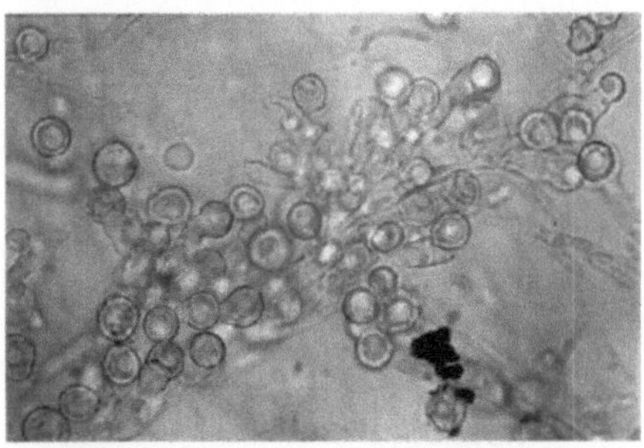

Scopulariopsis. Scopulariopsis brevicaulis

(→ anamorph) der → Microascaceae,
teleomorphes Stadium (→ teleomorph):
→ Microascus; lebensmittelrelevante Species sind *Scopulariopsis brevicaulis* (Abb.
Scopulariopsis), *S. candida*, *S. fusca*.

Screening   Routinetestverfahren für
Mikroorganismen (→ Mikroorganismus)
oder chemische Substanzen, um eine
besondere Eigenschaft herauszufinden
(z.B. → Antibiotika-Bildung, fungizide
Wirkung)

Secalonsäuren   → Mykotoxine (Gruppe
von 6 isomeren Xanthondimeren), die
ursprünglich aus → Claviceps *purpurea*
in den Jahren 1965/1966 isoliert wurden;
weitere Produzenten sind → Aspergillus
spp., → Penicillium spp. und → Phoma
terrestris; wichtiger Vertreter ist Secalonsäure D. Es existieren keine Grenz- oder
Richtwerte (Abb. Secalonsäuren).

SCHÄDEN / FOLGEN
Secalonsäure D wirkt immunosuppressiv
(→ Immunsuppression), → teratogen,
→ mutagen (?); die → LD$_{50}$ beträgt bei
der Maus 42 mg pro kg (intraperitoneal).

BEFALLENE LEBENSMITTEL
Mais, speziell Maisstaub (0,3–4,5 ppm),
die Bildung von Secalonsäure D erfolgt
nahezu ausschließlich in gelagertem
Getreide (Mais); entsprechende Lagerbedingungen verhindern die Anreicherung.

Sekt   → Qualitätsschwaumwein

Sekthefen   Umgärhefen oder hochgärige
→ Hefen führen bei Weinen (12 % Vol.
→ Ethanol) nach erneuter Zuckerzugabe
zu einer zweiten → Gärung. Wichtige
Eigenschaften sind hinreichende Alkohol-
und → Kohlendioxid-Verträglichkeit. Bei
der Flaschengärung müssen sie sich
leicht abschütteln lassen.
→ Schaumwein, → Wein

Sekundärkontamination   → Mykotoxinbildung

Sekundärmetabolit   Eine Substanz, die
nach der exponentiellen Phase (→ exponentielle Phase) in der stationären Phase
(→ stationäre Phase) gebildet wird, aber
keine Bedeutung im Primärstoffwechsel
hat, häufig von ungewöhnlicher chemi-
scher Struktur und meist in Verbindung
mit anderen eng verwandten Substanzen
auftretend, z.B. → Antibiotika, → Mykotoxine.

Septierung   → Septum

Septum   eine Hyphenquerwand
(→ Hyphen), die Mikroporen oder einen
Zentralporus besitzt und den direkten
Kontakt von Protoplasten (→ Protoplast)
benachbarter Zellen gewährleistet (Abb.
Septum); die Zentralporen können bei
Schäden ventilartig geschlossen werden.
Septiertes → Myzel findet sich z.B. bei
den → Ascomycota und den mitosporen-
bildenden Pilzen (→ mitosporenbildende
Pilze), während die → Zygomycota gar
nicht oder nur kaum septiert sind.

Secalonsäuren. Secalonsäure D

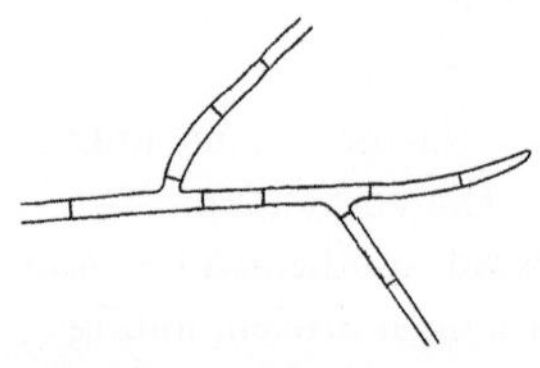

Septum. Septierter Hyphenstrang

sexuell   geschlechtlich, generativ

sexuelle Vermehrung   erfolgt bei lebensmittelrelevanten Schimmelpilzen
(→ Schimmelpilze) und → Hefen durch
→ Ascosporen und Sporen (→ Spore), die
auf geschlechtlichem Wege meist in
Fruchtkörpern (→ Fruchtkörper) gebildet
werden; die sexuelle Vermehrungsphase
wird auch als → teleomorph oder
→ Hauptfruchtform bezeichnet. Die sexuelle Vermehrung umfaßt im wesentlichen
drei Phasen, die → Plasmogamie, die
→ Karyogamie und die → Meiose. Bei
vielen höheren Pilzen (→ höhere Pilze)
folgt der Plasmogamie nicht unmittelbar
die Karyogamie, sondern erst die
→ Dikaryophase.
→ asexuelle Vermehrung

Sherry   wird nach dem ersten → Abstich
von → Wein unter Zusatz von → Ethanol
auf einen Alkoholgehalt von 15–20 % Vol.
gebracht; in Fässer gefüllt, bildet → Saccharomyces cerevisiae Meyen ex Hansen
aerobe Stoffwechselprodukte (→ aerob),
u.a. → Acetaldehyd, als sherrytypische
Geschmackskomponente. Der Ausbau,
z.B. Finosherry, dauert bis zu 7 Jahre.
Preiswerte Sherrys werden im
→ Submersverfahren in 6–7 Wochen hergestellt. → Likörwein

Shoyu   Chiang-yu (China), Kan-jang
(Korea), Kicap (Malaysia), Inyu (Taiwan)
bzw. Shoyu (Japan) ist eine dunkelbraune, salzige Flüssigkeit (Soja-Sauce)
von nuß- oder fleischartigem Geschmack,
die in Asien aus einem Brei aus gesalzenen Sojabohnen und Weizen unter Verwendung von *Aspergillus* (→ Aspergillus
oryzae (Ahlburg) Cohn),
A. soyae (Verzuckerung), → Hefen
(→ Zygosaccharomyces *rouxii*, → Candida
spp., → Gärung) und Milchsäurebakterien (*Lactobacillus delbrueckii*, Pediokokken, milchsaure → Fermentation) hergestellt wird (Abb. Shoyu). Shoyu besitzt
eine Fleischextraktnote und wird zum

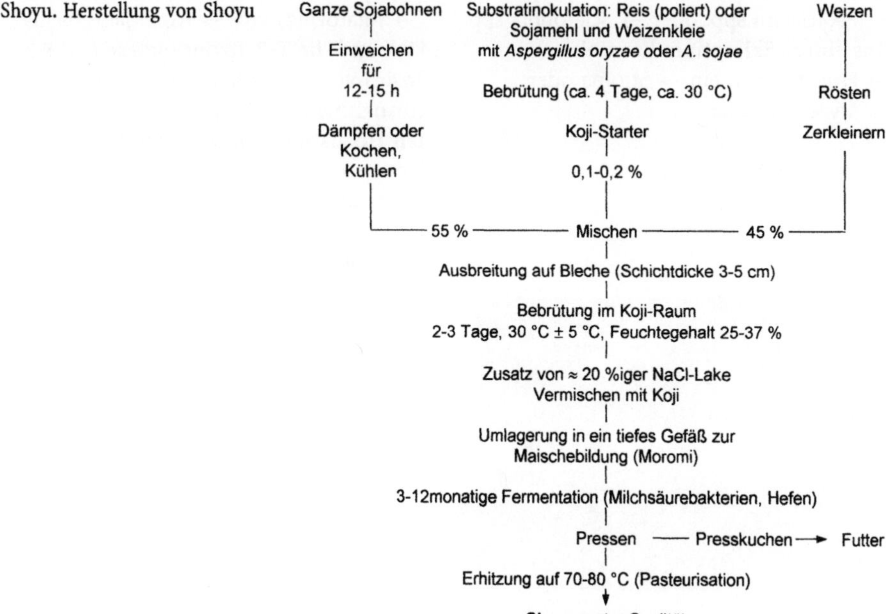

Würzen von Fisch, Fleisch, Suppen, Gemüsen etc. verwendet.

Sierra-Reis braun-gelbliches Produkt, das in Ecuador durch die → Fermentation von ungeschältem Reis mit → Aspergillus candidus Link, → Aspergillus flavus Link und *Bacillus subtilis* hergestellt wird

Sklerotien (gr. skleros (hart, rauh)) pseudoparenchymatische Aggregate (mehrzellig) (→ Pseudoparenchym), die der Überdauerung des vegetativen Myzels (→ Myzel) dienen; ihr Umfang reicht von 1 mm bis zu 30 cm. Mitunter wird Nährsubstrat (→ Substrat) in das Sklerotium mit eingeschlossen. Sklerotien sind häufig dunkel gefärbt, besitzen eine aus dikken Zellwänden (→ Zellwand) bestehende, meist mehrere Zellagen dicke Außenschicht. Der Binnenkörper besteht aus hyalinen (→ hyalin), dünnwandigen Zellen, die dem Nährstofftransport dienen. Diese Zellen sind reich an Reservestoffen, wie Glykogen und Fett. Sklerotien finden sich z.B. bei → Aspergillus spp. (Abb. Sklerotien), → Claviceps *purpurea*, → Penicillium spp. oder → Sclerotinia spp. Aus einem Sklerotium kann ein → Fruchtkörper, ein → Stroma oder → Myzel entstehen.

Sojakäse (Syn.: → Sufu)

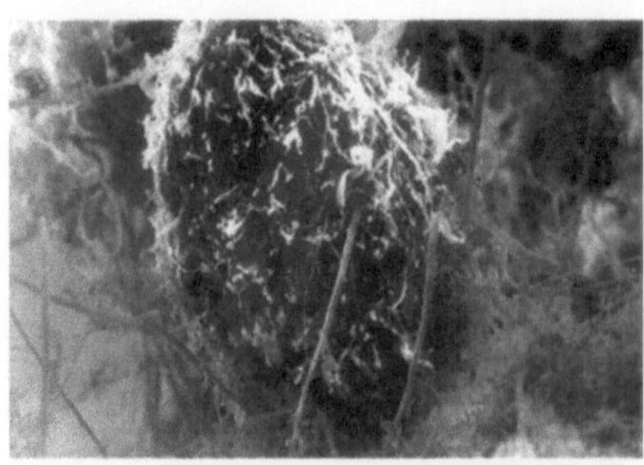

Sklerotien. Sklerotium von *Aspergillus flavus*

Sojamilch Gewinnung erfolgt durch kaltes oder heißes Auspressen von eingeweichten und fein zermahlenen Sojabohnen

Soja-Sauce (Syn.: → Shoyu)

Sorbinsäure
CH_3-CH=CH-CH=CH-COOH
Konservierungsstoff (→ Konservierungsstoffe) und gleichzeitig ein Naturstoff aus Vogelbeeren; Sorbinsäure und ihre Na-, K-, Ca-Salze (E 201, 202, 203) wirken insbesondere gegen → Hefen und → Schimmelpilze (Tabelle Sorbinsäure). Aufgrund der gesundheitlichen Unbedenklichkeit wird Sorbinsäure (E 200) zur Konservierung verschiedenster → Lebensmittel, wie Fleischerzeugnisse, Obstprodukte, Feinkosterzeugnisse, eingesetzt. Eine zunehmende Zahl von Schimmelpilzen ist resistent und baut Sorbinsäure unter Decarboxylierung zu 1,3 Pentandien ab (Fehlgeschmack). Nicht ausreichende Konzentrationen stimulieren die Verruculogensynthese (→ Verruculogen) von → Neosartorya *fischeri*, die Aflatoxin B_1-Synthese (→ Aflatoxine) von → Aspergillus flavus Link und die T-2 Toxinsynthese (→ T-2 Toxin) von → Fusarium *acuminatum*. Von Ausnahmen abgesehen, liegen die erlaubten Höchstmengen zwischen 0,1–0,2 %. Der → ADI-Wert beträgt 25 mg pro kg Körpergewicht.

Sordaria gehört zur Familie → Sordariaceae

Sordariaceae gehört zur Ordnung → Sordariales

Sordariales gehört zur Abteilung → Ascomycota

Spalthefen (Syn.: → Schizosaccharomyces)

Sorbinsäure. Antifungale Wirksamkeit von Sorbinsäure

Mikroorganismus	pH-Wert	minimale Hemmkonzentration (ppm)
Hefen		
Candida versatilis	4,6	2.000
Candida krusei	3,4	1.000
Saccharomycopsis lipolytica	5,0	1.000
Hansenula anomala	5,0	5.000
Saccharomyces cerevisiae	3,0	250
Schimmelpilze		
Aspergillus flavus	1.000	
Aspergillus niger	2,5–4,0	1.000–5.000
Botrytis cinerea	3,6	1.200–2.500
Cladosporium sp.	5,0–7,0	1.000–3.000
Geotrichum candidum	4,8	10.000
Mucor sp.	3,0	100–1.000
Penicillium digitatum	4,0	2.000
Rhizopus stolonifer	3,6	1.200

Spätlese   Eine Spätlese muß die Qualitätsanforderungen, die an einen → Kabinettwein gestellt werden, erfüllen. Darüber hinaus dürfen nur Trauben einer späten → Lese mit einem höheren Oechslegrad (80–90 °Oechsle) verwendet werden.

Spätschorf   (Syn.: → Lagerschorf)

Spermatien   Geschlechtszellen, die Kerne übertragen, aber nicht zu neuen Thalli (→ Thallus) auswachsen können

Spezialbier   Nur im Originalsudverfahren hergestellte Vollbiere (→ Vollbier) dürfen als Spezialbier bezeichnet werden. Sie unterscheiden sich durch deutlich ausgezeichnete Geschmackseigenschaften von anderen Vollbieren (z.B. → Lagerbier, → Exportbier). → untergäriges Bier

Sphaeropsidales   veraltete Bezeichnung für eine Ordnung (Pyknidien bildend), die zu den → Coelomycetes gehört (→ Pyknidium)

Spirituosen   alkoholhaltige Getränke, die durch die Destillation z.B. von → Wein (Brandy), gemälzter Gerste (Whisky), fermentiertem Roggen oder Maiswürze (Gin) sowie auch fermentierter Melasse (Rum) hergestellt werden

Spitzenwachstum   Das Hyphenwachstum (→ Hyphen) erfolgt meist im apikalen Spitzenbereich (→ apikal).

Spontangärung   Alle den Trauben anhaftenden und später im → Most befindlichen → Hefen beeinflussen die → Gärung. Die eigentliche → Weinhefe → Saccharomyces cerevisiae Meyen ex Hansen ist anfangs relativ gering, die → Fremdhefen sind relativ stark vertreten. Bei guter Traubenqualität lassen sich gute, sortentypische Weine (→ Wein) erzielen. Diese Weine haben häufig einen höheren Zucker- (Fructose) und Glyceringehalt (→ Glycerin), mehr → Essigsäure, Essigsäureethylester und andere sensorische Nebenprodukte, die sich in geringer Konzentration positiv auf den Geschmack auswirken. Neben anderen

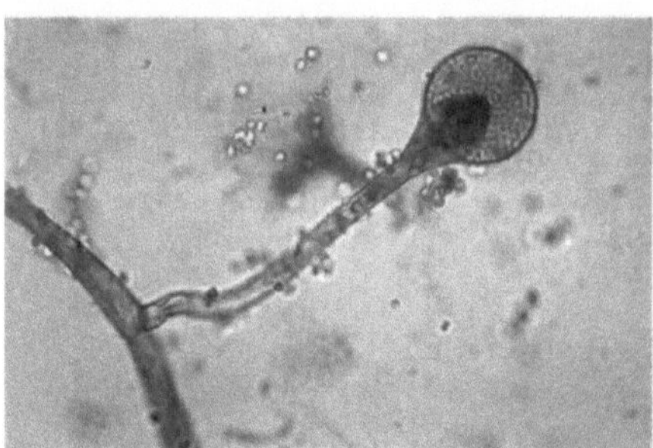

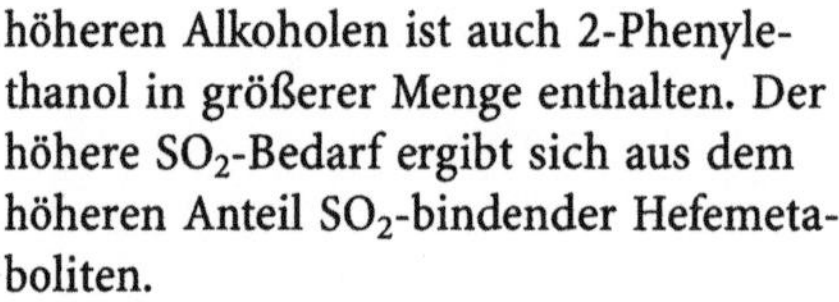

Sporangienträger. Sporangienträger mit Sporangium von *Absidia corymbifera*

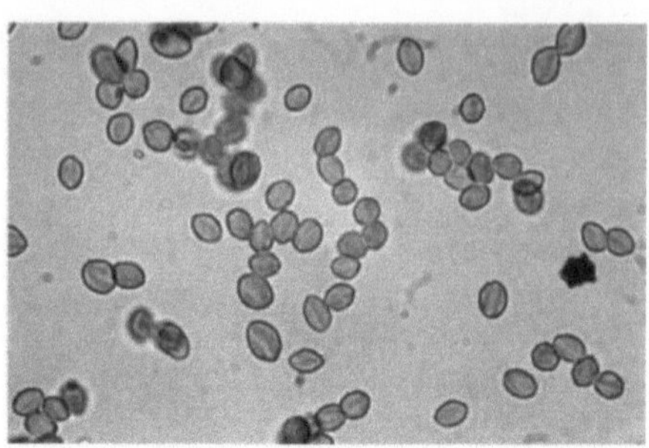

Sporangiosporen. Typisch geriffelte Sporangiosporen von *Rhizopus stolonifer*

höheren Alkoholen ist auch 2-Phenylethanol in größerer Menge enthalten. Der höhere SO_2-Bedarf ergibt sich aus dem höheren Anteil SO_2-bindender Hefemetaboliten.
→ Reinhefegärung

Sporangienträger   Träger eines Sporangiums (→ Sporangium) (Abb. Sporangienträger)

Sporangiolen   finden sich bei den Mucorales und sind kleine Sporangien (→ Sporangium) ohne oder mit verkleinerter → Columella, die nur eine oder wenige → Sporangiosporen enthalten, z.B. → Thamnidiaceae

Sporangiophor   (gr. pherein (tragen)) (Syn.: → Sporangienträger)

Sporangiosporen   (Syn.: → Endosporen, Aplanosporen) auf asexuellem Wege (→ asexuell) in einem → Sporangium (→ Mucorales) gebildete Sporen (→ Spore) (Abb. Sporangiosporen)

Sporangium   (gr. spora (Same), aggeion (Gefäß)) spezialisierte Zelle, in der endogen, auf asexuellem Wege (→ asexuell) → Sporangiosporen gebildet werden; ein Sporangium entsteht häufig unter Anschwellung des letzten Hyphenab-

schnittes (→ Hyphen) des späteren Trägers, z.B. → Mucorales.

Spore   eine ein- oder mehrzellige Fortpflanzungsstruktur, die der Vermehrung und Verbreitung der → Pilze dient; die genauere Begriffsdefinition ist allerdings nicht klar umrissen. Häufig bezeichnet der Ausdruck Spore einen Keim sexuellen Ursprungs (→ Meiosporen), während → Konidien auf asexuellem Wege (→ asexuell) entstanden sind (→ Mitosporen).

Sporenbildung   → Sporulation

Sporendonema   gehört zu den mitosporenbildenden Pilzen (→ mitosporenbildende Pilze)

Sporidiales   gehört zur Klasse → Ustomycetes; Vertreter der Sporidiales sind hefeähnliche Saprophyten, → Hefen, → saprophytisch

Sporidiobolaceae   gehört zu den Sporidiales

Sporobolomyces   gehört zu den mitosporenbildenden Pilzen (→ mitosporenbildende Pilze)

Sporodochium   → Fruchtlager (Schleimlager), in dem große Konidienmengen

(→ Konidien) von einer oberflächlichen, kissen-, polster- oder pustelförmigen Masse aus kurzen Konidienträgern (→ Konidienträger) und → Pseudoparenchym gebildet werden, → Conidiomata

Sporokarpe Sporenbehälter (→ Fruchtkörper) der → Myxomycota, die sich aus → Plasmodien ohne zelluläre Struktur entwickeln, gestielt oder ungestielt

Sporostasis Hemmung der Sporenkeimung

Sporulation (Syn.: Sporenbildung) Erzeugung asexueller Sporen, wie → Konidien, → Sporangiosporen (→ asexuell, → Spore), die häufig durch die Begrenzung der N-Quelle initiiert wird

Sproßketten (Syn.: → Pseudomyzel)

Sproßmyzel (Syn.: → Pseudomyzel)

Sprossung (Syn.: Knospung) Vermehrungsform der → Hefen
Zunächst bildet die Mutterzelle eine kleine blasige Ausstülpung. Es kommt zur Einwanderung von Cytoplasma und einem Tochterkern. Nach → Abschnürung von der Mutterzelle sind die Sproßzellen lebensfähig. Erfolgt die Sprossung nur an einer Stelle der Zelle, spricht man von monopolarer Sprossung (1). Um eine bipolare Sprossung handelt es sich, wenn sie an den beiden Polen stattfindet (2). Eine multilaterale Sprossung liegt vor,

wenn sie an mehreren beliebigen Stellen vor sich geht (3). Darüber hinaus existiert die Sprossung in Ketten (4). Die → vegetative Vermehrung der Hefen kann zudem an kurzen Stielen (5) und über Zellteilung (6) erfolgen (Abb. Sprossung).

Sproßzellen → Sprossung

Stachybotrys gehört zu den mitosporenbildenden Pilzen (→ mitosporenbildende Pilze)
→ Stachybotrys-Toxikose

Stachybotrys-Toxikose hervorgerufen durch verschiedene → Satratoxine von → Stachybotrys *atra*; bei der *Stachybotrys*-Toxikose handelt es sich vorwiegend um eine Saisonerkrankung, die speziell in den Wintermonaten bei der Verfütterung von Rauhfuttermitteln an Pferde und Rinder auftritt. Die Toxinsynthese wird durch hohe Substratfeuchten (> 40 %) und Temperaturen (> 25 °C), wie sie häufig in den südlichen Ländern und Teilen des Balkans auftreten, begünstigt. Die *Stachybotrys*-Toxikose ist mit schweren Vergiftungserscheinungen bei Mensch (Symptome: Atembeschwerden, Nasenbluten, nässende Hautentzündungen) und Tier, insbesondere bei Pferden (Symptome sind Speichelfluß, Leuko- und Thrombozytopenie, Kreislaufstörungen, Muskelzittern, zentralnervale Störungen etc.) verbunden.

Stammwürzegehalt Extraktgehalt (Gehalt an löslichen Stoffen) in der kalten, unvergorenen → Würze vor der Hefezugabe (→ Hefen); er errechnet sich aus dem Extraktgehalt an löslichen Stoffen in Gewichtsprozent vor der Vergärung (→ Gärung). Ein Stammwürzegehalt von ca. 12 % führt zu einem Alkoholgehalt im → Bier von etwa 4 % (= 1/3 → Ethanol).

Sprossung. Sprossungsformen der Hefen (verändert nach Baumgart 1993)

St.-Antonius-Feuer epidemieartig auftretende Vergiftung, die durch die → Sklerotien (→ Ergotalkaloide) von → Claviceps *purpurea* verursacht wird; benannt nach dem Antoniter-Orden, der sich um die Heilung der Erkrankten bemühte; die Heilung/Linderung beruhte im wesentlichen auf der Zuführung nicht kontaminierter → Lebensmittel,
→ Ergotismus

Starkbier wird mit einem → Stammwürzegehalt von 16–18 Gewichtsprozent vergoren (siehe Tabelle Biergattungen); bekannte Starkbiere sind z.B. Deutscher Porter, Bockbier (obergäriges Starkbier), Doppelbockbier (untergäriges Starkbier) mit 18 % → Stammwürzegehalt.
→ Biergattungen, → obergäriges Bier,
→ untergäriges Bier

Stärke Polysaccharid (→ Polysaccharide), das sich aus den beiden Glucanen (→ Glucane) → Amylose (15–27 %) und → Amylopectin zusammensetzt; beim Maischen (Bierbrauen) wird es durch korneigene → Amylasen zu diversen Zuckern abgebaut.
→ Bier, → Maische, → Würze

Starktriebhefen weisen im Gegensatz zu → Normaltriebhefen eine höhere → Triebkraft auf, die durch spezielle Züchtungsverfahren erzielt wird

Starterkulturen aufgrund spezifischer Eigenschaften selektierte, definierte und lebensfähige Mikroorganismen (→ Mikroorganismus) in Rein- oder Mischkultur, die Lebensmitteln (→ Lebensmittel) zugesetzt werden, um deren Aussehen, Geruch, Geschmack und/oder die Haltbarkeit zu verbessern; zu den mikrobiell hergestellten Lebensmitteln gehören z.B. alkoholische Gärprodukte (→ alkoholische Gärung), asiatische Fermentationsprodukte (→ Fermentation), Milchpro-

dukte, Rohwürste (→ Rohwurst), Sauergemüse, → Sauerteig.

stationäre Phase Die stationäre Phase ist durch einen Erhaltungsstoffwechsel gekennzeichnet. Die Keimzahl der Mikroorganismen (→ Mikroorganismus) bleibt konstant, da zwischen der Neubildung und dem Absterben der Zellen ein Gleichgewicht besteht.
→ exponentielle Phase, → Idiophase,
→ Tropophase

Staubhefen obergärige Bierhefen (→ obergärige Hefen), die sich im Gegensatz zu → Bruchhefen am Ende der → Gärung (weitgehender Abbau der vergärbaren Zucker) nur langsam absetzen; sie bilden Sproßverbände (→ Sprossung), sind in der → Würze fein verteilt, steigen in offenen Gärbottichen (→ Gärbottich) während der Phase intensivster Gärung an die Oberfläche und bilden dort Dekken. Sie zeigen eine höhere Gäraktivität als die niedervergärenden → Bruchhefen.

Stellhefe Impfhefe (Hefeausgangskultur) für die großtechnische Anzucht der → Versandhefe; Ziel der Stellhefestufen ist die Fortsetzung der in den Reinzuchtstufen (→ Reinzuchthefe) begonnenen Hefevermehrung (→ Hefen) im großen Maßstab, um große Hefemassen zu erzeugen.

Stellhefestufen → Stellhefe

Stemphylium gehört zu den mitosporenbildenden Pilzen (→ mitosporenbildende Pilze), anamorphes Stadium (→ anamorph) der → Pleosporaceae, teleomorphes Stadium (→ teleomorph): → Pleospora

Stenothermie (gr. stenos (eng, schmal), therme (Wärme)) Fähigkeit, nur in einem engen Temperaturbereich zu wachsen, z.B. → Rhizomucor *miehei* (→ Eurythermie)

Sterigmatocystin

Sterigmatocystin Mykotoxin (3α,12c-Dihydro-8-hydroxy-6-methoxyfuro[3′,2′,4,5]furo[3,2-c]xanthen-7-on), wurde 1954 isoliert und benannt, die Strukturaufklärung erfolgte 1962 (→ Mykotoxine); es stellt eine Vorstufe von Aflatoxin B_1 (→ Aflatoxine) dar, wobei bislang 8 Derivate beschrieben wurden (Abb. Sterigmatocystin). Es sind verschiedene Sterigmatocystinbildner bekannt: → Aspergillus spp., insbesondere → Aspergillus versicolor (Vuil.) Tiraboshi, → Emericella spp., → Eurotium spp., → Talaromyces *luteus*, → Bipolaris sp. und → Drechslera spp. Es existieren keine Grenz- oder Richtwerte.

SCHÄDEN / FOLGEN
kanzerogen (Leber), → mutagen, → teratogen, ist aber weniger wirksam als Aflatoxin B_1; die → LD_{50} liegt zwischen 60–166 mg pro kg Ratte (peroral).

BEFALLENE LEBENSMITTEL
Sterigmatocystin findet sich sporadisch in schimmelgereiften Fleischerzeugnissen, die nicht mit definierten Starterkulturen beimpft wurden. Darüber hinaus können sichtbar verschimmelte Nüsse und Getreide sowie Käse kontaminiert sein.

Sterigmen veraltete Bezeichnung für Phialiden (→ Phialide) (primäre Sterigmen) und Prophialiden (sekundäre Sterigmen); die Prophialiden werden als Metulae (→ Metula) bezeichnet, z.B. bei der Gattung → Aspergillus.

Stielansatzfäule bei Zitrusfrüchten durch → Phomopsis und → Diplodia-Species hervorgerufen

Stielzelle einkernige Zellbasis der → Ascomycota, die bei der → Hakenbildung durch Einziehen von Septen (→ Septum) von dem einkernigen Haken und der dikaryotischen Spitze (→ dikaryotisch) getrennt wird

Stilbellales veraltete Bezeichnung für eine Ordnung in der Klasse der → Hyphomycetes

Stiltonkäse englischer → Blauschimmelkäse

Stockflecken Stockflecken auf Butter sind nicht nur auf das Wachstum von Bakterien, sondern auch auf pigmentierte und pigmentausscheidende → Schimmelpilze (z.B. → Alternaria spp., → Aspergillus spp., → Cladosporium spp., → Mucor spp., → Penicillium spp.) sowie → Hefen (z.B. → Rhodotorula spp., → Cryptococcus spp.) zurückzuführen.

Stolonen (lat. stolo (Wurzelsproß)) (Syn.: Laufhyphen) Ausläufer von → Lufthyphen (speziell bei → Rhizopus spp.), die sich in einem bestimmten Abstand wieder in das → Substrat mit Hyphenwurzeln (→ Hyphen, → Rhizoide) festsetzen und → Sporangienträger bilden

Stopfenton (Syn.: → Korkton)

Stout englisches obergäriges Bier (→ obergäriges Bier)

Straminipila Organismenreich, dem die → Oomycota und die Hypochytriomycota angehören

Stroma (gr. stroma (Lager, Teppich)) feste, manchmal Sklerotium-artige Hyphenmassse (→ Sklerotien), auf oder in der sich → Fruchtkörper entwickeln; mitunter wird von den Stromata auch Nährsubstrat (→ Substrat) mit eingeschlossen.

Submersverfahren (lat. submergere (untertauchen, versenken)) Kultur- oder Anzuchtverfahren in einem flüssigen Nährsubstrat (→ Substrat)

Substrat (lat. substratus (daruntergelegt)) Gesamtheit aller Substanzen (z.B. → Nährboden) die für das Wachstum und die Produktbildung von Mikroorganismen (→ Mikroorganismus) geeignet sind; im engeren Sinne eine Substanz, auf die ein Enzym wirkt

Substratmyzel → Hyphen, die einen innigen Kontakt zum → Substrat haben und den Pilz (→ Pilze) mit Nährstoffen versorgen. → Luftmyzel

Sudhaus Im Sudhaus erfolgt die Würzegewinnung. Die → Würze wird in der → Würzepfanne mit dem → Hopfen (0,15–1,5 kg reife, getrocknete Fruchtstände oder Hopfenpulver, Hopfenauszüge), je 100 l, ca. 1,5 h gekocht.

Sufu (Syn.: Chinesischer Käse, Sojakäse) Fu-nju (Japan), Tousufu und Fu-ru (China) bzw. Sufu (Indonesien) ist ein asiatisches → Lebensmittel. Es wird hergestellt, indem → Tofu (Sojaquark) mit → Actinomucor spp., → Aspergillus spp., → Mortierella spp. und/oder → Mucor spp. beimpft und anschließend in Reiswein (→ Saké) eingelegt wird (Abb. Sufu). Sufu ist ein käseartiges Produkt mit einer pikanten Würze.

Suspensoren (lat. suspendere (aufhängen)) → Hyphen, die als Träger oder distale Stielzellen (→ Stielzelle) fungieren und einen Gameten (→ Gamet), ein

Sufu. Herstellung von Sufu

→ Gametangium oder eine → Zygospore tragen

Süßrahmkäse   Für die Reifung von Süßrahmkäse sind → Geotrichum *candidum* und → Hefen zwar notwendig, aber nicht so bedeutsam wie bei der Herstellung von → Sauermilchkäse. Darüber hinaus sind → Penicillium-Species an der Reifung beteiligt.

Süßreserve   Vor der Abfüllung darf → Wein eine kleine Menge an unvergorenem süßem Traubenmost (Süßreserve) gleicher Qualität, Sorte und Herkunft, der im Herbst des Vorjahres steril eingelagert wurde, zugesetzt werden (Süßung). Der unvergorene Traubenmost (→ Most) darf max. 8 g / l (1 Vol. %) → Ethanol enthalten und dient zur harmonischen Abrundung der Weine. → Landwein kann auch konzentrierter Traubenmost – auch rektifiziert – zugesetzt werden. Der Fremdanteil darf 25 % aber nicht überschreiten.

Süßung   → Süßreserve

Syncephalastraceae   gehört zur Ordnung → Mucorales

Syncephalastrum   gehört zur Familie → Syncephalastraceae; lebensmittelrelevante Species ist *Syncephalastrum racemosum.*

synkaryotisch   ein Kern, der 2n-Chromosomensätze besitzt

Synnema   (Syn.: → Koremium)

systemisch   den gesamten Organismus betreffend; ist z.B. ein Parasit, der den gesamten Wirt besiedelt, oder wirkt ein Fungizid (→ Fungizide, → Thiabendazol), das absorbiert und z.B. von den Wurzeln in alle Pflanzenteile transportiert wird

Systemmykose   → Mykose, die nicht auf ein Organ beschränkt bleibt, sondern verschiedene innere Organe des Wirtes erfaßt; gefährliche Erreger einer Systemmykose sind z.B. → Absidia spp., → Aspergillus spp., → Mucor spp., → Rhizomucor spp., → Rhizopus spp.

T

Tafelwein → Wein der niedrigsten Güteklasse; → Rotwein der Weinbauzone A (gesamte Bundesrepublik Deutschland mit Ausnahme von Baden) darf nach → Anreicherung (Zuckerzusatz, d.h. Saccharose zum Ausgangsmost) höchstens 12 Vol.% → Ethanol, Weinbauzone B (Baden) höchstens 12,5 Vol.% Ethanol enthalten. → Weißwein der Weinbauzone A darf nach Anreicherung höchstens 11,5 Vol.% Ethanol, Weinbauzone B höchstens 12 Vol.% Ethanol enthalten. In der Bundesrepublik Deutschland ist die Anreicherung nicht erlaubt bei → Qualitätswein mit Prädikat. → Most

Talaromyces gehört zur Familie → Trichocomaceae, anamorphe Stadien (→ anamorph): → Penicillium, → Paecilomyces

BEFALLENE LEBENSMITTEL
Lebensmittelrelevante Species sind *Talaromyces flavus*, *T. macrosporus*; treten sporadisch in nicht ausreichend erhitzten Fruchtsäften auf,
→ Hitzeresistenz

Tamarisauce in Japan durch die → Fermentation von Reis und Sojabohnen mit → Aspergillus *tamarii* hergestelltes Nahrungsmittel

Tankgärung bei untergärigem, seltener bei obergärigem **Bier** (→ obergäriges Bier, → untergäriges Bier) in einem Tank durchgeführte → Nachgärung, Dauer 4–6 Wochen, Temp. 0° C; auch die → Hauptgärung kann im Tank erfolgen, wobei die Hefevermehrung in der → Würze und der Ablauf der → Gärung durch Gegendruck (CO₂) gesteuert wird (Abb. Tankgärung).
→ Bier, → Kohlendioxid
Bei der **Weinherstellung** (→ Wein) erfolgt die Tankgärung in Stahltanks mit Gärverschlüssen (wassergefüllte U-Röh-

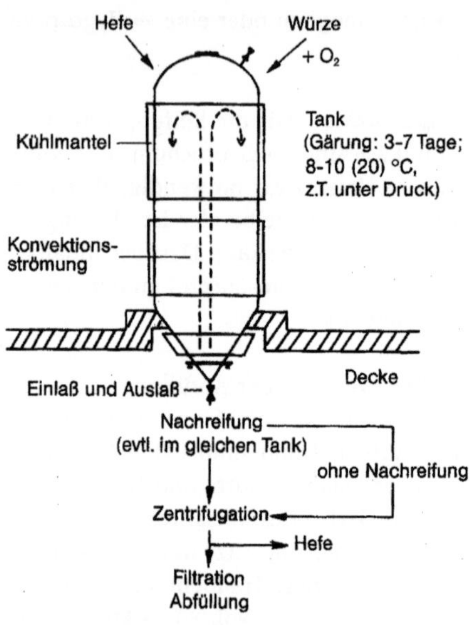

Tankgärung. Schema der Bierherstellung im Tank (verändert nach Krämer 1997)

ren). Die Behältnisse werden zwischen 70–75 % gefüllt, um noch Steigraum für den Gärungsschaum zu haben.
Als Tankgärung wird auch die zweite Gärung im Zuge der **Sektherstellung** (→ Schaumwein) durch Zusatz der → Fülldosage in kühlbaren Drucktanks (→ Drucktankgärung) oder direkt in Flaschen (→ Flaschengärung) bezeichnet.

Tao-cho (Tao-si) (Syn.: → Hamanatto)

Tapé indonesisches Fermentationsprodukt (→ Fermentation) auf Reisbasis, das unter Verwendung von → Rhizopus *oryzae*, → Pichia *membranaefaciens* und weiteren Pilzen (→ Pilze) hergestellt wird; in seiner halbfesten Konsistenz wird es in Indonesien frisch als Hauptnahrung verzehrt.

Tapé-ketala (Peuyeum) javanesisches Fermentationsprodukt, das durch die → Fermentation von Cassava-Knollen mit → Mucor *javanicus* hergestellt wird

Teigführung Bei der direkten Teigführung zur Brotherstellung wird die Hefe (→ Hefen) unmittelbar dem gesamten Ansatz zugegeben; wird häufig angewendet bei Mehlen mit schwächerem → Kleber und schlechterem Gashaltevermögen, die kurz bei 28–32 °C geführt werden müssen (z.B. Weißbrot-, Brötchenteige). Die indirekte Teigführung bietet sich bei Weizenmehlen mit starkem Kleber und geringer diastatischer Aktivität (→ Diastase) an. Dabei wird nur eine Vorstufe (Vorteig) mit Hefe beimpft. Nach bestimmten Reifezeiten (25–27 °C) wird der Vorteig mit dem restlichen Mehl und Wasser zum Hauptteig verarbeitet.

Teiglockerung → Aufgehen

Teekwass russisches Getränk, das man durch die → Fermentation von Tee mit symbiontischen Kulturen von *Acetobacter xylinum* und → Schizosaccharomyces *pombe* erhält

Teepilz Symbiose zwischen → Hefen (→ Saccharomycodes *ludwigii*) und Bakterien (insbesondere *Acetobacter xylinum*)

teleomorph (gr. telos (Ende), morphe (Gestalt)) Bezeichnung für die sexuelle (perfekte) Vermehrungsform (→ sexuelle Vermehrung) eines Pilzes (→ Pilze), wie sie z.B. bei den → Ascomycota und den → Basidiomycota zu finden ist, → Ascosporen

Tempeh Tempei (Japan) bzw. Tempé (Indonesien) ist ein asiatisches → Lebensmittel, das aus gekochten oder gedämpften Sojabohnen (Tempeh-kedele) unter Luftabschluß unter Verwendung von → Rhizopus *oligosporus* und *Rhizopus* spp. hergestellt wird (Abb. Tempeh). Es ist von fester Textur und dient in gerösteter oder frittierter Form als Fleischersatz. Die → Fermentation (1–2 Tage bei 30–37 °C) erhöht die Verdaulichkeit (Peptide, freie Aminosäuren und → Fettsäuren), den Gehalt an B-Vitaminen und verbessert den Geschmack und Geruch.

Tempeh-bonkrek malaysisches Fermentationsprodukt (→ Fermentation), das auf Maniokbasis unter Verwendung von → Rhizopus spp. hergestellt wird

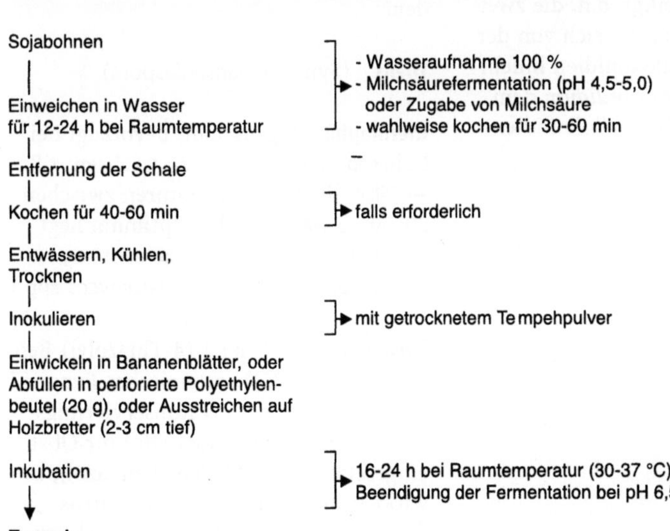

Tempeh. Herstellung von Tempeh

Tenuazonsäure   → Alternaria-Toxine

Tequila   → Pulque

teratogen   Substanz, die Mißbildungen verursacht

terminal   (Syn.: endständig)

terverticillat   bezeichnet eine Verzweigungsstufe von → Penicillium spp., bei der sich der → Penicillus in drei aufeinanderfolgende Äste gliedert (→ Penicillium)

thallische Konidienbildung   (Syn.: → Thallokonidien)

Thallokonidien   (Syn.: Thallosporen, Arthrokonidien, Oidien, Aleuriokonidien) entstehen durch nachträgliche Septierung und Zerbrechen von → Hyphen in Einzelzellen, wenn die Septen (→ Septum) dicht aufeinanderfolgen; Thallokonidien sind eckige Hyphenbruchstücke, die zunächst noch aneinander hängen. Bei der holothallischen Konidienbildung (→ Konidien) sind alle Zellwandschichten der fertilen Hyphe an der Ausbildung der Konidienzellwand beteiligt, d.h. die zweischichtige → Zellwand setzt sich von der Mutterzelle in die Thallokonidien hinein fort, z.B. → Geotrichum *candidum* dem „Milchschimmel" (Abb. Thallokonidien).

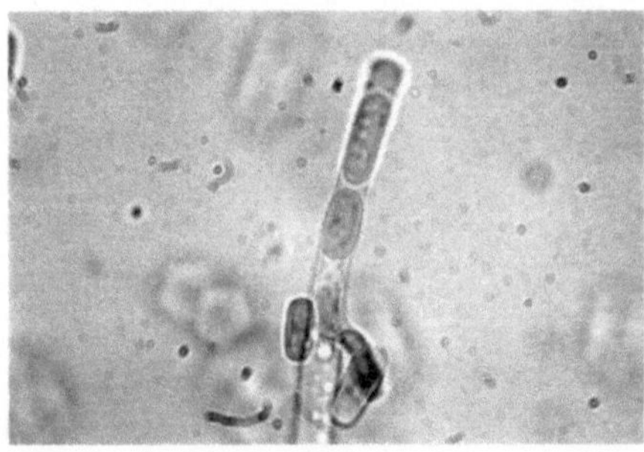

Thallokonidien. Thallokonidienbildung von *Geotrichum candidum*

An der Neubildung der Konidienwand ist bei der enterothallischen Konidienbildung nur die innere Wandschicht der fertilen Hyphe beteiligt. Bei der enteroblastischen Entwicklung liegen zwischen fertilen Konidienzellen degenerierende Zwischenzellen.
→ Blastokonidien, siehe auch Abb. *Geotrichum*

Thallus   (lat. thallus (grüner Zweig)) Gesamtheit des pilzlichen Vegetationskörpers; dazu werden z.B. → Hyphen, → Chlamydosporen, → Sklerotien, Zygosporen (→ Zygospore), → Fruchtkörper, → Ascosporen, → Konidien, → Konidienträger, → Sporangien, → Sporangienträger gerechnet.

Thamnidiaceae   gehört zur Ordnung → Mucorales

Thamnidium   gehört zur Familie → Thamnidiaceae

Befallene Lebensmittel
Lebensmittelrelevante Species ist *Thamnidium elegans*, psychrophil, Wachstum bei 1–2 °C, häufiger auf Kühlfleisch zu finden.

Thelis   (Syn.: → Hanseniaspora)

thermophil   Eigenschaft, bevorzugt bei höheren Temperaturen zu wachsen; z.B. → Pilze, die bei Temperaturen zwischen 20–50° C wachsen; das Optimum liegt hier bei 40–50 °C (→ Hitzeresistenz, → Neosartorya spp., → Talaromyces spp.).

Thiabendazol   (Syn.: 2-(4-Thiazolyl)-Benzimidazol, E 233)) systemisches Fungizid (→ Fungizide), das als Konservierungsstoff (→ Konservierungsstoffe) für Obst eingesetzt wird (Abb. Thiabendazol); es wirkt insbesondere gegen die Zitrusfruchtschädlinge → Penicillium italicum Wehmer und → Penicillium digitatum

Thiabendazol

Thiabendazol. Antifungale Wirksamkeit von
Thiabendazol

Schimmelpilze	minimale Hemm-konzentration (ppm)
Aspergillus flavus	<5
Aspergillus fumigatus	<10
Aspergillus niger	40
Eurotium sp.	<5
Mucor mucedo	100
Paecilomyces variotii	100
Penicillium oxalicum	<5
Penicillium spinulosum	<5
Rhizopus oryzae	100

Sacc., indem es als Wachsemulsion auf
die Schale der Früchte appliziert wird
(Tabelle Thiabendazol). Bananen dürfen
nur mit Thiabendazol behandelt werden.
Die erlaubten Höchstmengen reichen von
2 bis 6 mg/kg, der → ADI-Wert beträgt
0,3 mg pro kg Körpergewicht.

Thiamin   (Syn.: Aneurin, Vitamin B_1)
überaus wichtiges Coenzym von Decar-
boxylasen, Transferasen und anderen
Enzymen (Abb. Thiamin); bei
→ Saccharomyces cerevisiae Meyen ex
Hansen ist Thiamin an der Decarboxylierung von Pyruvat (Brenztraubensäure) zu
→ Acetaldehyd beteiligt. Die Ethanolbildung (→ Ethanol) kann durch Thiamin-
zusatz gesteigert werden. → Botrytis *cinerea* kann den natürlichen Thiamingehalt
der Beere bis auf 1/10 verringern. In der

Thiamin

Handelsform Thiamindichlorhydrat darf
es → Wein in in der Konzentration
0,76 ml/l zur Stimulierung der → Gärung
zugesetzt werden.

Tofu   Sojabohnenquark ist ein ostasiati-
sches, vorwiegend in China hergestelltes
→ Lebensmittel, der durch Naßvermahlung nicht gequollener Sojabohnen gewonnen wird. Nach Erhitzung und Sieben wird
$CaSO_4$ zugesetzt, der „Quark" wird mit
Säure ausgefällt und abgepreßt. → Sufu

Torula   gehört zu den mitosporenbildenden Pilzen (→ mitosporenbildende Pilze)

Torulaspora   gehört zur Familie → Saccharomycetaceae

Torulopsis   (Syn.: → Candida)

Traubenmost   → Most

Treber   das von der → Maische abge-
trennte Kornschrot; zur Gewinnung aller
löslichen vergärbaren Extraktstoffe wird
der Treber mit ca. 75 °C heißem Wasser
ausgewaschen. Der Rückstand vom Bierbrauen (→ Bier) ist ein wertvolles,
eiweißreiches Futtermittel (23–27 % Proteine, 43–48 % N-freie Extraktstoffe,
7–10 % Fett, 14–20 % Rohfaser, 4–5,5 %
Mineralstoffe).

Trehalose   Reservekohlenhydrat (Disaccharid: α-D-Glucopyanosyl-α-D-Gluco-
pyanosid) von Pilzen (→ Pilze), insbesondere auch von → Hefen, das durch das
Enzym Trehalase hydrolysiert wird

Tremellales   gehört zur Abteilung → Basidiomycota

tremorgen   Zittern auslösende Substanz

tremorgene Mykotoxine   Zittern auslösende → Mykotoxine, wie → Aflatrem

Paspalin

Paxillin

Tremorgene Mykotoxine. Paspalin und Paxillin

(z.B. → Aspergillus flavus Link); Paspalin, Paspalicin, Paspalinin, Paspalitrem (→ Claviceps *paspali*), Paxillin (→ Penicillium *paxilli*), → Fumitremorgen A und B (z.B. → Aspergillus fumigatus Fres.), → Verruculogen (→ Neosartorya sp.), Tryptoquivalin, Tryptoquivalon, → Penitrem A (z.B. → Penicillium viridicatum Westling), Janthitreme (Abb. Tremorgene Mykotoxine); tremorgene Mykotoxine verursachen eine Neurotoxikose bei Mensch und Tier, die ein Zittern der Gliedmaßen auslöst (Tremor).

Tremortin (Syn.: → Penitrem A)

Trester (Syn.: Preßrückstände, Preßkuchen) feste Bestandteile, die nach dem Abpressen der → Maische von Weintrauben (→ Wein) und anderem Obst zurückbleiben; eine schnelle Verwertung z.B. als Futtermittel oder zur Branntweinherstellung ist aufgrund hoher Keimzahlen obligatorisch.

Trichocomaceae (Syn.: Eurotiaceae) gehören zur Ordnung → Eurotiales

Trichoderma (Syn.: *Pyreniopsis*) gehört zu den mitosporenbildenden Pilzen (→ mitosporenbildende Pilze), anamorphes Stadium (→ anamorph) der → Hypocreaceae, teleomorphes Stadium (→ teleomorph): → Hypocrea

Trichogyne (gr. thrichos (Haar), gyne (Frau)) Anhängsel (Empfängnishyphe) eines weiblichen Organs speziell bei bestimmten → Ascomycota; bei der Fusion des Antheridiums (→ Antheridium) mit der Trichogyne wandern die Kerne des Antheridiums unter lokaler Auflösung der trennenden Wände in das → Ascogon.

Trichophyton gehört zu den mitosporenbildenden Pilzen (→ mitosporenbildende Pilze), anamorphes Stadium (→ anamorph) der → Arthrodermataceae, teleomorphes Stadium (→ teleomorph): → Arthroderma

Trichosphaeriales gehört zur Abteilung → Ascomycota

Trichothecene → Mykotoxine, die zur Gruppe der 12,13-Epoxy-trichothec-9-ene (tetracyklische Sesquiterpene) gehören; die lebensmittelrelevanten Mykotoxine werden vorwiegend von der Gattung → Fusarium gebildet (Abb. Trichothecene). Der Name leitet sich von → Trichothecium *roseum* ab. Dessen Mykotoxin, das → Trichothecin, wurde erstmals 1949 isoliert, die molekulare Struktur aber erst 1964 aufgeklärt. Die alte Bezeichnung Scirpene wurde 1967 durch die aktuelle Bezeichnung Trichothecene ersetzt. Bislang konnten mehr als 170 Trichothecene isoliert werden. Es werden zwei Gruppen unterteilt, die makrozyklischen und nicht-makrozyklischen Trichothecene. Makrozyklische Trichothecene (67 bekannt) werden von folgenden Gattungen synthetisiert: *Cephalosporium* (syn. → Acremonium), → Cylindrocarpon,

→ Myrothecium, → Phomopsis, → Stachybotrys, → Trichoderma, → Verticimonosporium. Zu den nicht-makrozyklischen Trichothecenen (*Fusarium* spp.) gehören äußerst wichtige Mykotoxine. Die Unterteilung erfolgt anhand der chemischen Struktur in A-Trichothecene (z.B. → T-2 Toxin und → HT-2 Toxin, → Diacetoxyscirpenol, Monoacetoxyscirpenol) und B-Trichothecene (z.B. → Deoxynivalenol, → Nivalenol). Die B-Trichothecene weisen nur 1/10 der Giftigkeit der A-Trichothecene auf. A-Trichothecenbildner sind z.B. *Fusarium acuminatum, F. equiseti, F. poae, F. sambucinum, F. sporotrichioides.* B-Trichothecenbildner sind z.B. *Fusarium cerealis, F. culmorum, F. graminearum.* Die Trichothecenbildung erfolgt noch bei Temperaturen von < 10 °C, teilweise auch noch unter dem Gefrierpunkt. Wahrscheinlich ist die Syntheserate bei niedrigen Temperaturen am höchsten.

SCHÄDEN / FOLGEN
Schweine und andere Monogastrier, wie z.B. der Mensch, reagieren auf Trichothecene außerordentlich empfindlich. Hühner und Truthähne sowie in einem etwas geringerem Maße Wiederkäuer sind dagegen relativ unempfindlich. Wahrscheinlich greifen die Trichothecene die blutbildenden Zentren an, sind potente Neurotoxine (→ Neurotoxin), wirken dermatotoxisch, inhibieren Protein- und DNA-Synthese. Erbrechen, Diarrhöe und Futterverweigerung bei Tieren sind bekannte Krankheitssymptome. Trichothecene sind Auslöser der → ATA (ehem. UdSSR), der Moldy Corn Toxicosis (USA), der Akabaki-Vergiftung (Rotschimmel) und Bohnenhülsen-Vergiftung (Bean-Hulls-Poisoning) in Japan.

BEFALLENE LEBENSMITTEL
Vorwiegend Getreide ist mit Trichothecenen kontaminiert. Dabei gehen die Toxine in Mehl, Brot, Kekse etc. über. Trichothecene sind sehr hitzestabil (bis

Trichothecene. Trichothecen-Grundkörper

200 °C) und überdauern den Backprozeß. Bei gelagertem Getreide findet ein nahezu vollständiger Trichothecenabbau innerhalb von 3–6 Monaten bei 4 °C statt.

Trichothecin war das erste isolierte Trichothecen (→ Trichothecene) als antifungal wirkender Metabolit von → Trichothecium *roseum*; bei der Weinherstellung (→ Wein) wirkt Trichothecin toxisch auf → Hefen und verzögert oder hemmt die → Gärung. Normalerweise wird Trichothecin während der Gärung inaktiviert.

Trichothecium gehört zu den mitosporenbildenden Pilzen (→ mitosporenbildende Pilze); lebensmittelrelevante Species ist *Trichothecium roseum*.
→ Mykotoxine, → Rosafäule, → Trichothecene, → Thrichothecin

Triebkraft Unter Triebkraft versteht man die Gäraktivität und das Gasbildungsvermögen von → Backhefen.

Trockenbackhefen „Vorgänger" der → Instant-Trockenbackhefen; die Herstellung erfolgte aus grob granulierter → Preßhefe durch Horden-, Band- oder Trommeltrocknung (30–40 °C für 3 bis 12 Stunden). Diese Hefen (Restwassergehalt ca. 8 %) besaßen eine um bis zu 50 % reduzierte Triebkraft gegenüber einer Preßhefe.

Trockenbeerenauslese Im Vergleich zu einer → Beerenauslese dürfen für die Herstellung einer Trockenbeerenauslese nur weitgehend eingeschrumpfte, edelfaule Beeren bzw. überreife, eingeschrumpfte Beeren verwendet werden. Der Wasserverlust führt zu Mostgewichten von 100–300° Oechsle (→ Oechslegrad), optimal sind 180–200 °Oe. Edelfaule Trauben dienen in Ungarn zur Herstellung von Tokayer, in Italien von Ricioto di Soave und in Frankreich von Sauternes.

Trockenfäule   (Syn.: Weißfäule, Graufäule) Allgemein sind trockenfaule Früchte durch eine trockene, mitunter stark gefaltete Oberfläche gekennzeichnet, Zellsaft tritt nicht aus. Die befallenen Gewebe sind hart, leicht mumifiziert, mit Hohlräumen im Inneren. Verursacher sind unter anderem → Alternaria-, → Gloesporium-, → Sclerotinia-Species. An Kartoffeln wird die Trockenfäule durch → Fusarium *solani* var. *pyruleum* und *F. sulforeum* verursacht. Die Infektion erfolgt häufig bei der Ernte über Verletzungen. Während einer mehrmonatigen Lagerung verfärbt sich das Gewebe braun und trocknet aus. Schrumpfungen und Mumifizierungen sind die Folgen. Myzelpolster (→ Myzel) entwickeln sich auf der Schale, in Hohlräumen und Rissen. Erhöhter Befall tritt auf bei Temperaturen von 15 °C, rel. Luftfeuchtigkeit > 80 %.

Trockenhefe   großtechnisch durch aerobe (→ aerob) Anzucht hergestellte, getrocknete Hefe; kommt mit einem Wassergehalt von ca. 8 % als Granulat in den Handel; Trockenhefe kann dem → Most/ → Maische direkt zugesetzt werden. Gegenüber → Flüssighefen ist Trockenhefe teurer, aber praktischer in der Anwendung. Die Vorvermehrung erfolgt im Most oder Traubensaft.

Trockenrandbildung   tritt speziell bei großkalibrigen Rohwürsten (→ Rohwurst) auf; die Außenschichten der Würste trocknen aus und stellen für das Wasser im Innern eine fast undurchlässige

Schicht dar. Unter Umständen kommt es zum Ersticken, d.h. zum inneren Verfaulen der Würste.

Trophophase   In der Biotechnologie laufen viele erwünschte mikrobielle Produktionsprozesse erst in der stationären Phase (→ stationäre Phase) ab. Die Trophophase ist ein Abschnitt der stationären Phase und gilt als die Ernährungs- oder Wachstumsphase von Mikroorganismen (→ Mikroorganismus).
→ Idiophase

Tropismus   (gr. tropos (Drehung, Wendung)) Änderung der Wachstumsrichtung, ausgelöst durch einen Reiz; dabei bedeutet (+) positiv, in Richtung des Reizes, (-) negativ, weg vom Reiz.
- Autotropismus: z.B. vermeiden → Hyphen den Kontakt zu Nachbarhyphen, sichtbar insbesondere am Rand einer Kolonie
- Chemotropismus: eine Reaktion auf eine Chemikalie, z.B. Sauerstoff, ein Hormon oder Nährstoffe
- Phototropismus: z.B. die Reaktion von Konidienträgern (→ Konidienträger), Sporangienträgern (→ Sporangienträger), Asci (→ Ascus) etc. auf Licht

Tryptone   Eiweiße, die durch Behandlung mit Trypsin, einer Protease, hergestellt werden

Tuberculariales   veraltete Bezeichnung für eine Ordnung, die zu den → Hyphomycetes gehört

Turkey-X-Disease   Auslöser waren mit → Aspergillus flavus Link kontaminierte Erdnußpreßrückstände; diese aus Brasilien importierten Futtermittel enthielten → Aflatoxine, an deren Verzehr im Jahre 1960 in England 100.000 Truthähnchen sowie zahlreiche andere Nutztiere (z.B. Regenbogenforellen) verendeten.
→ Aflatoxikose

T-2 Toxin   Mykotoxin (3-Hydroxy-
4,15,diacetoxy-8-[3-methylbutyryloxy]-
12,13-epoxytrichothec-9-en), das zur
Gruppe der → Trichothecene gehört
(→ Mykotoxine) und von → Fusarium
spp., z.B. *Fusarium graminearum, F.
poae, F. sporotrichioides*, gebildet wird
(Abb. T-2 Toxin); es existieren keine
Grenz- oder Richtwerte.

T-2 Toxin

SCHÄDEN / FOLGEN
T-2 Toxin besitzt eine ähnlich starke Dermatotoxizität wie → HT-2 Toxin. Eine
mögliche kanzerogene Wirkung zeigte
sich im Verdauungstrakt. T-2 Toxin
hemmt alle Schritte der Proteinsynthese
und wirkt immunsuppressiv (→ Immunsuppression). Die Leber scheint das primäre Zielorgan zu sein. Die → LD$_{50}$ liegt
bei 1,84 mg pro kg Küken (peroral). Bei
Fütterrungsversuchen wurde eine mögliche synergistische Wirkung mit → Deoxynivalenol nachgewiesen.

BEFALLENE LEBENSMITTEL
Futtermittel sind häufiger als → Lebensmittel belastet. Eine signifikante Anreicherung im tierischen Gewebe (Geflügel,
Schwein, Rind) findet aufgrund der
schnellen Metabolisierung und Ausscheidung nicht statt. → Carry over in Milch
beträgt weniger als 1 %. Getreide, insbesondere Mais, aber auch Weizen, Gerste
und Hirse, kann kontaminiert sein. Bei
der Naßvermahlung kommt es zu einer
Akkumulation in der Keim- und Kleie-
fraktion sowie im Einweichwasser. T-2
Toxin gilt als Mitauslöser der → ATA.

U

Ulocladium gehört zu den mitosporenbildenden Pilzen (→ mitosporenbildende
Pilze)

BEFALLENE LEBENSMITTEL
Lebensmittelrelevante Species sind *Ulocladium artrum* und *U. consortiale*, häufiger an Getreide auftretend.

ULO-Lagerung, Ultra Low Oxygen Im Vergleich zur → LO-Lagerung wird die O_2-
Konzentration auf 0,8–2 %, die CO_2-Kon-
zentration auf 1–2 % und gleichzeitig
auch der Ethylengehalt abgesenkt.

Ultrafiltration Fließfähiges Material wird
mit Druck durch siebartige Ultrafiltrati-
onsmembranen geleitet. Wasser und niedermolekulare Teilchen (Molekulargewicht 10^4–6×10^4) passieren die Membran als Ultrafiltrat (Permeat), zurück
bleibt das konzentrierte Produkt (Kon-
zentrat, Retentat). Durch die Ultrafiltration entfällt bei der Camembert-Herstel-
lung (→ Weißschimmelkäse) die → Dicklegung in der Käsewanne und die Bruch-
bearbeitung. Dem Retentat werden direkt
die → Starterkulturen und das → Lab
zugesetzt; dann erfolgt die Abfüllung in
Formen und die Dicklegung. Durch die
Ultrafiltration läßt sich eine 30–35 %
höhere Ausbeute als beim konventionellen Verfahren erzielen.

Umgärhefen → Sekthefen

Umzüchtung Die Umzüchtung von
→ Hefen ist erforderlich, wenn → Versandhefe wieder als → Stellhefe eingesetzt
werden soll. Die Umstellung des Stoffwechsels von Atmung auf → Gärung wird
durch Anzucht unter Sauerstoffmangel in
einer relativ stark zuckerhaltigen, aber
nährsalzarmen Melassewürze erreicht.

unechte Hefen (Syn.: → asporogene Hefen)

untergärige Hefen → Bruchhefen, die
zum Ende der → Hauptgärung zusam-
menhängende Verbände und Klumpen
bilden und sich am Boden des Gärgefä-
ßes absetzen, ursprünglich als → Saccharomyces *uvarum* var. *carlsbergensis*
bezeichnet; die umgangssprachliche
Bezeichnung lautet → Saccharomyces
carlsbergensis. Nach der aktuellen
Systematik (Kreger-van Rij 1984) ist dies
nicht korrekt, da diese Hefe der Species
→ Saccharomyces cerevisiae Meyen ex
Hansen zugerechnet wird.

BIOLOGIE
Untergärige Hefen bilden keine Sproßverbände (→ Sprossung), sondern nur Mut-
ter- und Tochterzellen, Raffinosevergärung 100 % (→ Raffinose), da → Melibiase vorhanden (Abb. Untergärige
Hefen), Sporulation 72 h, Cytochromspektrum 2 Banden, Vermehrungsoptimum 28 °C, Katalaseoptimum 24 °C, pH
6,2–6,4;
Gärungstechnologie: Hauptgärung 7 Tage,
5–10 °C; untergärige Hefen können 5–9
mal geführt werden; → Nachgärung:
→ Tankgärung bei 0 °C für 4–6 Wochen
(→ obergärige Hefen, → Staubhefen)

untergäriges Bier aus Gerstenmalz, Was-
ser und Hopfen durch Anmischen und
Kochen hergestelltes, mit untergäriger
Hefe (→ untergärige Hefen) vergorenes
Getränk; zur Herstellung wird die
→ Würze auf 8–9 °C gekühlt und mit
→ Anstellhefe beimpft, die Gärzeit
beträgt 8–10 Tage. Typische untergärige
Biere sind z.B. Bockbiere, Export, Lager-
biere, Märzen, Pilsener. → Bier, → Bier-
gattungen, → Gärung

Ustomycetes gehört zur Abteilung
→ Basidiomycota

V

Valsaceae gehört zur Ordnung → Diaporthales

var. Abkürzung für Varietät, eine systematische Untereinheit der Art

vegetative Vermehrung → anamorph

Venturia gehört zur Familie → Venturiaceae, → Lagerschorf

Venturiaceae gehört zur Ordnung → Dothideales

vergärbare Zucker Für die Bier- und Weinherstellung (→ Bier, → Wein) sind im wesentlichen Glucose und Fructose als Hexosen von Bedeutung. Diese kommen in Früchten und pflanzlichen Organen vor, neben Saccharose, die durch → Invertase (Pflanzen, → Hefen) in → Invertzucker gespalten wird. → Maltose als Abbauprodukt der → Stärke wird durch → Maltase in Glucose gespalten.

Verrucarine gehören zu den Terpenen, → Mykotoxine

Verruculogen Mykotoxin (Indolderivat, enthält 3 N-Atome im Molekül) mit tremorgener Wirkung (→ Mykotoxine); Verruculogenbildner sind z.B. → Aspergillus *caespitosus*, → Neosartorya *fischeri*, → Penicillium *simplicissimum* (Abb. Verruculogen). Die → LD$_{50}$ liegt bei 2,4 mg

Verruculogen

pro kg Maus (intraperitoneal). Eine tremorgene Wirkung tritt bei Mäusen ab einer Konzentration von 1 mg pro kg Maus (intraperitoneal) auf. Es existieren keine Grenz- oder Richtwerte.
→ tremorgene Mykotoxine

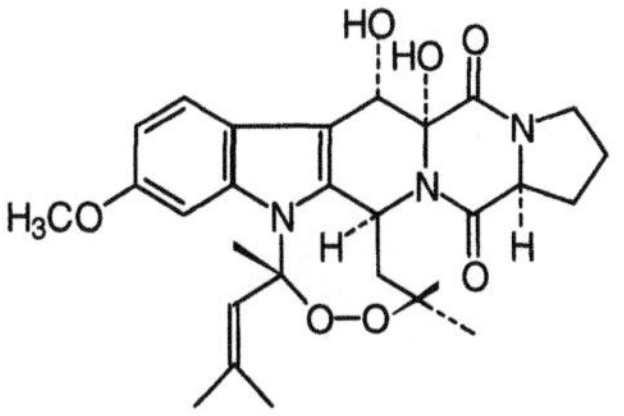

Versanddosage (Syn.: Expeditionslikör) das Erzeugnis, das dem → Schaumwein nach dem → Degorgieren zur Erzielung einer bestimmten Geschmacksrichtung und Vollmundigkeit zugesetzt wird; durch den Zusatz der Versanddosage darf der vorhandene Alkoholgehalt (→ Ethanol) der Schaumweine um höchstens 0,5 Vol.% erhöht werden. Die Versanddosage darf nur bestehen aus Saccharose, → Traubenmost (→ Most), teilweise gegorenem Traubenmost, konzentriertem Traubenmost, rektifiziertem Traubenmostkonzentrat, → Wein oder aus einer Mischung dieser Komponenten, ggf. mit Zusatz von Weindestillat.
→ Fülldosage

Versandhefe letzte Vermehrungsstufe bei der Herstellung von Backhefe (→ Backhefen); Endprodukt ist die → Hefesahne; die Versandhefestufe wird immer alkoholfrei (→ Ethanol) geführt und dient der Erzeugung einer qualitativ einwandfreien, versandfertigen Backhefe. Handelsformen sind z.B. die → Preßhefe oder die Trockenbackhefe (→ Trockenbackhefen).

Versieden Bei zu hohen Temperaturen kann es bei der Weingärung (insbesondere bei Großgebinden) zu Gärstockungen des Mostes kommen (→ Gärung, → Most, → Wein).

Verticimonosporium gehört zu den mitosporenbildenden Pilzen (→ mitosporenbildende Pilze)

Vesikel (lat. vesica (Blase)) das angeschwollene Ende eines Konidienträgers

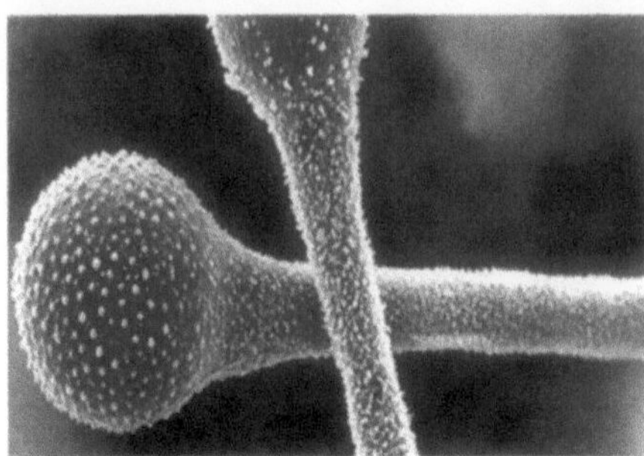

Vesikel. Vesikelbildung bei *Aspergillus flavus*

(→ Konidienträger) von → Aspergillus
spp. (Abb. Vesikel) oder Vertretern der
Gattung → Penicillium aus der Untergattung → Aspergilloides

Viili (Syn.: Langmilch) Finnisches Sauermilcherzeugnis, das unter Verwendung
verschiedener Milchsäurebakterien und
→ Geotrichum *candidum* hergestellt wird;
die Enzymaktivität von *G. candidum*
(Glykolyse, leichte Fettoxidation) führt zu
einem charakteristischen Aroma. Sein
aerobes Wachstum (→ aerob) verhindert
eine stärkere Autooxidation des Fettes.

Viomellein Mykotoxin; das nach → Xanthomegnin zweithäufigste Xanthochinon
(→ Mykotoxine), das vorwiegend in
Getreide gefunden wird; es wird von
→ Penicillium spp. (z.B. → Penicillium
aurantiogriseum Dierckx, → Penicillium
viridicatum Westling) und der → Aspergillus ochraceus Gruppe synthetisiert (Abb.
Viomellein).
Viomellein kommt häufig vergesellschaftet mit Xanthomegnin, möglicherweise
auch mit → Ochratoxin A und → Citrinin
vor. Es existieren keine Grenz- oder
Richtwerte.

Viomellein

SCHÄDEN / FOLGEN
Viomellein wirkt wie Xanthomegnin
toxisch auf Leber und Nieren von Versuchstieren, indem Läsionen auftreten.
Die Wirkung entspricht der von Xanthomegnin.

BEFALLENE LEBENSMITTEL
Getreide, z.B. Weizen, Gerste

Vitamin B₁ (Syn.: → Thiamin)

Vollbier wird mit einem → Stammwürzegehalt von 11–14 % vergoren; bekannte
Vollbiere sind z.B. → Altbier, Diätbier,
→ Exportbier (Stammwürzegehalt für hel-
les 12,5 % und für dunkles Exportbier
13 %), → Kölsch, → Lagerbier (untergäriges Vollbier aus Gerstenmalz), Malzbier
(süßes, dunkles, obergäriges Vollbier,
Stammwürzegehalt muß zu 50 % aus
→ Malz bestehen), → Märzen (untergäriges, aus Gerstenmalz hergestelltes Vollbier, Stammwürzeghealt 13 %), → Pilsenerbiere (untergäriges Vollbier, Hopfen-
charakter besonders betont).
→ Bier, → Biergattungen, → obergäriges
Bier, → untergäriges Bier

Vomitoxin (Syn.: → Deoxynivalenol)

Vorklärung → Mostklärung

W

Wallemia gehört zu den mitosporenbildenden Pilzen (→ mitosporenbildende Pilze)
→ xeroxphil

Befallene Lebensmittel
Lebensmittelrelevante Species ist *Wallemia sebi* (Abb. *Wallemia*), (Synonyme: → Sporendonema *epizoum*, *S. sebi*, *Hemispora stellata*), die → AWR-Lebensmittel befällt.

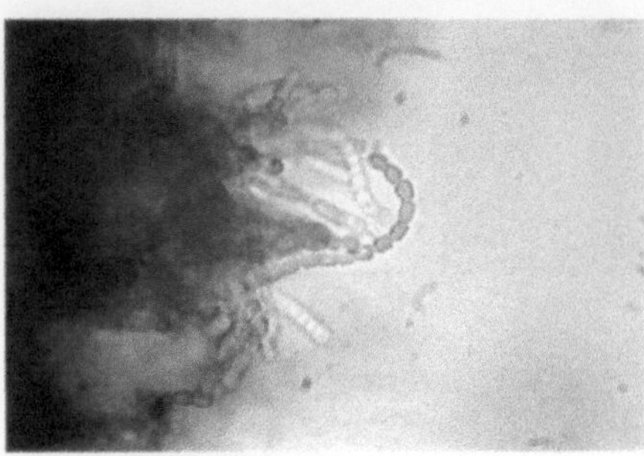

Wallemia. Wallemia sebi

Wasseraktivität Gehalt des frei verfügbaren Wassers eines Substrates für Mikroorganismen; insbesondere → Hefen und → Schimmelpilze sind in der Lage, bei sehr niedrigen a_w-Werten zu wachsen, der minimale → a_w-Wert für jegliches Wachstum überhaupt liegt bei 0,605 (→ Mikroorganismus, → Substrat, → Xeromyces *bisporus*).

wäßrige Wundfäule wird an Kartoffeln durch → Pythium *ultimum* verursacht; Symptome sind feuchte, dunkle Schalen, Gewebeaufweichung, fischartiger Geruch.

Weichegrad → Weichen

Weichen Nach dem Putzen wird die zweizeilige (Brau-) Sommergerste 2–3 Tage bei 10–15 °C mit mehrmals erneuertem Wasser auf einen Weichegrad von 40 % Wassergehalt eingeweicht.
→ Bier, → Malz

Weichfäulen werden durch Pektinesterase- und Polygalakturonidasebildner (→ Pektinasen, → Polygalakturonide) verursacht, die das Pektin (→ Pektine) der pflanzlichen Zellwände (→ Zellwand) abbauen, z.B. → Rhizopus *stolonifer*

Weichkäse gereifte Milcherzeugnisse, die aus dickgelegter → Käsereimilch hergestellt werden und nach der Käse-Verord-

nung der Bundesrepublik Deutschland einen Wassergehalt in der fettfreien Käsemasse von > 67 % aufweisen,
→ Dicklegung, → Hartkäse

Wein Nach der Definition des Weinrechtes ist Wein ein Erzeugnis, das ausschließlich durch vollständige oder teilweise → alkoholische Gärung der frischen, auch eingemaischten Weintrauben (→ Maische) oder des Traubenmostes gewonnen wird. Wein ist ein Produkt der alkoholischen Gärung durch → Saccharomyces cerevisiae Meyen ex Hansen. Dem → Entrappen, → Mahlen und → Keltern folgt die → Mostbehandlung, → Mostklärung und → Gärung sowie der → Weinausbau (Abb. Wein). Für die Einteilung in Güteklassen (Qualitätsstufen) wird bei deutschen Weinen das spezifische Gewicht (→ Oechslegrad) des Traubenmostes vor der Gärung zugrunde gelegt. Je höher der Zuckergehalt des Mostes, desto höher ist der Alkoholgehalt (→ Ethanol) des späteren Weines. Die Bestimmung des Mostgewichtes erfolgt in Deutschland mittels einer → Mostwaage und wird in Grad Oechsle (° Oe) angegeben. Je nach erreichtem Mostgewicht werden die Weine in 4 unterschiedliche Qualitätsstufen eingeteilt, in → Tafelwein, → Landwein (Tafelwein gehobener Qualität), → Qualitätswein bestimmter Anbaugebiete (b. A.) (z.B. Ahr, Nahe, Mosel-Saar-

Wein. Faßweinlagerung (Firma Kupferberg, Mainz)

Ruwer) und Qualitätswein mit Prädikat (→ Kabinettwein, → Spätlese, → Auslese, → Beerenauslese, → Trockenbeerenauslese, → Eiswein). Qualitätswein muß mindestens 7 % Vol. → Ethanol (57° Oe) enthalten (Tabelle Wein). Natürliche Mindestalkoholgehalte (Mindestmostgewichte) wurden von den Ländern Baden-Württemberg, Bayern, Hessen, Rheinland-Pfalz und Saarland festgelegt. Man unterscheidet zwischen Wein (→ Weißwein, → Rotwein, → Roséwein),

→ Schaumwein und → Likörwein. Aus diesen drei Getränkearten können → weinhaltige Getränke hergestellt werden. → Anreicherung

weinähnliche Getränke werden aus Früchten oder daraus hergestellten Säften oder anderen zucker- oder stärkehaltigen Rohstoffen, wie Honig, → Malz oder Rhabarber, hergestellt; man unterscheidet z.B. → Fruchtweine und → Kernobstweine, → Most, → Moste nach Landesbrauch. → Wein

Weinausbau   Unter Weinausbau versteht man die kellereitechnischen Maßnahmen (z.B. Filtration, → Schönung, → Süßung), die der Herstellung biologisch, chemisch und physikalisch stabiler Weine dienen. Der → Wein wird mit dem Ziel behandelt, die natürlich ablaufenden Vorgänge der Reifung und → Klärung zu unterstützen und den Wein vor unerwünschten Veränderungen zu schützen. Am Ende

Wein. Mindestmostgewichte und Mindestalkoholgehalte für Rheingauer Weine (verändert nach Koch 1986)

	Mindestmostgewichte ° Oe	Mindestalkoholgehalt Vol. %
Kabinettweine		
Weißwein	73	9,5
Weißherbst	78	10,0
Rotwein	80	10,6
Neuzüchtungen	80	10,6
Spätlesen		
Weißwein	85	11,4
Weißherbst	88	11,9
Rotwein	90	12,2
Neuzüchtungen	95	13,0
Auslesen		
Riesling	95	13,0
sonstige Weißweine	100	13,8
Rotwein	105	14,5
Neuzüchtungen	105	14,5
Beerenauslesen	125	17,7
Trockenbeerenauslesen	150	21,5

des Ausbaus soll der Wein „füllfertig"
sein.

weinhaltige Getränke   müssen einen
Weinanteil (→ Wein) von > 50 % aufweisen; sie können unter Verwendung von
Weinalkohol (→ Ethanol), → Traubenmost (→ Most), Fruchtsaft, Pflanzen, Teilen von Pflanzen mit einem natürlichen
Gehalt an Geruchs- und Geschmacksstof-
fen, Zucker und Zuckerkulör und anderen Stoffen hergestellt werden, z.B.
→ Kräuterwein.

Weinhefe   → Saccharomyces cerevisiae
Meyen ex Hansen, kann regelmäßig aus
dem gärenden → Most, von Weinbeeren
oder aus Weingärten isoliert werden;
wird häufig nach der Herkunftsregion,
z.B. Tokayer- oder Champagnerhefe,
benannt

Weinverschnitt   (Syn.: → Cuvée) hergestellt aus verschiedenen Grundweinen
(→ Grundwein) als Ausgangsprodukt für
die Sektherstellung (→ Schaumwein)

Weißfäule   (Syn.: *Sclerotinia*-Fäule) Verursacher sind → Sclerotinia-Arten, die
Kopfkohl, Salat, Möhren und diverse
andere Gemüsearten mit einem weißen,
watteartigen → Myzel überziehen; Förderung des Befalls durch unzureichende
Luftzirkulation im Lager.

Weißherbst   → Qualitätswein oder ein
Qualitätswein mit Prädikat, der aus roten
Trauben, die sofort abgepreßt werden,
gewonnen wird,
→ Roséwein

Weißschimmelkäse   beispielsweise
Camembert oder Brie, die unter Verwendung von → Penicillium camembertii Thom
und mesophilen Milchsäurebakterien hergestellt werden (Abb. Weißschimmelkäse);
die vorgereifte Milch wird beimpft, mit
→ Lab dickgelegt, der Bruch (→ Dickle-

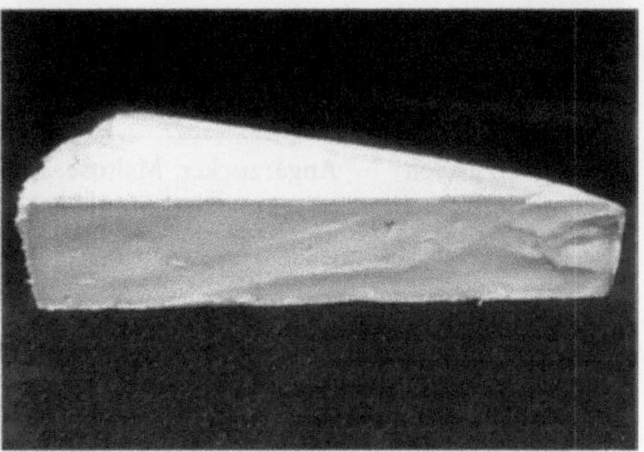

Weißschimmelkäse. Brie

gung) geschnitten, in Formen gefüllt,
mehrmals gewendet und in ein Salzbad
gelegt. Es folgt 3–4 Tage Lagerung im
Trockenraum, dabei Entwicklung von
→ Hefen und → Geotrichum *candidum.*
Die Reifung erfolgt für 7–10 Tage im Reife-
raum. Durch den proteolytisch und lipoly-
tisch wirksamen → Edelschimmel, der ausschließlich auf der Käseoberfläche wächst,
werden die typischen Geschmacksstoffe
gebildet (→ Ultrafiltration).
Bislang aus Weißschimmelkäse isolierte
→ Mykotoxine sind Aflatoxin M_1 (→ Aflatoxine), → Cyclopiazonsäure. Von Cyclopiazonsäure geht für den Verbraucher
keine Gefahr aus, da dieses Mykotoxin
nur in der Rindenschicht in geringer
Konzentration gebildet wird. Bislang
gemessene Höchstwerte in natürlich kontaminiertem Weißschimmelkäse lagen
zwischen 50 und 1.500 µg Cyclopiazonsäure pro kg.

Weißschimmelpilze   (Syn.: → Penicillium
camembertii Thom)

Weißwein   wird aus Weißweintrauben
hergestellt, → Wein; die Gärungstempera-
tur liegt bei 12–14 °C.

wilde Hefen   (Syn.: → Fremdhefen)

Würze   der klare Extrakt, den man nach
dem Maischen (→ Maische) durch

Würze. Vergleich der Inhaltsstoffe von Würze und Bier

	Würze	Bier
werden von Hefen metabolisiert	Angärzucker, Maltose, Maltotriose, Aminosäuren und Peptide, Mineralsalze, Suppline	vorhanden, aber in sehr geringen Konzentrationen abhängig vom Wachstum und der Stoffwechselleistung der Hefen
werden nicht von Hefen metabolisiert	Stärke und Dextrine, β-Glucane, abgebaute Proteine, Polypeptide, Gerb- und Bitterstoffe des Hopfens	im Bier enthalten
Gärungsnebenprodukte	entstehen nicht	Ethanol, Fuselöle (Propyl-, Butyl- und Amylalkohol), Ester (z.B. Essigsäureethylester), Glycerin, Kohlendioxid, organische Säuren (z.B. Milchsäure, Citronensäure)
pH-Wert	$\approx 5{,}1$	$\approx 4{,}0$
E_h-Wert-Bereich	oxidierter Bereich	reduzierter Bereich

Abtrennung (Maischefilter, → Läuterbottich) des Trebers (→ Treber) erhält; die Würze enthält → Maltose (ca. 44 %), → Dextrine (ca. 31 %), → Maltotriose (ca. 11 %), Glucose (ca. 9 %), Saccharose (ca. 3 %) und Fructose (ca. 2 %) (Tabelle Würze). Der Gehalt an organischen Säuren, wie Äpfel-, → Citronensäure und → Milchsäure, bewirkt einen pH-Wert der Würze von ca. 5,4. Der niedrige pH fördert die Ausscheidung von Eiweiß- und Gerbstoffverbindungen sowie Hopfenharzen (→ Hopfen).

Würzpfanne dient zur Würzekochung, wobei der → Würze im Sudhaus → Hopfen zugesetzt wird

X

Xanthomegnin Mykotoxin [(-)-3,3´-Bis[2-methoxy-5-hydroxy-7-(2-hydroxy-propyl)-8-carboxyl-1,4-naphthochinonlacton) wurde erstmals 1963 aus → Trichophyton *megninii* isoliert (→ Mykotoxine). Weitere Xanthomegninbildner sind → Penicillium spp. (z.B. → Penicillium aurantiogriseum Dierckx, → Penicillium viridicatum Westling) und die → Aspergillus ochraceus Gruppe (Abb. Xanthomegnin). Es existieren keine Grenz- oder Richtwerte.

SCHÄDEN / FOLGEN
Xanthomegnin ist wie → Viomellein ein Leber- und Nierengift. Zusammen mit Viomellein, → Ochratoxin A (OTA) und → Citrinin ist es wahrscheinlich für Nierenerkrankungen bei Mensch und Tier verantwortlich. → Pilze, die diese Nephrotoxine (→ Nephrotoxin) synthetisieren, treten häufig zusammen auf.

BEFALLENE LEBENSMITTEL
Xanthomegnin kommt häufig vergesellschaftet mit Viomellein, möglicherweise auch mit OTA und Citrinin in Getreide (z.B. Weizen, Gerste) vor. Wahrscheinlich enthalten ca. 50 % der OTA-verdächtigen Getreide- und Futtermittelproben auch Xanthomegnin.

Xanthomgenin

Xeromyces gehört zur Familie → Monascaceae; *Xeromyces bisporus* ist obligat → xerophil. Der minimale → a_w-Wert für das Wachstum liegt bei a_w 0,605. *Xeromyces* wird aufgrund des sehr langsamen Wachstums bei der Untersuchung von Lebensmitteln (→ Lebensmittel) auf eine Schimmelpilzkontamination (→ Schimmelpilze) häufig übersehen.

xerophil (gr. xeros (trocken), philos (Freund)) Mikroorganismen (→ Mikroorganismus), die Habitate bevorzugen, deren Gehalt an verfügbarem Wasser (→ a_w-Wert) sehr gering ist; → Schimmelpilze (z.B. → Eremascus spp., → Eurotium spp., → Xeromyces *bisporus*) und → Hefen (z.B. → Zygosaccharomyces spp.) gelten als xerophil, da die meisten Stämme bei a_w-Werten < 0,85 wachsen können.

Y

Yarrowia gehört zur Familie → Saccharo-mycetaceae

Yellow Rice Disease gelbe Reis-Toxikose in Japan, die seit 1891 untersucht wird; Ursache ist der Verzehr von unzureichend gelagertem Reis, der aufgrund des Wachstums von z.B. → Penicillium islandicum Sopp, *P. citreoviride*, *P. rugulosum* mit Mykotoxinen (→ Mykotoxine), wie → Luteoskyrin, → Rugulosin, → Citrinin und → Citreoviridin, kontaminiert ist.

Z

α-Zearalenol Reduktionsprodukt von → Zearalenon; es wird mit der Milch von Kuh und Schwein ausgeschieden. Seine östrogene Wirkung ist bis zu 10mal höher als die von Zearalenon, während β-Zearalenol eine dem Zearalenon entsprechende Wirkung besitzt.

Zearalenon (Syn.: F-2 Toxin) Mykotoxin ([6-(10-Hydroxy-6-oxo-trans-1-undecenyl)-β-resorcinsäurelacton), dessen chemische Isolierung und Strukturformel in Patenten aus den Jahren 1961/1965 veröffentlicht wurde (→ Mykotoxine); es wird von Vertretern der Gattung → Fusarium, wie *Fusarium cerealis, F. culmorum, F. equiseti, F. graminearum, F. incarnatum* etc. gebildet. Temperaturen von 12–14 °C führen über einen längeren Zeitraum hinweg zu einer signifikanten Akkumulation. Die Bildung ist auch bei Temperaturen unter dem Gefrierpunkt möglich. Zearalenon ist hitzeresistenter als → Aflatoxine und → Trichothecene. Grenz- bzw. Richtwerte einzelner EU-Mitgliedsstaaten liegen bei 60 bis 200 µg pro kg Lebensmittel.

SCHÄDEN / FOLGEN
Zearalenon besitzt östrogene Eigenschaften. Die Aufnahme kann zu Aborten und/oder Sterilität führen. Die → LD_{50} liegt bei > 10.000 mg pro kg Ratte (peroral). Da NaCl eine LD_{50} von 3.750 mg / kg Versuchstier aufweist, wird Zearalenon auch als ein Östrogen und nicht als ein Mykotoxin angesehen. Ab 0,05 mg pro kg Futter kommt es zu Veränderungen an den Ovarien. Schweine reagieren sehr viel empfindlicher als Rinder, Geflügel ist kaum betroffen. → α-Zearalenol

BEFALLENE LEBENSMITTEL
Häufiger betroffene → Lebensmittel sind vorwiegend Getreidearten aus kühl-gemäßigten Klimaten, wie Mais, Weizen, Gerste, Hafer, Roggen, Hirse. Auch Getreide-

Zearalenon

erzeugnisse, wie beispielsweise Maisbier und Cornflakes, können kontaminiert sein. Die Zearalenonkontamination kann während der Abreife, der Ernte, Lagerung sowie der Verarbeitung der Körner erfolgen. Bei der Ethanolgewinnung aus Zearalenon-kontaminiertem Mais verbleibt das Mykotoxin im Gärungsrückstand, das Destillat ist toxinfrei. In bestimmten tierischen Geweben wird es schnell metabolisiert und ausgeschieden. Mit der Kontamination von Kuhmilch ist nicht zu rechnen. Dagegen findet sich Zearalenon in der Milch von Sauen (→ Carry over), so daß bei Ferkeln ein östrogener Effekt auftritt.

Zellmembran (Syn.: → Plasmalemma)

Zellwand ist bei den lebensmittelrelvanten Pilzen (→ Pilze) zweischichtig; → Polysaccharide machen ca. 80 % der Zellwandsubstanz aus. Gerüstsubstanzen bei den → Ascomycota und den mitosporenbildenden Pilzen (→ mitosporenbildende Pilze) sind → Chitin und → Glucane, bei den → Zygomycota → Chitosan und Chitin. → Cellulose tritt nur bei den → Myxomycota und → Oomycota auf. Weitere Zellwandkomponenten sind Proteine, Fette und mineralische Stoffe. Zudem finden sich Einlagerungen von Aminosäuren, Peptiden, Zuckern, Melaninen (→ Melanin), Phosphaten etc..

Zoochorie Verbreitung von → Konidien, Sporen (→ Spore) etc. über Tiere

Zoosporangium → Fruchtkörper der → Saprolegniales von langgestreckter, spindel- bis keulenförmiger Gestalt, enthält → Zoosporen

Zoosporen (gr. zoon (Lebewesen, Tier), spora (Same)) (Syn.: Planosporen) sind nackt und durch Geißeln beweglich → Aplanosporen (→ Autosporen, Endosporen (→ Endospore), → Zoosporangium)

Zuckern hemmt das mikrobielle Wachstum durch Absenkung des a_w-Wertes (→ a_w-Wert) in verschiedenen Lebensmitteln (→ Lebensmittel), z.B. in Obstprodukten, Fruchtsirupen, Musen, Gelees, Marzipan oder Persipan; nur → Schimmelpilze und → Hefen (→ xerophil) sind in der Lage, zuckerreiche Substrate zu besiedeln. Xerophile Bakterien (→ xerophil) wachsen nur in/auf NaCl-angereicherten Substraten (→ Substrat).

Zuckerzusatz Saccharose dient z.B. zur Anreicherung des Alkoholgehaltes (→ Ethanol) des späteren Weines (→ Wein). Der Zusatz von Zucker ist in der Bundesrepublik Deutschland nur bei → Tafelwein, → Landwein und → Qualitätswein erlaubt. Maximal erlaubte → Anreicherung in Weinbauzone B (Baden) sind 20 g / l und in Weinbauzone A (übrige Bundesrepublik Deutschland) 28 g / l.

Zulaufverfahren Bei der Hefeherstellung (→ Hefen) im Zulaufverfahren wird eine ausreichende Zellvermehrung der → Versandhefe, bei Erhaltung der → Triebkraft und weitgehender Unterdrückung der Ethanolbildung (→ Ethanol) angestrebt.

Zwiebelhalsfäule hervorgerufen durch → Botrytis *aclada*; Symptome sind anfangs glasig-weiche Flecken, später dunkler werdend, Endstadium mit starker Sklerotienbildung (→ Sklerotien), Mumifizierung

Zygogamie bezeichnet den Vorgang der sexuellen Reproduktion der → Zygomycetes, bei dem sich die Befruchtungszellen aneinander legen und die → Zygote bilden; Zygogamie tritt nur selten auf.

Zygohansenula (Syn.: *Pichia*)

Zygomycetes gehört zur Abteilung → Zygomycota; wichtigste Ordnung innerhalb der Klasse der Zygomycetes für den Lebensmittelbereich (→ Lebensmittel) sind die → Mucorales.

Zygomykose → Mykose, die durch Vertreter der → Zygomycetes verursacht wird (→ Mucor-Mykose)

Zygomycota (Syn.: Jochpilze) (gr. zygon (Joch)) Die Zygomycota gehören zum Reich der → Eumycota.

BIOLOGIE
Die Zygomycota besitzen ein coenozytisches → Myzel (→ coenozytisch), Septen (→ Septum) finden sich ganz sporadisch in reifem Myzel sowie zur Abtrennung bestimmter Organe, wie Sporangien (→ Sporangium) und Zygosporen (→ Zygospore). Die Vermehrung erfolgt ungeschlechtlich über → Sporangiosporen, die endogen in Sporangien oder Merosporangien (→ Merosporangium) gebildet werden, geschlechtlich über Verschmelzung zweier multinuclearer Gametangien (→ Gametangium) und Zygosporenbildung (dickwandig, gelb, braun oder schwarz, z.T. mit verschiedenartigen Auswüchsen). Die → Zellwand der Zygomycota besteht im wesentlichen aus → Chitin und → Chitosan. Im Lebensmittelbereich (→ Lebensmittel) ist die Klasse der → Zygomycetes und hier speziell die Ordnung → Mucorales von Bedeutung. Zygosporenbildner sind selten in Lebensmitteln zu finden.

Zygosaccharis   (Syn.: → Zygosaccharomyces)

Zygosaccharomyces   gehört zur Familie
→ Saccharomycetaceae

BIOLOGIE
multilaterale → Sprossung, selten Pseudomyzelbildung (→ Pseudomyzel), Asci
(→ Ascus) enthalten 1–4 runde bis ovale
→ Ascosporen; Gärvermögen vorhanden,
→ xerophil, teilweise ausgeprägte Resistenz gegenüber Konservierungs- und
Desinfektionsmitteln
(→ Konservierungsmittel)

BEFALLENE LEBENSMITTEL
Lebensmittelrelevante Species sind *Zygo-
saccharomyces bailii*, *Z. bisporus*, *Z. rou-
xii*.
Häufiger betroffene → Lebensmittel sind
Honig, Rohrzucker, Marzipan, generell
Süßwaren mit einem hohen Zuckergehalt,
Fruchtsaftkonzentrate, Fruchtsäfte,

mayonnaisehaltige Feinkosterzeugnisse;
Kohlendioxid- und Ethanolbildung füh-
ren zum Verderb (→ Kohlendixoid,
→ Ethanol).
→ AWR-Lebensmittel

Zygosaccharomycodes   (Syn.: → Saccharomyces)

Zygospore   die aus der Konjugation von
→ Isogameten hervorgehende → Spore
oder (bei den → Zygomycetes) durch
Fusion Gametangien-ähnlicher Gebilde
(→ Gametangium) entstehende Spore

Zygote   Ergebnis der Fusion zweier verschiedengeschlechtlicher → Gameten;
eine Zelle, in der 2 Kerne unterschiedlichen Geschlechts fusioniert haben

Zytoplasmamembran   (Syn.: → Plasmalemma)

Weiterführende Literatur

Arora DK, Mukerji KG, Marth EH (Eds)(1991) Handbook of Applied Mycology, Vol. 3, Foods and Feeds. Marcel Dekker, New York Inc

Arx JA von (1976) Pilzkunde. Ein kurzer Abriß der Mykologie. J. Cramer, Vaduz

Barron GL (1968) The Genera of Hyphomycetes from Soil. Robert E. Krieger Publ. Co., Huntington, N.Y.

Baumgart J (Hrsg)(1993) Mikrobiologische Untersuchung von Lebensmitteln. BEHR´S, Hamburg

Bedlan G, Holzer U (1993) Krankheiten an gelagertem Obst und Gemüse sowie Nachernteschäden. Dachs, Wien

Betina V (Ed)(1984) Mycotoxins - Production, Isolation, Separation and Purification. Elsevier, Amsterdam etc

Beuchat LR (1981) Microbial stability as affected by water activity. Cereal Foods World 26:345-349

Beuchat LR (Ed)(1987) Food and Beverage Mycology. AVI, New York

Bielig HJ et al (1984) Richtwerte und Schwankungsbreiten bestimmter Kennzahlen (RSK-Werte) für Apfel-, Trauben-, u. Orangensaft. Confructa 28:63-85

Böttcher H (1996) Frischhaltung und Lagerung von Gemüse. Ulmer, Stuttgart

Chelkowski J (Ed)(1989) *Fusarium* Mycotoxins, Taxonomy and Pathogenicity. Elsevier, Amsterdam

Chelkowski J (Ed)(1991) Cereal Grain. Mycotoxins, Fungi and Quality in Drying and Storage. Elsevier, Amsterdam

Ciegler A, Mintzlaff H-J, Weisleder D, Leistner L (1972) Potential production and detoxification of penicillic acid in mold-fermented sausage (Salami). Appl Microbiol 24:114-199

Cole GT, Samson RA (1979) Patterns of Development in Conidial Fungi. Pitman, London etc

Cole RJ, Cox RH (Eds)(1981) Handbook of Toxic Fungal Metabolites. Academic Press, New York etc

Dittrich HH (Hrsg)(1993) Mikrobiologie der Lebensmittel. Getränke. BEHR´S, Hamburg

Domsch KH, Gams W, Anderson T-H (1993) Compendium of Soil Fungi. Academic Press Inc, New York

Dörfelt H (Hrsg) (1988) BI-Lexikon Mykologie-Pilzkunde. Bibliographisches Institut, Leipzig

Egmond HP van (Ed)(1989) Mycotoxins in Dairy Products. Elsevier Applied Science, London, New York

Frank HK (1974) Aflatoxine. Bildungsbedingungen, Eigenschaften und Bedeutung für die Lebensmittelwirtschaft. BEHR´S, Hamburg

Fritsche W (1990) Mikrobiologie. Gustav Fischer, Jena

Hawksworth DL, Kirk PM, Sutton BC, Pegler DN (Eds) (1995) Ainsworth & Bisby's Dictionary of the Fungi. 8th Ed. CAB Int, Wallingford

Gedek B (1980) Kompendium der medizinischen Mykologie. Paul Parey, Berlin, Hamburg

Gedek B (1989) Mykotoxine. In: Gemeinhardt H (Hrsg) Endomykosen. Gustav Fischer, Jena

Heiss R (Hrsg)(1996) Lebensmitteltechnologie - Biotechnologische, chemische, mechanische und thermische Verfahren der Lebensmittelverarbeitung. Springer, Berlin Heidelberg New York

Henze J (1972) Lagerraumtypen. KTBL-Schrift 154

Henze J, Hansen H (1988) Lagerräume für Obst und Gemüse. KTBL, Darmstadt

Jay JM (1997) Modern Food Microbiology. 5th Ed. Chapman & Hall, New York etc

Kiermeier F (1973) Mykotoxine in Milch und Milchprodukten. Z Lebensm Unters Forsch 151:237-240

Koch J (Hrsg)(1986) Getränkebeurteilung. Ulmer, Stuttgart

Krämer J (1997) Lebensmittel-Mikrobiologie. Ulmer, Stuttgart

Kreger-van Rij, NJW (1984) The Yeast, A Taxonomic Study. Elsevier, Amsterdam

Kreisel H (1988) Abstammung und systematische Zuordnung der Pilze. Biol Rundschau 26:65-77

Krogh P (1987) Mycotoxins in Food. Academic Press, London etc

Kunz B (1993) Grundriss der Lebensmittelmikrobiologie. BEHR'S, Hamburg

Lück E, Jager M (1995) Chemische Lebensmittelkonservierung. Springer, Berlin Heidelberg New York

Miller JD, Trenholm HL (1994) Mycotoxins in Grain. Compounds Other Than Aflatoxin. Eagan Press, St. Paul, Minnesota

Müller E, Löffler W (1992) Mykologie. Thieme, Stuttgart, New York

Müller G (1988) Mikrobiologie pflanzlicher Lebensmittel. VEB Fachbuchverlag, Leipzig

Müller G, Holzapfel W, Weber H (Hrsg)(1997) Mikrobiologie der Lebensmittel. Lebensmittel pflanzlicher Herkunft. BEHR'S, Hamburg

Müller G, Weber H (1996) Mikrobiologie der Lebensmittel. Grundlagen. BEHR'S, Hamburg

Natori S, Hashimoto K, Ueno Y (1989) (Eds) Mycotoxins and Phycotoxins. Elsevier, Amsterdam

Osterloh A, Ebert G, Held W-H, Schulz H, Urban E (1996) Lagerung von Obst und Südfrüchten. Ulmer, Stuttgart

Pitt JI, Hocking AD (1997) Fungi and Food Spoilage. Blackie Academic & Professional, London etc

Purchase IFH (1974) (Ed) Mycotoxins. Elsevier, Amsterdam

Raper KB, Fennell DI (1965) The Genus *Aspergillus*. The Williams & Wilkins Company, Baltimore

Rapp A (1996) Wein. In: Heiss R (Hrsg) Lebensmitteltechnologie, S 305-320. Springer, Berlin Heidelberg New York

Reiß, J (1998) Schimmelpilze. Lebensweise, Nutzen, Schaden, Bekämpfung. Springer, Berlin Heidelberg New York

Reynolds, DR (1971) Wall strucutre of a bitunicate Ascus. Planta 98:244-257

Rodricks JV (1976) (Ed) Mycotoxins and Other Fungal Related Food Problems. Advances in Chemistry Series 149. American Chemical Society, Washington, DC

Rodricks JV, Hesseltine CW, Mehlmann MA (1977) (Eds) Mycotoxins in Human and Animal Health. Pathotox Publishers Inc, Park Forest South IL

Roth L, Frank H, Kormann K (1990) Giftpilze - Pilzgifte. Ecomed, Landsberg/Lech

Samson RA, Hoekstra ES, Frisvad JC, Filtenborg O (1998) Introduction to Food-borne Fungi. Centraalbur Schimmelcult, Baarn, Netherlands

Sauer DB (Ed.) (1992) Storage of Cereal Grains and Their Products 4th Ed. American Association of Cereal Chemists, St. Paul, Minnesota

Sauer DB, Meronuck RA, Christensen CM (1992) Microflora. In: Sauer, DB (Ed.) Storage of Cereal Grains. 4th Ed, S 313-340. Amercian Association of Cereal Chemists, St. Paul, Minnesota

Schlegel HG (1992) Allgemeine Mikrobiologie. 7. Aufl. Thieme, Stuttgart, New York

Schwantes HO (1996) Biologie der Pilze. Ulmer, Stuttgart

Seebacher C, Blaschke-Hellmessen, R (1990) Mykosen. Epidemiologie - Diagnostik - Therapie. Gustav Fischer, Jena

Sharma RP, Salunkhe DK (1991) Mycotoxins and Phytoalexins. CRC Press, Boca Raton, Florida

Sutton BC (1980) The Coelomycetes. Commonw Mycol Inst, Kew

Troost G, Bach HP, Rhein OH (Hrsg)(1995) Sekt, Schaumwein, Perlwein. Ulmer, Stuttgart

Ueno Y (1983) (Ed) Trichothecenes-Chemical, Biolgical and Toxicological Aspects. Kodansha/Elsevier, Tokyo

Weber H (Hrsg)(1993) Allgemeine Mykologie. Gustav Fischer, Jena, Stuttgart

Weber H (Hrsg)(1996a) Mikrobiologie der Lebensmittel. Milch und Milchprodukte. BEHR'S, Hamburg

Weber H (Hrsg)(1996b) Mikrobiologie der Lebensmittel. Fleisch und Fleischerzeugnisse. BEHR'S, Hamburg

Weber H (Hrsg)(1997) Wörterbuch der Mikrobiologie. Gustav Fischer, Jena etc

Webster J (1983) Pilze. Eine Einführung. Springer, Berlin Heidelberg New York

Weidenbörner M (1993) Schimmelpilz-Katalog - Lebensmittel. CENA, Meckenheim

Weidenbörner M (1995) Handbuch zur Bestimmung lebensmittelrelevanter Schimmelpilze. CENA, Meckenheim

Weidenbörner M (1999) Lebensmittel-Mykologie. BEHR'S, Hamburg

Wilson DM, Abramson D (1992) Mycotoxins. In: Sauer DB (Ed) Storage of Cereal Grains. 4th Ed. S 341-391. Amercian Association of Cereal Chemists, St. Paul, Minnesota

MIX
Papier aus verantwortungsvollen Quellen
Paper from responsible sources
FSC® C105338

If you have any concerns about our products,
you can contact us on
ProductSafety@springernature.com

In case Publisher is established outside the EU,
the EU authorized representative is:
Springer Nature Customer Service Center GmbH
Europaplatz 3, 69115 Heidelberg, Germany

Printed by Libri Plureos GmbH
in Hamburg, Germany